成为更好的人

A SOCIAL AND CULINARY HISTORY OF RAMEN–JAPAN'S FAVORITE NOODLE SOUP

拉面

食物里的日本史

Barak Kushner
[英] 顾若鹏 著
夏小倩 译

GUANGXI NORMAL UNIVERSITY PRESS
广西师范大学出版社
·桂林·

拉面：食物里的日本史
LAMIAN：SHIWU LI DE RIBEN SHI

图书在版编目（CIP）数据

拉面：食物里的日本史 /（英）顾若鹏（Barak Kushner）著；夏小倩译．—桂林：广西师范大学出版社，2019.2（2019.9 重印）
书名原文：Slurp! A Social and Culinary History Of Ramen - Japan's Favorite Noodle Soup
ISBN 978-7-5598-1264-3

Ⅰ．①拉… Ⅱ．①顾…②夏… Ⅲ．①面食－饮食－文化史－日本 Ⅳ．①TS971.203.13

中国版本图书馆 CIP 数据核字（2018）第 237234 号

广西师范大学出版社出版发行
（广西桂林市五里店路 9 号　邮政编码：541004
网址：http://www.bbtpress.com）
出版人：张艺兵
全国新华书店经销
广西民族印刷包装集团有限公司印刷
（南宁市高新区高新三路 1 号　邮政编码：530007）
开本：889 mm × 1 240 mm　1/32
印张：13　　字数：350 千字
2019 年 2 月第 1 版　　2019 年 9 月第 3 次印刷
定价：68.00 元

这本书谨献给亲爱的“小长官”妻子水鸟真美，

感恩她无私的奉献使我们执手相依共度余生。

我自当竭尽全力报答此情。

目 录

序 言

致中国读者

15年前，或比这更久之前，我刚刚开始研究日本的拉面历史，并以此作为理解现代日本史，以及日本与东亚诸国，尤其是日本与中国之间相互影响的一个切入点。

几年过后，我在英国的一次演讲中得到了有趣的经历。在那次演讲中，听众非常耐心地听我娓娓道来：拉面是如何成为日本料理的一部分，了解这一过程能帮助大家更好地了解近代日本及其在东亚政治关系中的地位演变。毕竟说起拉面——这种汤头醇厚、味道鲜美的汤面，似乎不太符合我们对于“和食”的固有印象，但毫无疑问，拉面在日本早已深得民心。拉面真正起源于哪里？我措辞严谨地询问在场所有人。现场第一位提问者小心翼翼地举起手来，怯生生地问道：“到底什么是拉面？”我先是惊讶，接着气馁了——当时我自认为，讲座进行得很顺利。直到进入问答环节，我才突然意识到自己错误判断了所陈述内容的受众面。在场的大多数听众不仅从未吃过拉面，而且也未曾听说过，多数人对于速食拉面也是知之甚微。那是一场失败的讲座，但我得到了宝贵的教训——不要想当然地认为你的听众真的知道你在说什么。当然，如果换到东亚地区来谈论拉面，就不会有这样的失败，西方人的确花了不少时间才补上这一认知。

让我们的时间轴转到现在。没错，情况早已今非昔比！拉面风潮如火如荼，席卷了英国伦敦，又在美国纽约、洛杉矶和其他国际化都市扎牢了根基，拉面和它的远亲——速食拉面，在世界各地成为美食狂欢的主角。现在，当我在西方举办的讲座上谈论拉面的历史或提及拉面时，不再担心会面对一脸茫然的观众。相反，每次台下都有最近刚吃过拉面的众人想要从我这里获取亮点，或者想争论一下哪家店的拉面最好。

事实上，拉面的故事开始于近代日本饮食文化。有一本国际政治类杂志详细讲述了寿司如何走向全球，其历史远远早于我所着手挖掘的拉面的起始。[1]以生鱼肉为主要食材的日本寿司，几十年前曾被众多国际食客嗤之以鼻，在21世纪初期，品尝寿司需要具备国际主义的包容觉悟及用餐常识。

2013年12月，全世界洋溢着传统日本饮食所带来的欢乐——“和食”这个称呼，让人难以下定义，但它已经获得联合国教科文组

1 西奥多·贝斯特（Theodore Bestor）：《寿司如何走向世界》（“How Sushi Went Globa”），《外交政策》，第121期，2000年11月/12月，第54－63页。（如无特别说明，本书中注释均为译者注）

织的认可，成为世界非物质文化遗产的一部分。[1] 2013年5月，西方新闻机构发布这一爆炸性新闻的瞬间，东京已然取代巴黎，成为美食家的朝圣之地。[2] 曾经一度被视为独特甚至怪异的日本食物，如今主导了全世界人民的餐盘。

有意思的是，日本人所说的“肠胃民族主义(gastronationalism)”，或者说他们对本国饮食抱有的过度自豪感，都发展于近期。很难争辩说现在的日本人和他们150年、100年甚至是50年前的祖祖辈辈吃的东西一模一样，食用糖、鸡蛋、各种肉类以及乳制品消费，都受到了许多因素的影响，大幅增长与此同时大米的食用量则持续下降。曾经，日本以外的国家，主要是西方国家，认为日本食物太过落后于时代而且过于古怪。如今，日本食物却成了一种精致可口的饮食文化象征——社会新贵族阶级的代名词。

鉴于日本饮食在西方世界广受认可，国际社会的接受度正迅速提高，在我首次出版 *Slurp! A Social and Culinary History of Ramen-Japan's Favorite Noodle Soup* 这本书之后，日本和中国的新闻报刊及其他媒体人士纷纷问我：对于21世纪头10年间拉面在西方社会引发消费热潮抱以什么看法？一种普及的、越来越为世人所接受的日本饮食是不是已经诞生？或者这意味着其他什么征兆？

现在有两家获得米其林星级餐厅荣誉的拉面店，一家位于香港，另一家是其在东京的总店。这意味着在过去几年中，拉面行业在亚

1 日本向联合国教科文组织提交申报，将“和食”纳入世界非物质文化遗产，内容可参考 www.unesco.org。提名文件（No. 00869）发布于 2013 年的人类非物质文化遗产代表名录。

2 http://www.bloomberg.com/news/2013-05-14/tokyo-tops-paris-with-more-michelin-stars-and-better-food.html。

洲、欧洲和美国得以蓬勃发展。一位名叫亚伦·雷施（Aaron Resch）的年轻企业家，在大学的拉面研究专业中取得了工商管理硕士学位，他切实分析市场，并开了一家简单的餐馆。基于更为保守和传统的英国风味，他制作出了“斗牛犬拉面”——一碗牛肉与约克郡布丁相组合的汤面。[1]早在2009年，我便采访过拉面企业家伊凡·奥尔金，那时他还不怎么出名，就已经成功利用自己白人厨师的身份将咸鲜味十足的拉面推向国际，被他厨艺所俘获的忠实拥护者遍布太平洋两岸各地。现在伊凡在纽约开设了好几家分店，都颇受欢迎。拉面已经以我于20世纪初期刚开始着手这项研究时完全意料不到的惊人速度和势头，真正走向全世界。[2]通过我在这本书中所讲述的漫长历史故事，希望诸位读者朋友能够自行做出一些判断，比如拉面的大众接受度如何，寿司等其他形式的日本饮食是否为拉面的国际化认可奠定了基础，拉面是否因为接近西方人的饮食喜好而得以进一步发展，等等。简单了解一下拉面如何销往世界各地，甚至包括中国和韩国，就足以证明挂着日本产品的招牌来销售拉面有助于提高销量。中国台湾有其特色十足的传统牛肉面（一般都会做成红烧口味），日本拉面与之截然不同。所以当地店家通常会在产品名称上特意标明是“日式”或“日本风味”，与台湾本土汤面的竞争对手们井水不犯河水。另外，日本拉面的市场定价一般都比较高。一个在日式拉面连锁店行业异军突起的品牌“味千拉面”，也成了中国市场的一

---

1 《采访》，2014 年 1 月 19 日。

2 伊凡 · 奥尔金（Ivan Orkin）：《爱，痴迷，与东京最不可思议面馆食谱》（*Love, Obsession, and Recipes from Tokyo's Most Unlikely Noodle Joint*），纽约兰登书屋，2013 年。

个优秀案例。目前东南亚地区各个国家的餐饮市场面临着一系列的激烈竞争，所有人都想全球化扩张自己的饮食文化，以便成功打入国际市场。这是推动拉面变身日本国际化餐饮代表的一股潜在力量。据媒体报道，自2008年以来，韩国政府坚持贯彻一项战略目标，致力“推动韩餐世界化，2017年跻身世界五大料理之列”[1]。在中国，人们正努力推广儒家饮食，或儒家文化背景下的家庭饮食，并将此视为“人类非物质文化遗产”的一部分，开始大显身手。[2]

在这一点上，我们大可坦然地放声说："拉面是日本的！"对于许多日本人来说，这道料理在日本战后历史中象征着社会发展的顶峰。诚如许多企业高管和拉面顾问告诉我的那样，汤面已经在日本社会留下了不可磨灭的印记，并紧密结合于当代文化。没有拉面的日本令人难以想象——不仅仅因为拉面是一种可移动的美味载体，更因为拉面本身已经成为一种主要的消费对象，深刻融入日本的流行文化之中。它确实变得更为重要，成为日本展示给广阔世界的一张新面孔。就像索尼（Sony）、丰田（Toyota）和松下（Panasonic）等著名日企一样，拉面的繁荣兴盛是日本战后成为经济强国崛起的象征之一。

同时我们应该疑惑，在过去的20到30年时间里，是什么推动

1 2013年，韩国“腌制越冬泡菜文化”被正式列入世界非物质文化遗产名单。内容参考 https://ich.unesco.org/en/decisions/8.COM/8.23。

2 《赋予先贤之智——当代政权正努力保留一种少有人知的美食》，《经济学家》，2016年1月16日，可访问网络链接：https://www.economist.com/news/china/21688433-regime-trying-preserve-cuisine-few-people-have-heard-just-add-sage。

了拉面在日本国内拥有如此之高的知名度？拉面是一种高级料理？（许多人回答是。）又或者它的市场扩大要归功于其他什么因素？纵观日本，值得我们重点注意的是整个拉面热潮的真正兴起始于20世纪80年代末至90年代初，并于十多年后席卷海外。这正与日本经济持续严重衰退，然后从“失去的十年”经济萧条之中重新崛起的时间段相互交错。在日本自身经济低迷时，其他国家却在欢庆日本餐饮文化的不断发展。我们该如何解释这个悖论？

为地区划分品牌，日本是B级美食之国

拉面兴盛的背后，就我的理解来说，拉面成功地在日本得以发展，并传播至海外渐渐走俏市场，归功于它贴合“酷日本”形象和流行文化。美国记者道格拉斯·麦克·格雷（Douglas Mike Gray）原创了一个词“国民总酷值（Gross National Cool）”，用来衡量国家文化。他写道：“在媒体争相报道日本几近崩溃于政治和经济灾难时……从流行音乐到电子消费品，从建筑到时尚，从动漫到美食，比起20世纪80年代时期的经济大国形象，现在的日本看上去更像是一个文化大国。”[1]许多人对这个观点加以吹捧，但实际上它是最近才被广而告之，因为日本政府和其他机构意识到可以用它来改变日本正在衰落的观点，许多日本公司也开始采用这一观点，比如ANA（全日空航空公司）举办了一场可爱的竞争赛，在机舱内发行的杂志

1 《日本国民总酷值》，《外交政策》，2002年5月/6月，第44–54页。《法国世界报》于2003年12月18日也刊登了一篇名为《酷日本—日本是流行音乐的超级大国》的文章。

和公司网站上展示出许多美味诱人的拉面照片。公司也疑惑，采用什么样的标准才能判断一种拉面是“酷或者不酷”。其网站在这一问卷调查的网页上写道：“毫无疑问，这是一种日本国民美食，每个人都爱上了它并最终发现属于他 / 她自己的最爱。”[1]

与此同时，在日本，拉面已经成为一种“品牌理念”，尤其在消费者心中有着塑造和提升某一地区特点的作用，是在如今令人产生迷惑的同质化竞争中明哲保身的手段之一。那段日本百姓忍受着营养不良的生活的漫长时期已经过去。在战后70多年里，日本从一个没有充足粮食的穷国变成了饮食选择众多的富国。在新的变化之中，地方美食的概念已然出现——本质就是寻找日本每一个地方所提供的最美味的食物。随着地方品牌的推广，诞生了一个B级美食大奖赛，这个比赛创办于2006年，每年举办一次，吸引了日本许多国内及跨国企业参与一决高下。赛事网站表示，该项大奖赛目的不在食品或食品销售上，而是借新式菜品之力，加强现场公共宣传，增进公共关系。[2]在这充满诱惑的当地美食文化新现象中，拉面成为大赢家。正如一本关于市场营销计划的书的作者所言：“当然，难道我们日本人不会为了寻找‘最好吃的拉面’而走向极端吗？”从这个意义上看，即使身处B级美食之列，拉面也占有着特殊的地位，说它独占鳌头想必也合情合理。“20世纪20年代，拉面发展的早些年，从拉面生产者身上反映出了一种趋势，即所有从业者都在展示他们

1 https://www.ana-cooljapan.com/ramen/。

2 http://b-1grandprix.com/b-1a.html。

的‘地方风味’，以此来让自己的产品有别于他人。”[1]

日本人现在把食品消费禁锢在流行文化的一个节点上，因此追求美味的食物已经成为一种全国性的消遣活动。基本上，被命名为“美食旅游”的活动都大受欢迎，成为此类娱乐方式的一个标志。这种爱好的兴起既可以与地理边缘的弱化现象相互联系起来，也主要归于两个因素——日本腹地的标准化进程和大城市以外地区争夺税收的需要。在过去20年中，阻止人口外流、阻止日本边缘地区经济衰退的一大方法便是促进当地美食发展。根据日本农林渔业部所述，日本社会存在这种神奇的经济刺激方式，且促使人们踊跃参与，是因为一旦产品获得某项殊荣，人们便会大受鼓舞，从而更加积极地去推动其发展。然而，人们在庆祝“当地美食”蒸蒸日上、蓬勃发展的同时，也不得不面对日本全国人口数量持续下降的现状，而日本三大主要城市——东京、名古屋和大阪的人口比例居高不下，将对主要城市以外的地方经济产生负面压力。这种人口地理上的变化在日本平成时代的“大合并”过程中进一步加快，我们看到城市/城镇的数量从1999年的3299个缩减到2010年1730个。[2]可悲的是，这意味着，日本许多地区的饮食，在过去10年里失去了半数以上的独特地方风味。

1 关满博、古川一郎编著：《“当地拉面”的地方品牌战略》，《新评论》，2009年，第3页。

2 总务省，报道资料，2010年3月5日《有关“平成时代的合并”》公报，内容摘自 http://www.soumu.go.jp/gapei/gapei.html。

出口日本与拉面

直到20世纪80年代，日本才善于引进外国文化。目前出现的一个新趋势是，日本大量输出其软文化，拉面便是这种转变的特点之一。日本的文化是在不断变化和适应的，但也会受到国外的影响。同样，日本料理和所有“国民饮食”一样，总是以某种方式不停地进行着革新，它也处于不断变化的状态中。然而，令人纠结的问题在于其中的定义，以及我们如何看待食物。哪一种食物能代表这种转变——“和食”还是“拉面”？两者都被视为“日本的”，但它们在色香味上大相径庭。为了鼓励大家成为拉面爱好者，我调阅出一份2007年的记录。调查显示绝大多数海归后的日本人最想吃的不是寿司，也不是荞麦面或其他食物，而是拉面。[1]拉面似乎定义了日本人的自我感觉——尤其是回到家乡的时候。

联合国教科文组织大力宣传、推动“和食”运动，以期恰当地定义日本料理。这就意味着，日本料理应诞生于日本国内，而不是起源于日本与亚洲邻国或欧洲贸易伙伴之间长期且重要的历史关系。这个运动在某种程度上也有些忽略了为现代日本饮食定型的地方性力量。“和食”的本质不在于国家而是地区。实际上，日本人现在吃的和过去吃的不一样，这个事实众所周知。先搁置对日本人创造出独特饮食的一些观点的简单解释，我们需要撇开食物历史学家眼里

---

1 瓦科拉夫·斯米尔（Vaclav Smil）、小林和彦：《日本人的饮食变迁及其影响》（*Japan's Dietary Transition and Its Impacts*），2012年，第19页。客观地说，这份数据每年都会发生变化，有些时候寿司排名也会上升，而女性消费者则只吃普通白米饭。

的神话故事去看实质。[1]

这到底意味着什么？

也许拉面热潮远播海外，至少在欧洲和美国颇受欢迎，严谨地证实了著名人类学家杰克·古迪的观点——古迪在其著作《偷窃历史》中，极力批评欧洲人（和大多数西方人）的历史观念极其狭隘。[2]例如拉面的兴盛，或者说如今日式食物超越法式食物占据全球主导地位，是否正是古迪那番言论的力证？当我们冷静地谈论占据主导地位的国民美食时，谁会想到日本会以这样的话语为自己正名呢？我们仍然需要弄清楚如何为拉面分类。拉面属于“和食”？是日本料理的一部分？或者它完全有别于其他代表日本的食物，仍然难以轻易地加以分类？如今拉面可以说是现代日本人的饮食典型代表，并成了全世界其他国家看待日本饮食的一道代表性料理。希望这本书能从某种程度上帮助诸位读者回答这些问题，并帮助大家深入了解日本拉面的悠久历史。最后，我们最好密切关注日本饮食的发展，看看一种被创造而出的传统——绝非永恒不变的博物馆文物，它会如何不断变化。而拉面是这个演变过程中非常有趣且重要的部分。更有趣的是，通常当我说起这个工作和拉面的话题时，几乎每个人都会问我：“你最喜欢的拉面是什么口味，味噌？酱油？还是淡盐？”

1　现在有越来越多用英语发表的文学资料，最好先阅读埃里克·瑞思（Eric Rath）的《日本美食——食物、空间与身份》（*Japan's Cuisines：Food,Place and Ldentity*），2016 年；《近代早期日本饮食文化中的食物与幻想》（*Food and Fantasy in Early Modern Japanese Foodways*），2010 年。

2　杰克·古迪（Jack Goody）：《偷窃历史》（*The Theft of History*），2006 年。

尽管我确实有自己的偏好，但喜好常常会改变，所以我犹豫不决难以做出回答，因为不想以此误导大家。我不是职业的拉面鉴赏家，吃面的水平远远不够，但我是一位历史学家，把拉面看作研究以及审视现代日本历史的一种全新媒介。虽然日本有许多令人兴奋不已的美味拉面，但这本书不是美食介绍指南。相反，我希望借这本书，把拉面在东亚历史发展过程中如何被创造出并发展的故事讲述出来。但诸位读者朋友不要担心，没有什么能阻止我们成为这些美味汤面的爱好者，同时我们还能了解到这种食物在日本历史上是如何发展起来的。显然，历史和美食犹如一枚硬币的正反两面，组成完整故事的真相。

音译说明

日语、汉语和韩语名字都遵循东亚语系的规律，姓氏在前。日语单词一般以斜体字印刷，除了一部分已经作为外来语被英语吸收、早已融入日常生活的单词，例如酒（saké）、动漫（anime）、大名（daimyo）、武士（samurai）、漫画（manga）和味噌（miso）等。日语中的长音会加上长音符号，比如酱油（shōyu）。但这一规则并没有适用于一般的地名表达上，例如东京（Tokyo）、大阪（Osaka）和京都（Kyoto）。

引言

面食帝国的神殿

在日本，拉面不单是果腹的食物，更是通往饕餮启蒙的必经之路。多年前，我在博多度过了一个夏天，对此深有感触。博多位于日本西部，是九州岛上一座气候湿润、阳光普照的城市，当时我决定去底楼店面毫不起眼的一兰拉面饱餐一顿。一开始，我很难相信这是一家面馆。通常来讲，在日本当地，不管是商店还是餐饮店，顾客进门就能听到店员热情地招呼“欢迎光临”。而一兰则恰巧相反，店里出奇的安静。我先在店门口的自动售票机上买了一张猪骨拉面的餐券。一进门便能看到偌大的告示，一长串的日语告诉每位顾客这家店有着独特的餐饮“体系”。在这些指示之下是两排红色的亮灯，表示沿着吧台的座位都空着，这样的设计尤为重要，因为通往用餐区的入口与出口都被帘布挡住，保护店里所有客人免受他人视线的侵扰，一兰的经营者提供了一种“私密”环境（属于特许经营体系的一部分）。店内特意设计成单人隔间式的座位，意在鼓励食客专注于品尝拉面。

我挑选了吧台正中间的一个座位坐好，感觉自己更像是身处于某座寺院，而不是知名的餐饮连锁店。每个座位之间都有木板相隔，这点空间对体积稍大的食客来说可能有点局促，却有效地搭建起了一个个孤岛。眼前2英尺[1]之外挂着一块红色垂帘，正好挡住了我望向厨房的视线，看不到店里煮面熬汤的烹调过程。墙上有详细的日语说明指导食客使用服务编码，信息量太大，估计得花上我10多分钟才能看明白。于是我中途放弃，准备不懂装懂。结果证明这会让人吃不上面。

我倚靠在隔板上，试图与邻座的食客交流一下。不过很快意识到这里虽然不禁止聊天，但这种行为绝不受人待见。食欲大开的食客们正聚精会神于眼前热气腾腾的汤面，面露愠色的样子让我悻悻地闭嘴，乖乖地等待食物到来的那一刻，举筷朵颐，如愿地……得到满足。我已经搞懂了自己的点餐编码，但这不应该口头告诉店员。因此我直接把圈画好的餐券放在餐台上，服务员的身影出现在红色垂帘后面，伸出手取走了它。随后他给我另一张餐单，单子上详细罗列出我的点餐要求，例如面条软硬度——我希望吃到的是软、普通还是硬的口感。同时还要选择一种汤底。在一兰（或其他拉面店里），食客可以有丰富多样的选择，食盐、味噌或酱油，任君挑选。整个点餐过程没有对话，全靠纸质餐单和呼叫服务按钮进行。吃到最后，我把面条吃完了，碗里却还剩一些汤水，此时无须担心，一兰的服务体系对此早有对策。我按下了餐台上灯光闪烁的红色按钮，它能帮我告诉服务员这里需要额外加一小份面条（日语称为“玉

1　长度单位。1英尺≈0.3048米。——编者注

一碗标准分量的拉面（或汤面）。料理被盛在一种被称为“丼钵”的深底圆碗里，用筷子夹食，通常都配有一个大尺寸的龟甲勺方便大口品尝鲜美的汤汁[1]

替”）。我吸光最后一口汤汁才兴尽而归。在竞争激烈的拉面世界里，每一位厨师都自诩手艺一流，食客碗里若有剩汤剩面则被视为一种亵渎。残羹冷炙也表示这顿饭是不合食客口味的失败之作。最后，我在一兰拉面的用餐体验可以说是既满足于其美味又对其服务有点无所适从。面和汤组合而成的一碗简单料理，被赋予了一种信仰般的虔诚仪式感。

当代日本几乎沉浸在汤面的海洋里。有一种电脑软件，它具有强大的搜索功能，不会让人遗漏全国范围内任何一家自己喜爱的拉

1　如无特别说明，本书所有照片系作者本人拍摄。

面店。当你注册了手机账户，它就可以通过定位和目的地的列车时刻表推送出一家家令人心驰神往的拉面店信息。同理，旅游指南为出门在外的日本人筛选出了当地正宗的拉面店，不论他们身在韩国、中国台湾或是其他地区。如今，拉面的美食世界里可谓百无禁忌，所有餐厅都能提供多样选择，或咸或淡，酱油汤或番茄汤，满足食客不尽相同于日本的挑剔要求。

日本当地的汤面餐馆通常被称为“拉面屋”或“拉面店”，在城乡餐饮市场中占有主导地位。千奇百怪的统计数据层出不穷，不过根据业内人士得出的结论，人们在外用餐选择的所有料理品种之中，拉面所占比例高达26%。[1]日本拉面馆数量之多，远远超过其他任何类型的餐饮店，政府登记在案的少说也有30000家。[2]多如牛毛的店铺从日本的西部城市——久留米和福冈，一路遍布到北部的喜多方和札幌市。再不起眼的小村庄或城镇，或多或少都有一两家拉面店。毫不夸张地说，拉面确确实实坐稳了日本饮食帝国的霸主之位。位于九州岛的博多，一处名为拉面竞技场[3]的综合商圈里每天售出的拉面填饱了成百上千人的胃。在北部大城市仙台同样也有一座拉面相

---

1 援引《拉面大研究》一文，刊于2002年11月30日《东洋经济周刊》，第108页。

2 援引朱莉娅·莫斯金（Julia Moskin）于2004年11月10日在《纽约时报》发表的《这就是拉面，响彻世界的哧溜吸面声》（“Here Comes Ramen,the Slurp Heard Round the Woeld”）。

3 Hakata Ramen Stadium，位于福冈市博多区住吉1丁目2-25 Canal City博多。其以美食城的形式，吸引日本各地的知名拉面品牌在此开设分店，让顾客一站式品尝各具特色的风味拉面。

厨师动作飞快地抻面，为他的顾客带来了视觉上的娱乐享受。这家名为“汐留”的餐厅位于东京市中心，目睹制面过程成为到店客人享用晚餐的另一半乐趣

扑馆[1]，而离东京不远的千叶县则开设了一家偌大的拉面剧场[2]，在那占地规模巨大的场馆里，每天的拉面消费量极其惊人，为人们提供了与众不同的用餐体验。相比于一兰拉面连锁店的店内环境，这样的体验更能带来饕餮的乐趣，还有亲睹料理过程的愉悦。

除了餐饮店铺，当地还有许多拉面主题博物馆。距离东京不远的横滨，是一座现代化的沿海城市，那里建造了精美的博物馆，将这著名的汤面发展历史淋漓尽致地展现于世人面前。池田市是位于日本中部、隶属于大阪府的一座小城市，建立了安藤百福纪念馆，以表彰安藤百福作为速食拉面发明人的卓越贡献，为千千万万的学

1 Ramen Sumo Hall。

2 Ramen Theater，自 2003 年 11 月 7 日营业至今，是千叶县首家综合拉面场馆，位于千叶市稻毛区长沼町 330-50 One’s Mall。

生、夜猫子、夜间工作者和忙碌的人们带来了汤面的慰藉。

山田町这个小渔村位于日本北部的东海岸，在那里，我第一次邂逅了拉面。鸟瞰整个村庄，海湾风景如画，星罗点缀着贝壳、海胆和海藻丛。我曾在那里当过英语老师，日复一日、月复一月地路过一栋低矮的、毫不起眼的房子。那时的我还看不懂日语字符，不知道这是什么建筑。我总看到它门帘紧闭，从未有人进出。直到某天晚上，一位同事和我深夜畅饮之后，凌晨2点带我去吃拉面，终于真相大白。这座神秘建筑原来是酒吧摇身一变而成的拉面店，名叫“六文”。拉面是日本人晚上酒酣之后必不可少的收尾。店里所有的客人看上去都和我们一样，醉眼蒙眬。我从未想过，这么个小渔村里午夜过后也有开门迎客的食堂。

下班后呼朋唤友或同事结伴小酌几杯，这在日本是一种极为普遍的娱乐休闲方式。日本人的饮酒文化由来已久，大多数人都愿意一醉方休。有时候贪杯的人们会豪饮到深夜，酩酊大醉之后通常只能面对两个选择，一是赶紧收摊去赶最后一班电车，另一个便是彻夜不归等到第二天早上首班车发车后再回家。不论在这两者之间做何选择，很多日本人都愿意在最后吃上一碗拉面。日本某位生理学家曾对这种行为做过解释：因为人们长时间饮酒，酒精麻痹了味觉，使人们对味道浓烈的食物产生了渴望。饮酒同样会让人情不自禁地想摄入大量碳水化合物。此时没有任何食物比得过一碗肉汁香气四溢的拉面，它的口感更美味、更强烈，又充满了淀粉和蛋白质。[1]他

---

1 摘自《最爱拉面》一文，收录于《SPA！周刊》1992年5/2号。拉面文化已经成为研究现代日本的一大切入点，吸引了广大学者从各种历史变迁和人类学角度撰写博士论文。

们坚信面食有助于吸收酒精，防止宿醉。也许人们灌了一晚上的啤酒与日本清酒之后还要吃上一碗热腾腾的汤面都是出于这一想法。我发现拉面不仅可以当作午餐、晚餐，甚至在回家之前或午夜时分都可以来上一碗。日本人爱吃拉面，几乎不分昼夜。

而许多其他国家的人们在各自家乡第一次接触到的拉面可能是"速食拉面"，也就是欧洲人所说的"Potnoodles"（"泡面"）或者中国人所说的"方便面"。这些面条与一些餐厅的专供菜式或许有点关系，但从本质上来说，原料相似的现做拉面和速食拉面终究是两种完全不同的食物。根据世界速食拉面协会统计，自速食拉面诞生到2010年，全世界人民总共消灭了950亿包。其中，中国人吃了超过420亿包，而印度尼西亚人则吃了140亿包。日本仅位列榜单第三，一年的消费量略高于50亿包。[1]不仅消费量惊人，现如今市面上的速食拉面千千万，风格迥异，口味不同。法国人以法国产的千百种奶酪自夸不已，但许多品种都只有在当地才能买到。而拉面既有地道的堂吃店铺，还能做成方便食品，它早已克服地域的局限性，走向了全世界。

真正的拉面，是种带有鲜美汤汁的面食，乃速食拉面之兄长。拉面不局限于一种味道，随着不同地域之间的相互影响，日本拉面已经繁衍出许多品种。究其本质，拉面这道料理就是把小麦粉做成的面条煮熟后浸泡在风味十足的汤汁里。虽然现在人们广泛认为这是道日本料理，但确切地说，拉面并非从日本本土的美味佳肴演变

1 该组织曾名为国际拉面制造协会（the International Ramen Manufacturers Association），并于2007年正式更名为世界速食拉面协会（the World Instant Noodles Association）。其最新统计数据可查阅以下网址：http：//instantnoodles.org/noodles/expanding-market.html。

一家普通拉面店的店堂内景

而来。事实上，重油重口味的肉汤在日本传统饮食文化中几乎被视为异类。传统的日本料理透着一点海腥味，高汤常用鲣鱼干刨出的木鱼花和小而松脆的小杂鱼干，再加上一片片厚实的充满海藻精华的昆布熬制而成。再看看拉面，它的汤底却是肉味十足，油脂丰富，在诞生的过程中更多地借鉴了传统的中国口味。

烹饪肉骨汤所用的原料非常丰富，通常有猪肉、鸡肉、大蒜、海带、酱油和其他天然香料。每个地方都有其独特的味道，烹饪时间取决于料理的复杂性，一些高汤甚至需要耐心花半天以上的时间来准备。某些经历了历史沉淀的地域特征将众多拉面划分出了几大阵营。酱油风味的汤底，或是酱油拉面，它们来自东京，很可能因为当地盛产浓香酱油，与幕府时代过后的首都百姓饮食密切联系了起来。盐味拉面，经过盐花调味的面汤清冽透明，最早起源于横滨，与来自日本最北的北海道札幌市的味噌拉面难分伯仲。还有九州的猪骨拉面，与清淡的传统日本味道最背道而驰，大部分面汤都选用猪肉和猪骨，经过文火慢炖数小时之后呈现出乳白色的诱人色泽。

要做出一碗好拉面，费力又费时。餐单所在之处，便能看到面碗里筋道的面条沐浴在刚烧开的鲜美汤汁里。店家在收到客人点单后，厨师将一团面条放进注满沸水的大锅中煮熟，捞出后加入几勺肉骨高汤和其他调味料，盛入一个又大又深，被称为“井钵”的碗里。这碗汤的浇头可以根据客人的要求做出不同搭配——有豆芽、猪肉片、洋葱、菠菜、鸡蛋、鸣门卷[1]，除了这些常见搭配，还有许多其他美味组合。这才称得上真真正正的拉面。

换言之，速食拉面基本上就是一块脱水的面饼配上一些可以按自己口味任意添加的塑封包装混合调味料，拆开包装统统扔进沸水就好。速食拉面拥有如此巨大的吸引力，是因为在这个时间就是金钱的时代里，它既价格低廉，又简单到只需加入热水就能快速地准备好一顿热饭。新鲜拉面与速食拉面之间有着历史性的相同点，又各有差别。彼此都在进化的过程中产生了深远的国际化影响，并由此改变了日本人的饮食文化。

然而，想要真正欣赏速食拉面，我们首先要努力理清传统拉面的历史。

为什么日本文化与拉面如此紧密相连？即便在一兰这样的连锁

1 鸣门卷（naruto），一种以鱼肉为原料做成的胶状鱼卷，中间染红，呈红色螺旋状，且四周切成齿轮边。它是日本常见的装饰型食物，常用作拉面配料，一般切成薄片使用。

餐饮店，吃拉面的象征意义也远高于一顿简餐。已故的伊丹十三导演执导的电影《蒲公英》[1]上映于1985年，自成一派的喜剧引起了全世界的热议。作为影片导演，伊丹十三解释道："一碗好拉面代表了生命中所有的美好。"影片用一连串暧昧的故事穿插拼接起剧情，在现代日本人的饮食生活里挖掘出食物在人们心中的一席之地。故事讲述了卡车司机黑郎巧遇经营拉面店的女主人公蒲公英，并教会她如何做出全日本最好吃的拉面。充满摇滚风格的叙事镜头为我们讲述了黑郎如何磨炼蒲公英的身心意志，帮助她攀登上料理界的顶峰。影片中有一处场景，蒲公英擦掉额头上渗出的汗水，毫不犹豫地把一筐面条倒进了滚开的水里。一旁的煤气炉上有口大汤锅，文火慢炖，咕咕地不断冒着泡。她手脚利索地从这锅里舀出两碗高汤，将煮熟后的面条捞起滤水盛入汤中，然后敏捷地移步到餐台前加上调味料和配菜。黑郎舒服地坐在椅子上，让她不停重复这些步骤，直到近乎精疲力竭。就是在经过高强度的机械化劳动之后的某一瞬间，她豁然顿悟——她已经抓住了拉面的真谛！不论肉体还是精神上都受尽考验的她，此刻终于笑了。众多观众也随之开怀而乐。

拉面看上去简单，事实上需要料理者的重视、勤奋、耐心，对食材及其相互作用与影响的深刻理解，以及过人的技艺。对于真正的老

1 日本电影《蒲公英》(*Tampopo*) 上映于 1985 年 11 月 23 日，由伊丹十三编剧并执导。影片讲述同为卡车货运员的黑郎（山崎努饰）和兄弟阿严（渡边谦饰）在一个雨夜躲进了一家拉面店，遇见了老板娘蒲公英（宫本信子饰），并帮助她磨炼技艺，摆脱经营窘境的故事。该片被称为日本的"拉面西部片"，独特的西方类型片拍摄手法在日本上映时反响平平，却在海外赢得众多好评，引起了拉面热潮，让许多不了解日本的人由此成为"日本通"。该影片于 1986 年获得日本学院奖最佳剪辑等诸多奖项。

饕来说，美味的拉面是一种“恩赐”，可遇不可求。蒲公英在邂逅黑郎之前所做的那种无滋无味的拉面，正如命运里的坎坷，令人遗憾。没有任何一位汤面爱好者期待碰上一口难吃的拉面。

拉面的难题

中日两国关系错综复杂，拉面对此颇有发言权。同时它也向我们解读了东亚地区的渊源历史，有助于诠释近代日本。尽管大部分外国人和日本民众都相信拉面在中国有着悠久的历史根基，但在其发展过程中，却以某种方式不可思议地潜移默化成为日本的产物，成为现代日本美食的一种象征。拉面的历史也说明了日本如何变身为饕餮之国，有实力制作出诸如《铁人料理》[1]这样的热播电视节目，国内外知名厨师在荧屏中争相展现烹饪绝技，激烈的厨艺比拼令观众叹为观止。那么，这款中式面食是怎样变成了日本最流行的食物？为什么一碗面如今蕴藏巨大的国际商机？为了解答这些疑问，我们需要在日本和其他东亚诸国之间政治和文化的相互影响中上下求索。

从历史上来看，日本人极少吃肉。但是数个世纪以来，随着日

1 《铁人料理》（原名《料理の鉄人》[*The Iron Chef*]）是日本富士电视台于 1993 年 10 月 10 日至 1999 年 9 月 24 日期间播出的一档竞技类真人秀烹饪节目，由日本电视工作室制作。每集甄选不同的挑战者在 3 位（后期为 4 位）“铁厨”中挑战其中 1 位，在规定的 1 小时里烹调出指定主题的菜式，每集主题各异。

本与东亚其他国家或地区的交流日益紧密，日本人渐渐适应了一种颠覆以往的饮食习惯，这种改变渗透进了餐宴、口味和各种菜式。他们原有的烹饪方式，或历史学家爱说的饮食方式，无疑受到了影响。在19世纪之前，日本一直以中国为经典的学习榜样，泱泱大国的文化产物、语言、法律和历史都对这个小邻居产生了巨大的影响。然而，1868年明治维新过后，日本拉开了与中国的差距。19世纪中叶以改革为发端走上现代化道路的日本，被视为国家象征之一的国民饮食也随之引发了全新的争议。这些激烈争论，伴随着贸易路线的开拓、瞬息万变的经济形势以及生活方式的改变，为解锁配料的发展、混搭创造了条件，并最终成为拉面应运而生的关键因素。

一碗拉面的诞生，其至关重要的原材料——面、肉和各种各样的调味料，伴随着佛教的传入，或是贸易往来的深入，乃至殖民主义以及军国主义的发展，辗转了好几个世纪才来到日本。在19世纪，一碗拉面的原料构成反映出日本人相信一种新的食物能增强国民体质。社会精英阶层和政府机构认为强身健体是抵御西方殖民侵略的关键，因此提倡国民健康计划。到了19世纪中叶，西方人的体格似乎越发高大健壮。于是许许多多的日本人怀疑是过于贫瘠的饮食导致了国民身材普遍瘦小，才无力反抗欧美帝国主义的资本掠夺，从而导致了不幸的历史。

拉面——全球化的进击

纵观古今中外，岂止一衣带水的中日两国，任何一个国家都深谙民以食为天的道理。我们不得不承认，文化特质与烹饪、饮食以及食物生产的传统紧密联系在一起。著名的英国饮食文化历史学家——本·罗杰斯曾说过："可以毫不夸张地说，除了语言之外，饮食是民族认同感最为重要的载体。"[1]所有以"妈妈家的味道"为骄傲或能联想到"舒适食物"的人们都在这个关键点上感同身受。虽然我们坚信自己所特有的民族饮食文化根植于历史，源远流长，但事与愿违的是它们都会持续不断地发生改变。就像法国人总在享用香浓的炖菜和柔滑的酱汁不过是都市传说一样，我们也同样没理由相信日本人毫不生厌地爱着生鱼片还有美轮美奂的精致摆盘和清淡口味。对英国人来说，"泡杯好茶"已成为一种国民习惯，融入了大众意识，尽管饮茶文化并非起源于英国。"全套英式早餐"的概念最近风头正起，和闻名于世的炸鱼薯条一同跻身热门美食之列。"传统英式套餐"如今骄傲地陈列在英国各大著名旅游景点的街边橱窗里，其地位堪比鸡肉咖喱之于印度或烤肉之于土耳其。人们对于本土国民"美食"的称谓一定程度上反映出本地人的日常饮食习惯。拉面不同于日本传统食物，也不属于任何西方料理的范畴，甚至无关乎经典中式佳肴，它究竟归属何处引发了不少争论。

为了让真相水落石出，我带着疑惑向大崎裕史求助——这个男人在拉面数据银行担任全职咨询工作，一日三餐几乎都以拉面为食。在一个炎热的午后，我找到了大崎所在的营业总部。这幢小小的办公大楼伫立于东京都目黑区中熙熙攘攘的主干道旁。大崎看起来50岁左右，神采奕奕。据他自称，至今他吃了17000多碗拉面。我抑制不住旺盛的好奇心，不仅想知道是什么原因驱使他把宝贵的事业

1 本·罗杰斯（Ben Rogers）：《牛肉与自由：烤牛肉、英国佬和英国民族》（*Beef and Liberty. Roast Beef, John Bull and the English Nation*），第3页。

和生活都无私奉献给了这道简单的食物，还想知道拉面到底属于日本、中国还是西方国家，他对这个问题有何见解。

简单的提问乍看毫无冒犯之意，但当我将它投向日本食品产业管理部门以及该国的诸位专家学者面前时，众人露出的一脸茫然惊愕着实让我感到困惑。他们有没有认定拉面源自日本？我不禁怀疑。大部分日本民众对于国民饮食都有一个先入为主的观念，种类之多，不胜枚举，例如米饭、蔬菜，旁边再添碗味噌汤就组成了一顿传统日式套餐，同时也别忘了肉类、马铃薯、鸡蛋、汉堡和咖喱饭也广受人们青睐。米饭是日式饮食中的核心成员，但也有些食品产业代表提供给消费者完全异于日式料理的多元化日常饮食选择，如面包、牛排和蛋糕。由我的问题所带来的各方回应令我陷入思考，对日本人来说，他们似乎相信任何被接受的外来食物都自然而然地融为日本饮食文化的一部分。但拉面真正的起源地到底在哪里？对此，大崎给出了如下解答：

> 以拉面为代表的日本饮食文化最早主要起源于中国，但随着历史变迁，日本孕育出了自有文化，创造出的种种产物完全不同于中国文化。正如同日本在美国半导体产业上的创新和发展一样，我们学习新事物，并在原有基础上改进，在发展的过程中把我们自己的文化特色反映出来。我相信拉面展现了日本人这方面的聪明才智，我们能干，善于改良。拉面的诞生得益于这种能力。

所以拉面是日本的，中国的，还是哪里的？我不气馁地追问。大崎回答道：“拉面既不是‘和食’也不是‘日式料理’。这种界定对于确定汤面的归属并没有实质性的帮助。”[1]在谈论“日本饮食”——“和食”之前，我们同样应该三思。千百年以来，日本主岛发生了巨大变化，当地受到了中国、印度、英国、西班牙和葡萄牙的饮食文化的影响。天妇罗、蜂蜜蛋糕、啤酒、面条、咖喱饭、炸猪排和拉面，各种流行美食在日本安家落户，被端上了百姓的日常餐桌，至今仍广受欢迎，尽管日本并非它们的“出生地”。

“和食”一词通常指传统日本食物，人们相信拥有该称呼就代表着土生土长。比如一种美食自中世纪流入日本，接受本地改良得以进化，且没有受到其他国家的影响。“日式料理”用来称呼日本美食中略微高端的一些餐饮，这类美食由好几道经过本土改造的外来菜品组合而成，如今在日本已是司空见惯。令人困惑的是，虽然这两者在日语中，一个传统，一个偏国际化的微妙差别可以用两个不同的词加以区分，但英语只统称为“日本美食”。在大崎眼里，拉面长久以来持续不断地演变和进化，发生的质变足以使它自立门户，既非“和食”也不算中国菜，这两者只算得上它在面食家族中的曾外祖父、曾外祖母了。大崎补充说，当西方人谈起这个话题时，他们认为拉面创造出了一个崭新的饮食类别。比萨、意大利通心粉和咖喱在其发源地都有着深厚的历史渊源，但当这些食物被搬到美国和英国时发生了彻头彻尾的改变。同理，大崎说，日本拉面亦是如此。

正如拉面大大拓宽了“国家级美食”的界定范围一样，我们也必须了解到，有些中国菜常常被视作传统砥柱，却并非源于中国。

---

1 采访于2009年7月3日，可登录大崎裕史的网站查阅：www.ramendatabank.co.jp。

扶霞·邓禄普女士，一位潜心研究中国饮食的英国人，早已将注意力移向了美式中餐里家喻户晓的热门菜由何而来。“左宗棠鸡”(General Tso's Chicken) 便是这样的典型，它的来历众说纷纭，据考证发现这道鲜辣带劲的湘菜出自彭长贵之手。1949年国共内战之后，许多人士随国民党逃往台湾，湖南长沙籍厨师彭长贵便是其中之一，之后他移民美国，开设了好几家餐厅，其中一家餐厅毗邻联合国总部大楼，彭师傅的厨艺受到了美国前国务卿亨利·基辛格（Henry Kissinger）的青睐，一时间引起了极大关注。彭师傅不断努力迎合美国人口味，大力创新菜肴，“左宗棠鸡”由此而来。据邓禄普女士研究，彭家菜的成功让其他在美中餐厅竞相效仿，耳熟能详的菜名陆续出现在了各地中餐厅的菜单里，风靡美国。而实际上，“左宗棠鸡”并非中国本土制造，在湖南本地至今仍鲜为人知。这道在美国人眼中最著名的“中国菜”，寻不到半点中国身世。[1]

由此可见，不同文化中孕育而出的饮食之间千差万别。著名中国饮食文化历史学家贾蕙萱，在其研究课题中提出中国历史文献中谈论食物和饮料的崇敬感和频繁度远胜于日本的史书。然而，日本人却创造出了截然不同的奇迹，并受到了政府机构的极力扶持。日本农林水产省（简称MAFF）一贯以暧昧的说辞宣称日本传统饮食素来健康而美味，自古至今令世人难以望其项背。现代日本饮食的优秀毋庸置疑，东京拥有许许多多的国际知名餐厅，数量绝非其他

1 扶霞·邓禄普（Fuchsia Dunlop），英国BBC电视台主持人，内容参考其于2007年2月4日发表在《纽约时报》的《湖南起源》（“Hunan Resources”）一文。在她所著的《创新中餐烹饪书：湘菜篇》（*Revolutionary Chinese Cookbook：Recipes from Hunan Province*）中亦有详细介绍。

城市所能比拟。不过，如今日本这样多元化，激发食欲的食物早已不同于古代人所吃的那些。揭开此等种种被人遗忘的美食往事，能帮助我们找到拉面背后的故事。在“美味日本！”主题活动（MAFF承办的一个项目）公布的官方资料中，倡导的日本食物是一碗米饭，搭配汤和一碟小菜。宣传这类饮食风格，体现了日本人几百年来代代传承的“勤俭美德”。政府部门强化了这种对于日本饮食精髓的观念，既有以简单方式准备的季节性食物，又能创造出大多数取自天地灵气的天然风味，不允许任何浪费。[1]

这听上去十分令人心动，可惜说得并不确切，尤其是日本人今天的饮食方式早已与1868年明治时代彻底改革之前不可同日而语。不少日本料理历经百年沧桑，却鲜有菜品能做到亘古不变且传承不息。日本人的食物日新月异，丰富多样的味道、令人眼花缭乱的造型比自古以来的传统更受到人们的热捧。

面条与民族主义

1949年，历史学家雷德克里夫·萨拉曼（Redcliffe Salaman）出版了一本无伤大雅的书，取名为《马铃薯的历史与社会影响》（*The History and Social Influence of the Potato*）。这本书没能跻身热销书排行榜，其内容却强调了些关键性问题。马铃薯这个物种在人类历史上产生的重要影响力，在最近几年才引起人们的注意，这也许有些不公平。爱尔兰人在经历过19世纪中期那场可怕的马铃薯大饥荒后，

1 http：//www.mafF.go.jp/e/oishii/index.html。

清楚地认识到它的政治影响力。浩如烟海的历史书里对于马铃薯的谈论显得浅见寡识，对于其他食物的论述也不过寥寥数行，人们更愿意用洋洋洒洒的笔墨去写王朝与政党。[1]然而，马铃薯的历史紧密联系着强权政治，因为它使工业革命变成现实。同样它也帮助日本西部大藩的封建领地获得大量财富，正是它丰富的营养供给，为19世纪中期的明治维新带来了胜利的曙光，而当时的敌方土地上荒草丛生，食物紧缺。简单地说，如果一个国家的人民饱受饥荒，政府必然倒台，全民揭竿而起，正如贾雷德·戴蒙德（Jared Diamond）在他有关环境与文化相互影响的著作《崩溃：社会如何选择失败或成功》（*Collapse: How Societies Choose to Fail or Succeed*）中所争辩的那样。在这样的大背景下，什么才能冠以“国民美食”的美称，其进化过程具有非凡的社会和政治意义。拉面正是“国民美食”进化论的最好诠释。东亚的饮食习惯如今影响了世界上越来越多的人，20世纪后半叶更是引发了亚洲饮食传统文化的全球性大爆炸——从东京到纽约，从巴黎到曼彻斯特，各地的超市和餐馆都能提供最新式的东亚风味食品。拉面则占据了这波饮食热潮的核心地位。

文化传播、农业发展、国家饮食模式的转变以及机缘巧合，所有因素几乎等量地相互作用在了一起，拉面的进化正是这极为复杂的过程所带来的结果。有人宣称拉面始于中国的兰州“拉面”，其历史由此揭开序幕，并且因为家喻户晓的欧洲探险家马可·波罗（Marco Polo）而产生巨大影响。另一种更受欢迎的说法带有神话色彩——19世纪中国移民漂洋过海到日本谋生，把菜谱一同带了过

1　近期另辟蹊径撰写马铃薯历史的是约翰·里德（John Reader）。

去。就算中国人确实在20世纪前就把这么一道食物出口到了日本，那时在日本当地也极少有人敢吃，因为外来食物并不符合日本人的饮食喜好。拉面在日本得以发明并为人所接受，日本人必须在他们的饮食和烹饪习惯上历经一场革命，而这竟耗费了漫漫几个世纪之久。在经历了不同时代和地域的历练之后，制作拉面的方法被创造了出来，拉面市场得以开拓发展，到20世纪早期终于与日本食物真正融合到一起。

世事总有真相，拉面诞生背后不为人知的故事得从古代时期说起。令人大为震惊的口味和配料需要恰好出现在一个对的时间点上，以某种方式满足了消费者不同以往的全新需求。要创造出一个无人确保会受到广泛喜爱的东西谈何容易。一旦双方的供求关系得到满足，食材必须找到传递方式，不仅是地理意义上的运承（在某一地区被烹饪出当地人喜爱的味道），还有碗筷和汤匙（吃的必备工具）。面条、高汤、酱油、紫菜、面碗、汤匙和配料点缀，这些对拉面来说至关重要的因素无一不是中日两国人民智慧的结晶。

要弄清楚所有这些因素经历了哪些复杂的旅程，如何来到日本，又如何发展成为地球上脍炙人口的一道佳肴，我们要从头开始。在探索拉面是如何制作出来之前，我们需要研究一下日本人为何想要吃掉它们，这段往事得追溯到古代东亚。

面粉如何变成面条，而面条又如何变成拉面，个中缘由娓娓道来便成了这段故事的骨架。但其真正的血肉在于从文化、旅行、人类本身和庆典活动等视角来揭示中国人与日本人的“食之魂”。因此

我们必须迈开求知的脚步，寻觅吃面和东亚饮食文化的起源，这就意味着近现代时期的饮食神话正式拉开了序幕。

第一章

面食几经周折东传日本立足于餐桌

在中国古代，不论想做什么种类的面条，都得先磨面粉。若无研磨工具，便做不成面条。将谷物颗粒碾成面粉，和成面团并整形成条状的烹饪技术，这比带领中国进入中央集权帝制时代的第一人——秦始皇（公元前246－公元前210在位）诞生的还要早。中国学者黄兴宗在浩瀚的中国科学历史中，记录了来自亚洲中部地区的食谱与制作方法对面条/面包在中国范围内的日渐普及产生的极大影响。[1]制作与使用面粉的技术源自古代。考古学家在土耳其一处遗迹中发现了公元前5500年时用面粉制成的面包，当时这一技术很可能辗转传至东方和北方，由蒙古流入中国。面粉遗迹经过考古测定检测，可追溯到公元前3000年，遍布中国不同省份，包括安徽

1 黄兴宗：《中国科学技术史》丛书第六卷《生物学及相关技术》第五分册《发酵与食品科学》；希尔瓦诺·塞万提（Silvano Serventi）、弗朗索瓦兹·萨班（Françoise Sabban）：《面食：一种全人类食物的故事》（*Pasta：The Story of a Universal Food*）。

省东部、青海省西部和云南省南部。2005年中国有媒体报道称，在中国西北地区青海喇家遗址出土的面条状遗存物是迄今为止最古老的面条，距今约有4000年历史。由此看来，在大部分地区尚未开化的远古时期，中国人也许已经吃得相当不错。那时候，收割谷物并碾磨成粉末状所用到的劳动技能已经成为科学技术，并成为中国“专属”，直到几个世纪之后，公元4世纪或5世纪时才经由朝鲜传到日本。

对于中国的饮食技术，日本学得很慢。在古代，日本似乎与这位技艺高超、经验丰富的邻居相差甚远。翻阅3世纪的中国王朝史记录，当他们提到这座位于东方的小岛国时，会描述到日本人还在用手抓着吃饭，这样的举动在古代中国人看来非常粗鲁。[1]他们认为烹饪与饮食礼仪是富有教养的表现，且极其重要，它们足以证明并象征着一个国家的文明程度。中国人骄傲地声称他们在春秋时期（公元前900－公元前600）[2]开始使用筷子，早已终结了徒手吃饭的野蛮行为。在古代中国社会，食物被端上餐桌供达官贵人享用，社会精英也经常用烹饪学里的术语当作政治里的隐喻相互讨论。不论其身份卑微或欠缺教养，人人都能够在遵守中国饮食礼仪、接受儒学思想的熏陶过程中，提高文明程度。公元前5世纪之后儒学思想成为中国传统文化主流，为中国古代社会打稳了根基。儒家认为君子与他人的所有关系可以分为五种人伦关系，即“五伦”，比如，诸侯遵从君王，父辈遵从祖先，儿子遵从父辈，社会各阶层恪守其原

1 原田信男：《和食与日本文化论》(《和食と日本文化》)，第61页。
2 此时期还包括西周。——编者注

则。而女性在男权占主导地位的社会环境中就没有那么幸运了，必须遵从男性的命令。年长者被视为一家一族的权威。人们相信这五种关系如果运用妥当，则有助于构建理想的和谐社会，领导者有绝对权威，以高人一等的姿态传达自己的意愿。正统的儒家行为指导包括知晓正确的庆典日程及其规矩，还有用餐饮酒的礼仪。《论语》是儒家学派的指南，其中论述了和谐社会里得体地进餐饮酒的明确要求，儒家声称正确的宴饮之欢有助于创建并维持一个公正、平等的社会。在早期的中国社会里，正如古话所训："正确的吃是一种美德的表达。"[1]即使在今天，吃也是人与人交往过程中至关重要的一部分——它是社会的一种润滑剂。有一句古语，用现代文解释为"人们在食物与饮料中发现了文明的起源"[2]。礼仪的根基与社会的和谐发展取决于人们在餐桌上怎么用餐，怎么饮酒。

日本饮食文化的发展走上了截然不同的道路，虽说餐饮本身仍然保持了许多令人愉快的社交功能，但很少有烹饪相关的词汇被用为政治隐喻出现在日本的历史文献中。这并不是说日本人不吃，他们当然也有饕餮之欲。在日本，从准备到享用一餐，这种饮食的艺术实为单纯，在古代社会并没有扮演像中国那样重要的社会和道德角色，也没有为表现更广泛的政治问题助以一臂之力。转眼到现代，

1 雷伊·坦纳希尔（Reay Tannahill）:《历史里的食物》（*Food in History*），第 127 页。

2 贾蕙萱:《中日饮食观变异》，收录于李士靖主编的《中华食苑》第 6 卷，第 349 页。比较中国古代与现代饮食文化变迁的观点在美国芝加哥大学人类学教授冯珠娣（Judith Farquhar）所著的《饕餮之欲：当代中国的食与色》（*Appetites, Food and Sex in Post-socialist China*），以及剑桥大学汉学系教授胡司德（Roel Sterckx）的著作《早期中国的食物，祭品与圣贤》（*Food, Sacrifice, and Sagehood in Early China*）中可见一二。

日本的饮食方式往往被降格为幻想。根据日本饮食文化历史学家埃里克·瑞思的研究发现，厨师制作出精美绝伦的食物，各种食材完美组合堪比艺术品，但它们不会被吃掉，只是放在桌上当装饰品。[1]古代时期中日两国的美味佳肴所发挥的政治作用与扮演的社会角色不尽相同，这样的差异或许可以解释为什么中国人能比日本人吃到更多的口味与食材，相比之下日本人直到15世纪都一直满足于清淡的口味，且以素食为主。

吃在日本确实含有宗教意义，早期用来谈论用餐仪式的词汇，属于日本本土的传统民族宗教神道教的一部分。著名的日本饮食文化历史学家原田信男对此解释，在日本广为流传的仪式强调了食物是与神明分享至宝的一个过程。[2]古代神道教教规中提到面条，准备好的食物被摆出各种造型，供奉在各式容器中，以满足仪式要求。比起食物的味道，这些宗教文献更重视其外观，因为祭祀神明[3]最重要的便是外观之美。简单概括之，即中国人重视味道，而日本人重在展现美学。尽管如此，一旦日本人真正深入接触中国面食，对他们来说迷恋上这种（光溜溜的，或“口感顺滑”的）食物不过是时间问题罢了。

古时候的日本农民学会消化许多食物。许多有医用价值的食物受到人们珍爱，一些还能提供优质的营养。[4]中国人吃的一日三餐里通常含有五谷杂粮、一些蔬菜和水果，偶尔还有少量的肉类，加在一起炖熟成混合物。日本人饮食有点相似，同样不太见到肉。在中

1 埃里克·瑞思：《近代早期日本饮食文化中的食物与幻想》。

2 原田信男：《和食与日本文化论》，第43－44页。整个学术争论的风口浪尖都聚焦在神道教的起源以及它是不是种宗教。

3 同上，第72页。

4 尤金·N. 安德森（E. N. Anderson）：《中国食物》（*The Food of China*），第106页。

国，曾有一部指导手册来教人们怎么以合适的方法烹饪。北魏时期诞生了中国历史上首位农学家贾思勰，他编著的农业百科全书《齐民要术》内容丰富，成为6世纪最出名的烹饪指南，被称为“普通百姓必须学会的谋生技能”。这本书是中国现存最早最完整的农学著作，详细描述了古代人民从田间地头获取食物、准备餐食的生活情形。在贾思勰的著作中，首次公布了一种被称为“饼”的面食食谱。

面条来到了中国——面粉制面包?

现在，日本的拉面老饕们机智地预料到当一位从未吃过拉面的朋友坐到邻座后，一定会犯吃面最大的忌讳——轻巧无声地吃。没有什么比这更快地招来集体的蔑视。富有观察力的食客懂得滚烫的面汤要吃进嘴里，靠的是用嘴吸。一手飞快地撩拨筷子夹起面条，另一只手拿起大大的汤匙接住面尾，再将筷子举到饥渴的嘴边，热腾腾的水蒸气从面条上滴落成汤汁。整个动作一气呵成。为了避免烫到自己的舌头，你必须同时往嘴里吸进些冷空气。大口吸空气、吸面条的同步合作下，我们的嘴里会发出悦耳的声音，“哧溜-哧溜”，这种声音肯定会让大部分试图提高子女修养的西方母亲觉得不堪入耳。然而在日本，如果面条不是吸着吃，那表明这碗面不够热，又或者说明它不合口味……总之，吃面的声音证明了拉面师傅的这碗面是否招人喜欢，厨艺的成功与否由此判断。优雅地吃，小口地品，安静地凝视着……这都不是拉面。它们的吃法与众不同，一些难登大雅之堂的讲究正是正宗拉面爱好者的饮食准则。对于上班族来说，拉面已经成为习以为常的午餐选择之一，许多日本男人现在经常光顾面馆。女人也一样大声吃面，但在公共场合并不会引人注目。我曾经听到一位日本同事发出声音“吸”着吃香肠三明治，当时我们坐在东京新宿区里的一家咖啡馆里，我正巧在笔记本电脑里敲打下这些文字，而邻桌的一位客人正大口“吸”着他的巧克力玛芬蛋糕当早餐。

面条不会总是这么个吸法。实际上，它们曾经的长相并不是这样，早期的面条可能不是细长条，而是更接近于面包的一种食物。面条的前身是扁平的、面包形状的食物，在汉语中称为“饼”，原词的意思是指面粉与水和成面团。[1]以前的中国厨师在面粉里加水和匀成团后擀平，放在倒了油的平底锅里烙，或者放进开水里汆熟。中国人认为饼是面食的一种，这个食物大类“由谷物制作而成，涵盖范围极广。小麦面粉做成的面团可以发酵或整形。可以用来炸、烤、蒸或煮”[2]。正如弗朗索瓦兹·萨在著作中写过，饼在3世纪如此受人欢迎并广为传播，诗人也为之赋诗“颂饼”予以赞美。[3]

在今日中国，饼的形状已变成圆圆的扁平形状，内馅带有一点咸味或甜味。以前的饼通常用小麦粉制作而成，这种加工技术从中亚地区传入中国。据中国的资料记载，随着历史变迁，饼逐渐被拍扁、拉长，越来越长，越来越细，有点类似于我们熟悉的面条形状。有观点提出，饼一开始是滚圆的，然后有人突发奇想擀平并切

---

1 康达维（David R. Knechtges）：《逐步进入快乐世界：中世纪早期的中国饮食》（“Gradually Entering the Realm of Delight：Food and Drink in Early Medieval China”），美国东方学会会刊，第117卷，第2册，4月–6月，1997年，第234页。

2 黄兴宗：《中国科学技术史》丛书第六卷《生物学及相关技术》第五分册《发酵与食品科学》，第474页。

3 希尔瓦诺·塞万提、弗朗索瓦兹·萨班：《面食：一种全人类食物的故事》，第281–296页，书中详细叙述了古代中国上层阶级如何喜欢饼类食物以及如何帮助这种食物普及到整个中国社会。

当代中国的小摊贩正在卖现代式样的早餐——煎饼。现在，这种现做的热乎乎的饼里会加上煎蛋，并提供辣的或咸的蘸酱。它看起来一点也不像面条。几个世纪以来，饼发生了巨大变化，它被搓长、滚圆，不变的原料成分却有着截然不同的外表

条，面条的祖先由此诞生。究竟这个过程是如何发生，又是为何发生的，引发了无数争议。争论越演越烈，一些专业的历史学家和考古学家为此倾注了毕生精力，寻求科学分析与证据来支持这样或那样的论点。饼的产物遍布各地，但在中国，直到6世纪它们才真正地成功转型成面条。现代汉语中的面（普通话发音为 miàn）条在古代单指小麦面粉（在日语中，人们用汉语文字“麵”来表达相同的意思）。古时候，与食物相关的词汇并不精确。菜肴通常没有专属的名字，因为当时没有精确区分任何菜品的必要。人们不会上街去买，真正营业的餐馆诞生于宋朝（960－1279）末年的中国，这在世

界范围内也是引领先河的。[1]直到印刷出版业蓬勃发展，才让人们达成共识——什么菜应该是什么样子终于有了公认标准。

最初，“饼”一词可能指小麦面粉或面条，抑或是近似的一种食物。即使在媒体信息大爆炸的今天，专有名词的自由联想并不少见。举例来说，在美国，当身处不同州的人们提到比萨时，也许他们脑海里实际上考虑的是不同的配料和风味，是厚底的芝加哥风格和薄底的纽约风格。这样的问题在幅员辽阔的大国或好几个国家地区之间日益显著。如果问日本人比萨是什么样，他们会说上面浇满了蛋黄酱，这在西方的比萨爱好者看来实属异端邪说（特别是在我的家乡，比萨爱好者成群的新泽西州）。

不仅面食的词汇在日新月异地增长，饼的形状也发生了巨大变化。在过去的几个世纪中，它可以是球形、椭圆形或是扁平的，但它依旧被认为是一种面条。烹饪食谱通过祖祖辈辈的口述代代相传，类似于我们现代面条的第一份手写食谱、诞生于6世纪中国的烹饪手册《齐民要术》。面条被拉扯成一张大饼，这一步骤称为“水饮”或“过水湿扯”，那时候的厨师把生的面团浸到一盆水里，同时用双手将面团拉扯得又长又细。最后得到的可能是压扁成韭菜叶状的薄薄面片。这种做法的发明者至今仍无从考证。

许多我们以为是中国菜的佳肴，实际上却是外来品种传入后，中国人将其口味与做法融合而得。这些外来品来自印度、波斯（即

---

1 可以借用日本知名食物历史学家石毛直道对于面食的定义，他认为面条是“用谷物、豆类和马铃薯研磨的粉末加工而成的细条形食物，氽水煮熟后可以食用”。引自黄兴宗著作《中国科学技术史》丛书第六卷《生物学及相关技术》第五分册《发酵与食品科学》，第490页。

现在的伊朗)、俄罗斯、蒙古，还有遥远南方的少数民族部落以及在历史上转瞬即逝的粟特、和阗等中亚诸国。鉴于这些原因，一些食物历史学家坚信，古往今来的“丝绸之路”也应该称为“面条之路”。虽然这一论调并没有获得所有人的支持，但它确实从一个矫枉的视角告诉我们如何看待东亚地区面食与相关技术的成长。食物、口味、烹饪方法跨越国界，沿着主要贸易路线，紧跟商业发展的步伐，随着包含宗教和科学技术的其他文化知识一起传播。没有任何一种文明能完全垄断某种发明成果，来自周边邻国及地区的改革创新挡也挡不住。从历史角度来说，没有百分百纯正的中国菜，所有的一切都是众多地域美食的仿效。如果我们认为它是独一无二的，那是因为食物和与生俱来的味觉帮助我们认知自己的种族与起源——我们更愿意相信一国之食亘古不变、永远流传，让人更为容易分辨彼此之间的文化差异。[1]面条作为拉面的前身，在中国被创造出了鲜明的特点，但它的根基更多地扎根于中亚地区。

食物传奇与面食技艺的生根落户

关于古代东亚人吃什么的问题至今仍然没有答案。史前时期的日本（公元前6000－公元前400）饮食史料难以考证，疑云笼罩亦不足为奇。在研究过程中，我们持续不断地有历史新发现，同时也努力去收集更多证据，来揭开历史的神秘面纱。这一时期鲜有记载，

1 吴燕和（David Y. H. Wu）、张展鸿（Sidney C. H. Cheung）编：《中国食物的全球化》（*The Globalization of Chinese Food*），第7页。

只有中国和朝鲜的早期文献中还能窥见一斑。近期的考古发现启示了日本的起源，但饱含争议的辩论仍无休无止。

第一份提及日本的官方汉语文献来自3世纪问世的著名史书《三国志》[1]，名为《魏志·倭人传》的篇章有云，日本的先祖，很可能生活于日本四大岛屿之中位于最西端的九州岛上。我们要记住的重要一点就是许多日本历史故事发生地的西日本，事实上却是南部地区。之所以称为西部，是因为比起地球的南北线定位，日本群岛的排列更像是东西轴方向。因此，日本南部在历史上仍然保持了西日本的旧称。

这部特别的中国断代史叙述了古代王国邪马台，很有可能位于西日本，即九州岛东北部，统治国家的女王叫卑弥呼。[2]邪马台王国的确切地理位置长久以来一直困扰着太平洋地区所有专家学者，但正如J. 基德在书中所说，在邪马台王国，千名仕女侍奉卑弥呼女王。虽然与中国相比显得毫不起眼，但它绝非微不足道。[3]邪马台，不论其位置还是结构，都是日本历史上一个具有重要意义的核心据点，

1 《三国志》由西晋史学家陈寿所著，记载了当时中国领土内魏、蜀、吴三国鼎立。魏国，定都在中西部的洛阳城，诸国之中都城最大；吴国则在东海岸地区，定都于近代南京；蜀国则选址成都市内，现在这座城市已成为中国西南部四川省的现代化省会城市。

2 对此，伽里·莱迪亚德（Gari Ledyard）给出了更全面的解释。见其著作《随着游牧民驰骋——寻找日本人的先祖》（“Galloping along with the Horseriders：Looking for the Founders of Japan”）发表于《日本研究期刊》第1卷，第2册，1975年春季刊，第230－232页。莱迪亚德说道：“我们应该了解这片土地，作为一个拥有制海权的国家，日本数岛相连，半公共管理并中央集权，就像是米诺斯文明。”

3 威廉姆·韦恩·法里斯（William Wayne Farris）：《神圣的文献与被埋藏的宝藏》（*Sacred Texts and Buried Treasures*），第34页。J. 爱德华·基德（J. Edward Kidder）：《卑弥呼与日本扑朔迷离的邪马台国：考古、历史和神话》（*Himiko and Japan's Elusive Chiefdom of Yamatai：Archaeology, History and Mythology*）。

也是日本古代文化的发祥地。

通过考古挖掘、中国的源头考证与半史实半虚构的战争故事，我们假设7世纪之前日本人吃肉。牛肉、马肉绝不是他们的大宗消耗品，不过鹤肉、鹿肉和野猪肉却在各个阶层广受欢迎。早期，佛教从中国慢慢渗入日本，直到7世纪生根，展开日本佛教史新页，大和王权（可能并不存在邪马台国，对此学术界尚无定论）从中国接受佛教，并将其定为国教。大和国是日本帝国的雏形，旧址在近畿地区或是中部平原地区，也就是如今我们所知道的关西地区。据说早在公元600年时，古天皇圣德太子（真实存在与否不得而知）曾经大力推广使用中国日历，并建设各种政府机构。无论历史证据可信与否，围绕着它的学术辩论都不绝于耳，多数学者承认日本早期王国的存在，并且在这片地域上建立的某种政权当时确实借鉴了中国的管理方式。674年，天武天皇颁布了杀生禁令，即“禁止宰杀活物”，使得肉食从日本人的餐桌上销声匿迹，因此为信仰佛教、成为素食主义国家创造了良好环境。之后掌权的众天皇将这样的政策坚持到底，持续了千年之久。[1]那么，这段故事是如何代代相传的？实际的原始法令读起来与古老的神话故事或历史著作有些不同。在《日本书纪》这部正史中，记载了不少古老的神话故事与史料，其中天皇的诏令如下：

诏诸国曰，自今以后，制诸渔猎者，莫造槛井，及施

1 日语表达为“杀生禁断令”，见伊藤纪念财团编著的《日本肉食文化史》，第75－80页；亀甲万食品系列杂志《食物文化》，第1卷；渡边善次郎的《与世界共存日式饮食生活的变迁》（《世界を駆ける日本型食生活の変遷》），第28页。

机枪等之类，亦四月朔以后，九月卅日以前，莫置比弥沙伎理梁，且莫食牛马犬猿鸡之宍[1]，以外不在禁例，若有犯者罪之。[2]

天武天皇自身信仰似乎十分虔诚，他不是第一位也不是最后一位渴望带领人民走向道德正途的统治者，但这位天皇所颁布的诏令里，“禁肉”并不意味着戒除一切荤腥。禁令只在某一时期对部分品种的动物起到保护作用。一种确切有力的解释是说统治者希望发展农业，维持生产稳定，特别是提高水稻的粮食产量，于是鼓励农民们把注意力放在食物生产上，换句话说就是百姓通过上交更多的粮食与蔬菜以增加税收。在中国汉朝时期，在朝官僚的工资以粮食为计算单位，日本掌权者也想照搬此法。然而，日本的地理环境与人口分布有限，并不适合生产所有品种的谷物。日本王权敦促农民种植水稻，这样朝廷才有足够的粮食用来支付越来越多的官员薪水。杀生禁令的另一个重要作用是削弱地方上野心勃勃、带来抗衡威胁的诸侯各国。扩大佛教的影响力是满足这两大需求至关重要的因素。佛教是日本早期古代社会强权政治的有力手段，大米则是经济发展的润滑剂。

弹丸之国的日本，并没有像中韩两国一样拥有丰富的农业及矿产资源，尽管如此，粮食与农产收成在政府扮演了至关重要的角色。历史学家赫尔曼·奥姆斯通过他的著作告诉我们古代日本的仪式与象

1 宍，古同肉。——编者注

2 W. G. Aston（翻译）：《日本书纪：史前至公元697年日本史记》（*Chronicles of Japan from the Earliest Times to AD 697*）第328－329页。

征："赠予食物是一种致以更高级者的示好举动。区县官员供奉于省厅上司，省厅上司供奉于君王，人人奉献于神明。"[1]国家不断谋求权力，扩张领土，但最关键的转变发生在710年，当时日本首都搬迁至"平城京"，即如今我们所知的奈良县，比起邪马台更接近日本内陆主要岛屿的核心地区，靠近现在的京都府。这一崭新的都城仿造中国盛唐时期的长安城而建，其朝廷结构也同样复制不走样。794年，桓武天皇再次迁都，这次搬到了更往北一点的平安京，也就是之后我们所说的京都府，它作为国都历史达千百余年。

对比当今世界以明确定义区分各国的边界，放到7世纪来看，中国北部、朝鲜和西日本仅仅是地方性的划分，令人难以辨识。当时没有我们现代语言词汇中所谓国家这种概念。在公元6世纪前期之前，九州岛与朝鲜半岛之间没有明确的界线。[2]彼此之间文化交流频繁，不同国家间的船只和百姓经常造访彼此海域。食物、烹饪、食谱和饮食方式都轻松地传播于中国东海、黄海和日本海之间。其中融合不同文化，最为繁华的交流门户位于九州岛西北海岸线上的博多市。[3]根据历史学家布鲁斯·巴顿考证，博多湾是全九州最好的天然港湾，来自各地的船繁忙地进出港口，于是当地政府在山丘上建造了瞭望塔以便观察并通告外来船只的动态，并配备有守卫者。[4]在

1 赫尔曼·奥姆斯（Herman Oms）：《古代日本帝国的政治与象征：天武皇朝，650－800》（*Imperial Politics and Symbolics in Ancient Japan：The Tenmu Dynasty, 650－800*），第108页。

2 布鲁斯·巴顿（Bruce Batten）：《走进日本：博多的战争与和平，500－1300》（*Gateway to Japan：Hakata in War and Peace, 500－1300*），第24页。

3 同上，第24页。

4 同上，第33页。

为这项研究旅途奔波时，我不禁为历史上如此伟大富强的西日本大吃一惊，它无疑成了紧密联系东亚的坚实纽带。如今，我们的注意力聚焦在东京，将其视为日本的中心，是电器物件与华丽时尚之源，可要知道东京的这股影响力不过是近代才崭露头角。遥远的西面才是日本历史的发祥地，17世纪以后才轮到东京登上历史舞台中央。

7世纪之前的日本还没有照搬照抄中国的政治和文化形式，那时的日本并不热衷于吸收中国文化。中国的古代文献对这样相对还未受中国影响的日本曾有过记载。据说那时的日本人喜欢吃一种面食汤，汉语称其为“馄饨饺”，学者们对它的内容不甚了解。随着交流越来越频繁，中国人观察到日本人把谷物作为他们的主食，以蔬菜作为配菜。这样的饮食习惯具体表现为中间一碗淀粉类主食，配上一碗汤，几片盐腌或酱腌蔬菜放在一旁作为开胃的下饭菜。这样的习惯在日本文化中拥有久远而深厚的历史。[1]

日本关于本土文化的记载出现于8世纪。从我们收集到的残缺不全的历史资料来看，日本饮食故事并不像中国式的神话传说那样伴随着政治衰退而大吃大喝，也不像《圣经》所说的亚当与夏娃在伊甸园偷食禁果后被赶出伊甸园。相较之下，日本人的饮食神话在食物、性，以及民族崛起之间构建了一种积极的联系。但关于日本饮食的历史记录非常欠缺，我们不得不基于大部分考古依据加以揣测。一大主要的参考记录来自《古事记》，通常被翻译成《古代事物

1　杂喉润：《中国食文化在日本》（《日本における中国食文化》），收录于蔡毅主编的《日本的中国传统文化》（《日本における中国伝統文化》），第245－257页（直接引用的段落是：新编三国志·魏书·第三十卷/魏书三十·东夷·倭人传，854）。

的记录》[1]，诞生于712年。这部著作实际上是过去几个世纪人们口口相传的古代神话、传说、歌谣、历史故事等，经太安万侣之手以中国的文言文记录编纂而成的日本史，详细讲述了日本的起源。还有一本参考书，即同样也有“正史”之称的《日本书纪》，或称《日本纪》，大约诞生于公元720年，紧挨着《古事记》。这两部史记有些类似，《古事记》更多描述了原始神话，《日本书纪》则对史料和统治者族谱更感兴趣。当然，无论其历史考据上的准确性如何，它们都向我们讲述了日本发展的神话故事。

在充满神话色彩的《古事记》中，日本的诞生始于伊邪那岐、伊邪那美两位神祇，奉天神之命造成国土，并结为神婚。第一批英文译本的对话显得有些呆板生硬。比如，伊邪那岐说：“我的身体也是一层一层铸造出来的，但有一处高出一块。”伊邪那美则回答道：“我的身体是一层一层铸造出来的，但有一处仍未长成。”于是无所不能的伊邪那岐意识到他的多余之处正好填补伊邪那美的缺陷位置。他们结合数次，诞下诸子嗣，变成了日本的岛屿。[2]原始日本文献中的文字对于19世纪的西方读者来说未免过于露骨。比如说，当两位神明向对方谈论身体部位时，伊邪那岐实际上对他的女性伴侣大声喊道：“插进去并填满你！”而她积极接受：“那想必是极好的。”[3]第一部英语译本出版时，极其保守的维多利亚时期学者将他们认为尺度过大的部分翻译成了拉丁文，富有学问的人才能懂得其原汁原味。

---

1 国内通译为《古事记》。——编者注

2 《古事记》，唐纳德·腓立比（Donald Philippi）译注，第50页。

3 仓野宪司、武田祐吉编著：《日本古典文化体验》，第1卷，第53页。

《日本书纪》在解释日本人民赖以生存的五谷杂粮的起源问题上同样是很好的参考。如同许多宗教一样，信仰的实践通过使用食物举办仪式来表现，这在古代日本早有先例。

根据传说所述，三位主神之一的素戋呜尊肚子饿了，于是命令雨月——也就是保食神，名字有“保护食物”之意——为他准备一顿饭。[1]也许是天赋神力，雨月并不是拼凑出一顿美餐，而是从自己的七窍之中吐出了各种食物。见此情形的素戋呜尊极为愤怒，将这样的招待视为对自己的冒犯，于是杀了保食神。

雨月趴倒在地，与大地融合，遗体上长出了人们日常生活中不可或缺的五谷杂粮。雨月死后，化身为所有生产之神——蚕蛹长在她头上，水稻幼苗垂在她眼窝，麦穗垂耳，红豆填鼻，小麦在她的阴道里发芽，大豆则来自她的肛门。

传说中描述，素戋呜尊认为雨月原本准备的食物来自不干净的地方，但传说并没有提及他最后怎么收拾餐宴的残局。[2]在过去的几千年里，这些神明和传说在人们心中曾是神圣不可侵犯的，然而它们对战后或现代的日本人来说已不再意义重大。

现代的面食

所有在东亚生活过的人们都知道那里有各色面食。在中国，面

1 音译拼写的日本神祇名字可能与实际有所出入，在此为了保证可读性以本书为准。

2 贾蕙萱：《浅析中日饮食文化之特点》，收录于李士靖主编的《中华食苑》第 8 卷，第 313 页。汉语、日语译本，同时还有英语译作，略有不同。同时参考唐纳德·腓立比译注的《古事记》，第 87 页，以及仓野宪司、武田祐吉编著的《古事记》，第 85 页。

条可以做成各种形状，有数十种动词用来描述如何制作面条——揉、拉、捏、擀、刀削等。甚至还有叫“臊面”的，当我吃到这种面的时候，我并不明白面条为什么要“害臊”。

2004年我去了中国西部一个比较偏远的省份宁夏，走在路上发现同一条街上有两家面馆，店里提供30多种不同口味的汤面，制作的原料极为相似。在中国，特别是西部地区，面食无处不在。

而日本，他们大量消费的面食最后变成了人们所熟知的荞麦面和乌冬面。荞麦面是一种纤细易碎的面条，由荞麦面粉制成，通常做成冷面，蘸着酱汁吃。乌冬面则比较粗厚，一般配着淡淡的肉汤一起吃。这两种面食都在德川幕府时代迎来了昌盛时期，但它们制作时都没有添加碱水，比拉面欠缺了几分弹性。

尽管如此，荞麦面和乌冬面至今仍广受欢迎，它们也在拉面进化的漫漫长路中占有一席之地。第一份来到日本的面食或许是极为简单的光面，或配有一份冷菜。它们没有热度甚至谈不上美味，却非常受欢迎。

19世纪后期日本更为开放之后，来自中国大陆的烹饪创意显然满足了日本人的美食热情。面食的祖先后来演变成乌冬面和荞麦面，它们很可能诞生于奈良时代（710－794），从中国东南传入日本。这一道面食被称为面片汤（这种食物现在仍然能在关东地区，位于东京西面的山梨县的地方餐馆里品尝到）。面片汤是种扁平状的面片，像乌冬面，搭配着热乎乎的肉汤。在中国，这种面叫作馎饦，其制作方法的第一次书面记载可以追溯到中国第一部农业百科全书《齐民要术》。

随着近代越来越多的信息技术相互传播，食品与技术上的商贸发展便成为各地佛教僧侣们修行的一大副产物，他们肩负着危险旅程的重任，从日本各地深入至中国的核心地区去体会人类精神的错综复杂，探索智慧的源泉。[1]

僧侣们来来往往于中日两国，在两国饮食口味传播过程中扮演了重要角色。做出同样贡献的还有官吏和朝鲜的朝圣者们。[2]地道日本美食的包容态度使得佛教这样的外来宗教与中国饮食联系了起来，散发出更为吸引人的魅力。佛教是起源于印度的一种宗教，它来到中国继而向东传播。其主要哲学观点认为生命充满了苦难，而为了减轻痛苦，我们必须摆脱自己的种种欲望。做人必须三皈依、受五戒，五戒即不杀生，不偷盗，不邪淫，不妄语，不饮酒。

17世纪，一位日本佛教僧人从中国取经而归，带回了《涅槃经》。这部经书帮助佛教弟子理解如何看透世界的五个阶段，经历此道便可修成正果。这些过程在外行的凡夫俗子看来宛若天书，其中有一譬喻，大概是借用牛奶的各种产物来形象描述人生五味，即乳味、酪味、生酥味、熟酥味、醍醐味，以此比喻华严、阿含、方等、般若、法华涅槃五时之教。当你佛性提高时就像是乳制品的口感越发变得浓醇厚实，这时便是以自己的方式顿悟到涅槃的境界！通过牛奶到奶油，或者例举一种基本食材，并以逐渐提高其结构与口感这一过程作为形象比喻，让读者们受到开窍的启示。在一个拥

1 以绝佳的洞察力探讨起源于印度的佛教文化，通过信徒的旅程一路向东传播信仰，参考柯嘉豪（John Kieschnick）的著作《佛教对中国物质文化的影响》（*The Impact of Buddhism on Chinese Material Culture*）。

2 出于文脉清晰与文章空间的考虑，从文化技术由中国传播到日本的讨论范围里，我几乎把朝鲜排除在外。但是建立于朝鲜半岛的早期王朝以及随后诞生的朝鲜王朝在14世纪以后，在日朝相互交流发展中起到了至关重要的作用，由此推动了日本饮食与国家地位的发展。

中国西部城市街头的面馆。这位师傅手上拿着的小小的白色面团经过双手“甩面”之后，会被放到大锅烧滚的沸水中

有丰富饮食文化的世界里，这样的比喻浅显易懂，即使不识字的粗野匹夫也能把握其意，把奶油的口感视为一个可望而不可即的至高目标而努力。刚入佛门的信徒如同牛奶，随着刻苦的修行，提炼至乳酪或酸奶，然后成为生奶酪，再者成为熟奶酪，最后达到奶油的

状态。那是最最极致的味道，日语中称其为“醍醐”。[1]到了当代日本，大部分人早已忘记了这个词语的佛教渊源，不过仍然会使用这两个字来表示精髓或者精华的意思。

奈良的一些寺庙中可以找到8世纪起流传至今的古籍，历史学家发现其中记录了奈良时期的信徒经常饮用牛奶，乳制品的消耗量十分巨大，与我们一贯认为的把米饭与豆制品当主食的日本饮食印象大不一样。没有人确切地知道古时候的牛奶长什么样子，因为据推测古代牛奶多为提炼而得，与我们现在喝的加工乳品不太一样，其质地更接近于奶冻或者奶油。[2]日本文学教授冈村道雄撰写了大量有关日本古代饮食习惯的著作，并主持了一档收视率不俗的电视节目再现这些食物。他曾写过，古代奈良的上流社会平时一桶接着一桶地饮用精制酪浆（即牛奶经过加工制成奶油之后残余的液体）或者其他乳制品。一本广为流传的日本古代医书《医心方》照抄了中国医学技术，并强烈建议日常摄入乳制品以强健体格，保持肌肉健康。[3]

805年，入唐求法三十载的僧侣永忠（743－816）回到故乡之后，对家乡父老准备的粗陋晚宴大为吃惊。他没有意识到日本食物相较于盛唐都城长安（今西安）竟有天壤之差。永忠和尚在位于日本中西部地区即现在的滋贺县的梵释寺里修行。他是入唐僧之中把绿茶带回日本的第一人。那时把茶叶传入日本，吸引日本饮茶人士所遭遇

---

1 横超慧日：《涅槃经与净土教——佛年意力与成佛的信念》（《涅槃経と浄土教ー仏の願力と成仏の信》），第102页。

2 关根真隆：《奈良朝代饮食生活的研究》（《奈良朝食生活の研究》），第274页。

3 冈村道雄：《古代饮食的恢复》（《古代食の復元》），《料理科学会》，第24卷，第1册，1991年，第70页。

的失败帮助我们了解到，一种新的食物或技术到来之后，并不意味着新家园的人们就会自然接受。时至今日，绿茶几乎成了日本的代名词。而颇具讽刺意味的是，9世纪绿茶刚进入日本时爱好者少之又少。没人喜欢它——茶的口感太苦，留在嘴里的回味也不那么令人愉快。尽管它拥有极高的药用价值，在中国广受欢迎，但可能当时茶叶本身品质不佳，更重要的是当时日本人的口味有偏好，所以尚未做好接受茶叶的准备。直到禅宗的兴起，以及日本与中国在13世纪重建关系——饮茶成为日本人饮食生活中的一个关键元素。人们对于茶的态度大为转变，更重要的是，社会上层阶级的某些需求恰好因此得到了满足。

佛教僧侣们继而成为东亚诸国文化交流背后的中坚力量。让我们再回到面食的主题，另一位众所周知的古代入唐求经的僧人便是圆仁和尚，838年他随日本使船启程来到中国，并在他的旅行日记中提到了馎饦面，这道美食很可能因为这段记录而来到了日本。[1]圆仁和尚尝遍中国美食，足迹遍布现在的江苏、山东和河北等地。不同地区各有其独特的饮食风格，“馎饦”有点像它的面食同类“饼”，但它并没有一概而论的固定形状。馎饦面或有点类似于一种日本人称为“饺子”的包馅儿面食，或是一种粗粗的面条。另一种面食也在奈良时期从中国传到了日本，名字叫作“索饼”，其原始形状似细绳，用小麦面粉制作而成。这个名字引人注目的地方在于日本人使用的这两个中国汉字，在日语中意思是年糕，或者糯米。同样的汉

1 坂本一敏：《不为人知的中国拉面之路——找寻日本拉面的源头》（《誰も知らない中国拉麺之路—日本ラーメンの源流を探る》），第140页。

字在中国则表示为饼（形状各异的面条）。描述面食的名词因此涵盖了各种食物，包括饺子、或粗或细的面条，还有其他完全不是面类的年糕等食物。一些学者认为，这种语言上对糯米和面粉食物的异文合并现象表明了日本面食起源于奈良时代，在此之前根本不存在这种滑溜溜的和面粉类的食物，那时日本人更常吃的是名叫“黏黏糊糊”的食物，很黏，像有韧劲的太妃糖一样，但不像我们现在所吃的面条那样又长又细。

中国面条还有另一个主要的特点，从唐朝灭亡到宋朝建立的改朝换代过程中，面条进化得更具有弹性，使得它们与日本传统的手工面条大不一样。中国人已经学会了新的面食生产技术，很可能是从周边地区远道而来的大批异乡人身上一点点偷师而来。宋朝是中国历史上一段分崩离析的时期，被分成了北宋和南宋两个阶段，一些地区甚至是游牧民族来统治。正是在这么一个多元的时代背景下，制作面食的新方法也应运而生。这一“中国特色”方法是指和面时通过添加碱性混合剂来增加面团的弹性，入口时筋道不易咬断。日本的荞麦面和乌冬面就没有这种特别的质地或咀嚼感。那时，人们用热水煮上蓬柴草烧制而成的草木灰，做出碱水，并把这种水加到面团里制作面食。这种新做法创造出了新的面食类型，即碱面。它极易定型并在水中保持形状不走样，咀嚼时能让人感受到更为筋道的“口感”，于是慢慢地占据了消费市场。

不论其真实的情形如何，一般来说，被纳入日本料理的面食仅仅是中国博大精深的面食文化中的一小部分，而非全部。最为直观的对比就是中国人五花八门的烹饪方式，不同辣度和甜度的酱汁数不胜数，令世人惊讶不已。日本饮食历史变革及日本茶道方面的研究专家熊本功夫教授曾经对这种差异给出了简单明了的解释。熊本教授说，从历史角度来看，日本料理的精髓在于无为，即自然呈现食物本身的味道与形状，不添加任何东西，完全感受食物与生俱来的风味。中国古人把食物当作被主宰的东西，而日本人则更注重食材本身的原始状态。[1]这样的差异可能是因为日本人对食物制作技术懂得不多，难以在食物匮乏的情况下改善烹饪方式，与此同时中国古人却吃得比较好。在古代发展过程中，日本的食物似乎很单调，既不丰富，也难以令人满足。到近代早期之前，食用一种谷物制成的混合粗粮栎实（栎树的果实，即皂角），以及缺乏蛋白质是日本留给世人最典型的饮食特征。那时的中国人理所当然地认为日本料理并无值得效仿之处，因为日本人食不果腹。古代日本没有值得称道的美食。然而，到了10世纪，制作面食的基本技能以及面食的市场价值已经渗入了日本社会的各个阶层，让人们对于更高营养、更多美食的发展前景提起了兴趣。

1　熊本功夫教授汇编了多篇详细描述日本饮食历史的文章，刊于《食物的文化讲座》，第2期，《日本的饮食文化》。但这并不意味就此可以确切地为日本饮食历史下定义。

第二章

宫廷饮食与百姓饮食

平安时代，从公元8世纪末到12世纪末近400年，是日本古代艺术发展的黄金盛世。在这个时代，诞生了全世界第一部长篇小说——《源氏物语》，故事讲述了贵族之间落花有意流水无情的爱情与哀愁。小说里的上层贵族们似乎终日沉迷于尔虞我诈，彼此争权夺利的斗争是贯穿全书的一条主线，其中还夹杂着些宫廷阴谋。公卿贵族不论男女都精心装扮自己，女人剃掉自然生长的眉毛，在眉、额之间画上传统的眉形。至少对于贵族阶层来说，他们的生活有些百无聊赖。平安王朝时期的保守文化禁止人与人之间有直接、亲密的接触，甚至同性之间也少有机会面对面地看清彼此容貌，如果相互之间的关系并不紧密，见面时还会用帘子阻隔在彼此之间。受尽这屏障妨碍的古人从而学会了用熏香来吸引自己所爱之人。借用一位历史学家的话来说，当时香味维系着人际关系，“评价一个人的少数几种方法之一便是闻他或者她所散发出来的气味”[1]。如果你不能亲眼看到对方的外貌，那么最好的办法就是先嗅一嗅他们的味道。就在其他上层贵族在黑暗环境中彼此闻香识人的时候，藤原氏一族逐渐掌控政坛，他们及其党羽在都城近郊斥巨资建造六条院邸宅。历经几百年风霜之后，这些财产被其他掌控朝政实权的政治掮客占为己有，一群骁勇好战、充满大男子气概的武士以距离现在横滨市不远的镰仓为据点，建立了政权。

尽管平安时期的贵族阶层潜心创作优美的文章和诗歌，但细究他们的生活质量，并没有那么光鲜夺目。他们靠米饭搭配几个腌菜来填饱肚子，极少运动。甚至有人怀疑上层阶级是否外出活动，因为他们的日常活动范围大多都局限在深宫内院里。这些人大量饮用一种口味甘甜的酒精饮料，因此患上了糖尿病及一系列糖尿病并发症。因为身体抵抗力极差，即使微不足道的病毒感染也会夺走贵族们的性命。中世纪的中国小说，比如中国清代著名小说《红楼梦》，其故事情节与饮食文化紧密联系。而通过这本书，我们了解到日本小说与中国小说截然不同，他们对食物的描述毫无兴趣。在《源氏物语》和平安时代的其他同类日本小说里，我们找不到任何刺激感官的进餐、酒宴、烹饪或有关食物精美外貌和美味口感的文字描写。这种人间乐趣在当时日本没有任何记录，是一段历史空白期。日本文学史学家樋口清之教授形容平安时代是一段“没有食欲的文学”[2]。这种普遍现象直到17世纪进入德川时代才有所改变。

---

1 艾琳·嘉顿（Alieen Gatten）：《往事如过眼云烟——〈物语〉里的气味与角色》（*A Wisp of Smoke：Scent and Character in the Tale of Genji*）。

2 樋口清之：《吃的日本史》（《食べる日本史》），第90页。

平安时代与随之而来的中世纪催生出了一种人生哲学，人们称之为“物哀”，亦可以理解为物我同悲的精神美学。它似乎来自哲学见解以及佛教思想中对于生命喜怒无常、转瞬即逝的人生观的反映。当然，平安时代历经的数百年岁月里，人们吃不到拉面，也吃不到其他任何面食。这不禁激发起了人们内心的好奇——一顿接着一顿的饭菜永远是那么难吃，被吞噬进了层层件件、厚达3英尺的绸缎华袍隐藏之下的胃袋黑洞里，而“物哀”的世界观是否受到恶劣饮食的影响，沉淀在了他们的肉体和灵魂里？那时的古人创作出了世界上的第一部小说，而不是烹饪书。

日本在平安时代进行大化改新，学习并仿效中国隋唐时期的政治与经济制度，并在皇宫中安设了几人担任“大膳职”这类官职。这些官员主要负责为三宫六院里的所有居住者准备膳食。[1]在8世纪到9世纪期间，政治繁荣，政权扩张，以古代中国为榜样，从事饮食相关的官员们受到嘉奖，或被授予朝廷要职，也不管日本朝廷是否真正需要这些职位。这些掌食官吏位居高职，因此实行了专人管理制度，官职包括“主酱”，他们负责制作的一种鱼露是日本大豆酱油最早的祖先；还有“造酒司”，他们负责酒精饮料，是古代日本宴会上至关重要的工作人员。[2]

进入10世纪，随着中国影响加深，贸易与宗教方面交流密切，外来文化与日本本土的食物资源、消费习惯相互融合，日本料理的基本味道已初步形成。有一种关键的味道来自酱油的祖先，汉字写

1 原田信男：《和食与日本文化论》，第50页。
2 同上，第53页。

作“酱”，在中国读作“jiàng”，而日语则念为“hishio”。“酱”是一种质地浓稠的调味汁，带着一股海藻和碎鱼肉糜的腥味。大豆酱油的前身与味噌有什么不同，实在让人难以说清——它们都起源于中国古代的一种浓“酱”。孔子在《论语》中曾提及此物，也称之为“酱”。关于制酱的食谱收录于中国古代农学指南《齐民要术》一书中，教授人们烹饪技能。但我们绝对相信，酱和饼、面一样，经历了多种不同形态的演变过程。

神道与食物

佛教的传入为日本带来了全新的生产技术与饮食传统，在佛教普及之前，日本人自古信奉神道教，保留有神道教的宗教仪式传统。新的宗教信仰渐渐为日本人所接受并适应，神道教与佛教并没有相互排斥。在日本，信仰的本质意味着神道教的许多传统仪式得以留存，或与佛教元素相结合形成了不同以往的仪式形式。神道教信奉万物稍纵即逝皆有灵不仅仅是自然崇拜——它规劝信徒勤奋并关注细节，方式与其他宗教信仰一样。据一位专业学者介绍，细数神道教仪式，其数量之多“令人大呼不可思议”。尽管许多历史文献上所记载的宗教仪式可能不再付诸实践，只停留在古籍理论之中。

平安时代中期，901－922年间，日本天皇下令颁布了一本律令政治基本法的实施细则，名为《延喜式》，书中详细罗列了大量的仪式纲要及各种仪式规定。这份清单绝对准确且详尽，在两百多年的漫长历史里对皇亲贵族的穿着、言谈、饮食等方方面面都做出了明确规定。“总而言之，”神道教历史学家阿伦·格拉帕德就此发表言论，“如果有人统计古代日本朝廷每年在所有神道教庆典和祭祀仪式中所耗费的材料总量，将会写下这样的数据——超过810码[1]的茧绸（轻薄柔软的中国真丝）、737块盾牌、198只鹿角、316加仑[2]酒、81磅[3]鱼、98磅昆布、79磅食盐……耗费物资数量种量之多，简直难计其数。”[4]职员与教徒虔诚地举办了这些仪式，祈祷人们免受自然灾害频发之苦，保佑农田不受摧毁、人们免于流行疾病之灾。皇族成员几乎没有去参加其他活动的空闲时间。这些仪式可以理解为神道教信仰的构建基础，同犹太教一样，人们通过这些活动来歌颂食物与生命。神道教专注于“纯净无垢”的境界，但食物在绝大多数重要的神道教仪式中都扮演着重要的核心角色。

从《延喜式》的记载来看，一部分面条被摆放成绳索的样子，伴着烛光，变身成为一些仪式现场的组成部分。当时，日本还没有先进的制粉技术，因此面粉制品是一种尊贵的款待食物。古人只有在具有特殊宗教意义的节日和活动里才会用上这些食物。

古代时期，某些特定食物的宗教价值通过神道教得以推广普及，但这并没有帮助他们把食物烹饪得更美味。事实上，在12世纪至16世纪的镰仓幕府时期，日本社会具有一大特点，就是伴随着普遍低下的粮食生产率及劣质食物所导致的人口死亡率居高不下。换句话说，当时所有人都缺乏足够的积极性去叙述如此匮乏的饮食。不过，面食及其生产技术正日渐发展。其实，我认为面食与其他菜肴之所以能所向披靡地开始占据日本饮食文化主流地位，正是因为他

1 长度单位。1码≈0.914米。——编者注

2 重量单位。1美加仑≈3.785公斤，1英加仑≈4.545公斤。——编者注

3 重量单位。1磅≈0.453公斤。——编者注

4 阿伦·格拉帕德（Allan Grappard）：《仪式力量的经济学》（*The Economics of Ritual Power*），第82–83页。

们的食物缺乏激发食欲的竞争力。威廉姆·法里斯是一位著名的人口史学家，他推测在公元1100年之前，没有中国和韩国大量移民涌入，也没有掌握生产技术的日本平均每3年经历一次灾情严重的粮食歉收，各地闹饥荒。日本的土地因农产匮乏而“臭名远扬”。日本是一个多山的国家，并不是庄稼生长的理想之地。在17世纪以前，日本婴儿死亡率在某些时间段里高达50%－60%。[1]即便人们在疟疾、天花或梅毒等烈性传染病之下幸免于难，也难逃饥荒之死。日本人饱受营养不良与饥荒之苦，不仅因为日本耕地资源稀缺，更因为常年内战严重影响了国内农业生产。饥荒与政治斗争往往接踵而来。在1180年的开头几个月里，严重旱灾引发的饥荒肆虐了农村地区。当时一位日本贵族在日记里写道：“饿殍满道。”时间飞快，转眼到了1212年，一位城里人在回忆录里回想起当时的光景：“政府官员在统计首都（京都）境内死亡人数，超过42300人横尸街头。”[2]日本社会迎来了曙光以及崭新的武士文化，但整个社会并不是所有人都彬彬有礼地围坐在一起悠闲度日。恰好相反，大部分群众生活在肮脏不堪的社会底层。13世纪30年代早期，新社会建立不到半个世纪，一场饥荒降临京都，鸡鸣狗盗之徒与土匪强盗成群结派地洗劫了一部分地区。有记载说当时为有钱人抬轿子的轿夫因为食不果腹而极度瘦弱，在抬轿子的途中便一命呜呼了。[3]当时那些受人尊敬的日本武士也表现得不尽如人意。在1310年之前，日本武士在路上

---

1 威廉姆·法里斯（William Farris）：《日本中世纪人口状况》（*Japan's Medieval Population*），第9－10页。

2 同上，第30页。

3 同上。

抢夺农民的行李或肆意踏入他人田地或粮仓都不被认定为犯罪，而认为属于“征用”粮食的正当行为。

中国食品技艺

当大部分面朝黄土背朝天的百姓经受贫苦生活的折磨时，佛教寺院和强势的权力家族正贪婪敛财，享受着朝廷的宴会和特权。他们对待食物和用餐礼仪的态度变化反映了这种饮食文化上的成长。在镰仓时代（1192－1333）初期，日本佛教僧人玄惠编写了一本关于礼仪与社会交际的道德教育书籍，取名为《庭训往来》。书中除了描述皇宫朝廷的宴会，还把新诞生的乌冬面和面类食物介绍给了文人墨客和其他感兴趣的达官贵人们。许多游历四方的佛教僧人在潜心修行了一段时间后，从中国带回了制作食品的技艺。但数百年之后，从中国东渡而来的技术仍止步不前。其主要原因在于历代日本领导者似乎都想从各个领域里证明这个国家的文明足以自力更生，无须不断地借助或依赖于中国文化。1241年，圆尔和尚（1202－1280）把中国研磨荞麦面粉的工艺带回了日本，制作出了荞麦面所用的面粉。[1]圆尔和尚回到福冈，在承天寺创办了制面教室。

佛学的兴盛，带来刺激味觉感受的酱汁与面条，其制作技艺也随之从中国漂洋过海而来，而且似乎来得正是时候。虽然这并不是日本佛家子弟们第一次把食谱带回家，但那时的日本正变得富裕，

1 米泽面业组合九十年历史刊物发行委员会：《米泽面业史》（《米沢麵業史》），第23－24页。圆尔法师圆寂后谥号“圣一国师”。

如今仍旧屹立在承天寺花园里的一块小石碑——沿着小径行走时几乎难以注意到它的存在——提醒着过往行人这座寺庙是日本乌冬面和荞麦面制作技艺的发源地。根据寺庙的学者讲述，日本禅宗临济宗的创始者圆尔法师回到日本九州北部沿海的一个港口城市博多潜心修行佛学和制面工艺。佛教僧侣是文明启蒙过程中不可或缺的服务者，但寺庙也必须在经济上自给自足，因此销售商品赚取利益无伤大雅

作为一个统一的国家，它正准备好吸收这些新的饮食习惯和食谱。百姓们渴望着不同以往的、方便烹饪的新菜肴。佛家提倡学习新事物，佛教徒们将传教的热情、一些经书的阅读，与之暗暗地结合了起来。

在镰仓时代，日本开始发展大豆酱油的酿造技术，这是令人极易识别的日本味道中，另一种必不可少的原料。南宋时期，禅宗法灯派觉心法师来到中国，并于1254年归国，其间在江苏省镇江市区西北地区的游龙金山寺里修行，在那里他学会了如何制作味噌酱，一种经过发酵而得的风味酱料。觉心法师在富山县兴建了兴国寺，

以临济宗禅学与味噌制作工艺闻名于世。制作味噌酱时，把大豆与小麦或大米混合，加入一些发酵剂，再加少许盐，充分混合并捣烂，静置一段时间即可。发酵后的混合物用纱布挤压过滤之后便可得到酱料。

味噌酱普及之后，人们很快意识到空木桶底部的味噌酱残汁也是一种很好的调味品。蔬菜和其他食材经过味噌酱的腌炖之后变得非常可口。味噌汁的推广有力推动了酱油在日本的发展，[1]虽然这两种调味品的生产方式不尽相同。作为始祖的中国酱汁——酱，是将味噌汁融入大豆酱油的制作之中，其微咸的口感可以大大提升食物的风味。大豆酱油为平淡无味的食物增加了咸、鲜的口感，它在广大食客的心中与日本食物联系在了一起，于16世纪末期开始大规模生产。

我们需要记住的是，中日两国在饮食文化上交流甚密，而那时候的中国菜却不是我们现在所认为的那么“中式”。中国朝廷几番更替风云变幻，政权并不完全掌握在汉族人手中，其间经历过蒙古族、满族等少数民族统治的王朝。蒙古帝国可汗，向西开始对外扩张，建立了庞大的蒙古帝国，这时期在中国饮食文化的发展道路上留下了不可磨灭的深刻烙印。日本向中国学习，因此日本的食物实际上也受到了中亚帝国和蒙古烹饪方式的影响。有一份史料留存至今，上面记录了1330年蒙古宫廷的贵族美食，确切的翻译是“为皇帝供应食品和饮料的正确守则”，这份膳食守则保障了元朝皇帝的日常饮食。其中包含大量的蒸菜做法，但更重要的是，它重点强调

1　龙野酱油合作社编：《龙野酱油京都合作社摇篮》，第4－5页。

上图拍摄的是味噌守护神，即“味噌天神”，它是木村神社崇奉与祭祀保护的神灵。该神社建立于公元715年，最初是为祈愿流行病灾远离人间。数年之后，它开始与味噌联系了起来。因为一次火灾，附近一栋主庙的文物险些起燃，眼疾手快的僧人迅速搬起文物，藏到了附近储藏味噌的仓库里。此后神社被人们尊为“味噌神社”。目前它是日本唯一一所祭奉“味噌天神”的神社（照片拍摄于日本熊本市）

了汤面和饺子的制作工艺。[1]在自己友好邻邦的饮食习惯影响下，日本不可避免地成了一个以面食为生的国家。

“日本味道”中另一大味觉感受来自一种肉质厚实的海味，即“昆布”，它早在中古时期就已占领了食品市场。昆布是海带的一种，主要产自日本北海岸的三陆沿海地区。这片围绕着本州北部地区以及北海道南部的海域养育了大量昆布。昆布富含谷氨酸这类使食物

1　保罗 · D. 布尔（Paul D. Buell）、尤金 · N. 安德森：《羌人的一碗汤——从回族阴山成药看蒙古时代的中国饮食医学》（*A Soup for the Qan*：*Chinese Dietary Medicine of the Mongol Era as Seen in Hu Szu-Hui's Yin-shan Cheng-Yao*），序言。

呈现鲜味的氨基酸，构成了日本饮食中的美味灵魂。昆布的采收和销售在大阪周边地区与日俱增，那里后来被称为“日本的厨房”。昆布得以大规模生产制作，受到了更多消费者的喜爱。

14世纪时期有一部狂言（日本古典滑稽剧）脍炙人口，名为《卖昆布》，狂言师在表演中生动演绎了主要依靠流动摊贩吆喝叫卖的美味食品如何传遍日本。狂言是一种穿插于能剧剧目之间表演的即兴喜剧。日本能乐是一门非常严肃的艺术，是日本传统戏剧里的阳春白雪，能乐师脸上挂着绘制于日本平安时代的传统硬质面具，以一种超乎想象的吟唱方式，用11世纪的古典语言讲述故事。相比之下，狂言显得轻松愉快，更富娱乐性。《卖昆布》故事的主人公是一个农民，行走各地去兜售他的昆布。路上他碰到了一名武士，两人之间发生了有趣的争执，由此表现了不同社会阶级间的矛盾。[1]这位武士为准备参加一场特殊的仪式而去参拜关西地区某所著名神社。他的侍从们都忙着跑腿赶路，所以他不得不佩戴好自己的剑——在14世纪，武士享有很高的社会地位，他们一般不亲自携带随身物品，而是由地位较低的随从跟在身后，带着他们的剑，以及装着钱财、雨伞等杂物的挎包。武士遇到卖昆布的农民，便强迫农民帮忙背剑。因为武士的社会地位高于农民，并享有迫害的特权，所以尽管正为自己的生计奔波，奴役于武士就意味着自己要失去应得的销售收入，但农民还是不得不背起武士的剑。两人一路长途跋涉，随着时间不断流逝，被奴役的抵触情绪和武士的傲慢态度超出了农民的容忍范围，他爆发了。他突然把奴役自己的武士之剑抽出剑鞘，不再敬守

1　原田信男：《和食与日本文化论》，第83－84页。

佩剑之责，而是尝试着继续他的本职工作，唱着小调推销昆布。这出喜剧的亮点在于武士为了安抚农民不得不尝试唱歌来吸引顾客买昆布。中世纪时期的观众应该会喜欢这类敢于挑战根深蒂固的社会阶级观念的反转剧情，日本人称之为“以下克上”。对自己的报复行为心满意足之后，农民带着剑逃走了，全剧终。[1]这部喜剧为我们提供了一个洞悉日本武士文化的窗口，并展示了日本中世纪时期的食材以何种方式流传于各地。

如果说戏剧表演告诉我们一种新的饮食习惯和口味如何从一个地区辗转传播到另一个地区，佛教的传播同样对食品的生产和社会影响力产生了一定的影响。素面极有可能诞生于佛教传播的时期。素面是一种用小麦面粉制成的细长形挂面，它的名字似乎反映出了中世纪初期佛教文化渗入日本后带来的深刻影响。一些学者坚信它意味着“简单的面条”，汉语中“素面”的意思也可能包含在这里面。它的名字也可能来自佛教禅宗，一个在日语发音中亦为“素菜”的汉词，是指佛教寺庙中极为常见的简单素食。寺庙成了食品制作技术的传播中心，当然也开始销售面食和其他食品，在节日、庆典或举办其他活动时，在寺院附近为人们提供一些粗茶淡饭。

不论何种面条，乌冬面也好，荞麦面也罢，又或是挂面，如

1　狂言表演的历史极为悠久，拥有一系列脍炙人口的节目，其创作者早已不详，大多为默默无名的作家。剧情的完整对话最初记载于20世纪早期山胁和泉所著的狂言集《和泉流狂言大成》中（第4卷，第210－216页）。小山宏志等人编著的《岩波讲座能·狂言》（第7卷），《狂言观赏指南》（第90－92页），详细介绍了《卖昆布》的剧情内容。更多狂言的表演介绍参考《岩波讲座能·狂言》（第5卷），《狂言的世界》（第113－150页）。关于日本各地昆布的发展历史和销售渠道，参考柚木学编著的《日本水上交通史论集》（第2卷，第49－123页），书中详细讲述了昆布的销售和贸易路线、范围。

果光吃面，它们的口感或许称不上美味。面条需要一些肉类高汤的“滋润”。毫无疑问，酱油的出现大大推动了面食在日本各地的传播。但是，并非所有的酱油都生来相同，直至今天，酱油仍然存在不小的地区差异。为了研究酱油产地的不同，并解密背后所隐藏的独特地区风味，我专程来到龙野市，采访了上方酱油博物馆的工作人员。在15世纪末至16世纪初前后，酱油酿造技术被带到了龙野市，那里紧邻闻名遐迩的姬路城，位于揖保川流域，正对京都府南面。馆长佐和先生热情地与我讨论酱油以及它在日本饮食文化中的特殊地位。“那么佐和先生怎么看待龟甲万（日本著名酱油品牌）？”我颇有挑衅意味地问道。毕竟，龙野当地的特色酱油——论其种类，用日语来说属于“淡口”(类似于中国的生抽)，亦指液体颜色较浅——在17世纪之前，一直主导着日本百姓饮食的口味，为几代日本人创造了难以忘怀的回忆。而龟甲万生产的酱油更偏向东方人喜好的醇厚风味，龟甲万公司目前已成为世界上最大的酱油制造企业，其品牌酱油远销海内外，成为最广为人知的日本酱油。不同酱油品牌之间多少会有些攀比心理。佐和馆长对此回答道：“也许龟甲万更受海外消费者的喜爱，因为它更容易烹饪出口味较重的菜肴，适合外国人的饮食喜好。淡口酱油是日本西部地区最原始的味道。”他把一些科学文献铺在桌子上，并对我补充道：“用它烹调，食物不会被抢了风头，因为它本身有较高的食盐含量，有助于提升食物原来的口感。”[1]佐和馆长的观点提醒了我，在13世纪到14世纪的镰仓时代末期，

1 2006年8月17日，采访于龙野酱油博物馆，东丸公司。渡边善次郎：《与世界共存 日式饮食生活的变迁》，第15页。

日本对于“日本味道”没有达成全国性的共识。遥远的日本西部地区受到了中国食品技术的影响，而位于首都京都附近的一些中部地区则仍然保持着深受宫廷文化熏陶的清淡饮食。到了日本东部腹地江户城，也就是现在的东京，追溯它的美食发展要回到17世纪。日本人的饮食口味喜好，以及因此形成的美食标准是极其丰富多样的，每个人都坚持着鲜明的地方特色，因而通过饮食来表达国家认同的观念根本无从谈起。

正如我们所看到的，僧侣们前往中国求经，把面条等食材和酱汁带回了日本。如同18世纪到19世纪期间，西方传教士们远渡重洋来到东方国度，日本的佛家子弟们克服了旅途艰辛来到中国，中国也同样有不少僧人出访日本和朝鲜。在中世纪时期，不仅仅是宗教文化，还有技术、新思想和新知识等都在各国之间相互传递并受到接纳。日本各岛积极开拓贸易路线，使得“日式”口味在融会贯通了各种异域风味之后得以进一步发展。然而，这些“日式”口味，就像这两种截然不同的酱油酿造一样，远远没有统一。由若干种菜肴组合而成，最早诞生的传统餐饮形式被称为“本膳料理”，是15世纪日本社会上层阶级确立下来的高规格仪式料理。在本膳料理的进餐礼仪中，武士和贵族们入席而坐，面前摆放的小托盘里会盛放着供单人独自享用的食物。这种用餐形式后来衍生出了用以宴请宾客的“会席料理”：在进餐过程中，藩主、富甲一方的商人和贵族们吃着一道接着一道端上来的菜肴，伴随着“美食、美酒、各种娱乐活动，还有赌博，所有享乐活动都用来尽情招待众多宾客”。这些餐饮文化一直持续到明治时代，如今的怀石料理，虽然“少了奢靡之味，更具装饰之美”，但也依旧颇受欢迎。[1]与此同时，伴随着佛教禅院的成长与发展，会席料理衍生出了另一种形式，为多样化的饮食结构增添了全新的环节。怀石料理一词照搬自汉语，在禅林中意为被褐怀玉，随之逐渐演变成了禅宗美学的一种形式，一餐通常为一汤三菜。“怀石”是指佛教僧侣在冥想时，把烤热的石头放进自己怀中以温暖肚腹。作为茶道文化的一个分支，出现在17世纪末期的怀石料理几乎成了有钱又有闲的达官贵族日常消遣之物。在诞生初期，怀石料理通过少量精致、安排有度的餐食，“刻意让宾客吃不饱，心里有种意犹未尽的感觉，但同时引导他们感受深刻的极简之美”。众所周知，日本茶道的“开山鼻祖”是一代茶圣千利休，他注重侘寂的精神追求，坚持以最严格的标准来制定餐点。如果有人问他应该提供多少分量的食物，他会回答：“以将饱未饱之际为宜。”[2]冠名“怀石”二字的传统料理流传至今，成为茶道与禅院饮食的一种餐饮形式。

1 加里·索卡·卡德瓦拉德（Gary Soka Cadwallader）、约瑟夫·R. 贾斯蒂斯（Joseph R. Justice）：《怀石——江户时代早期茶道之会席料理》（“Stones for the Belly：Kaiseki Cuisine for Tea during the Early Edo Period”），收录于埃里克·瑞思与斯蒂芬妮·阿斯曼（Stephanie Assmann）主编的《日本饮食文化的过去与现在》（*Past and Present in Japanese Foodways*），第68－69页；埃里克·瑞思：《近代早期日本饮食文化中的食物与幻想》，第28－29页。

2 赫伯特·普勒斯乔（Herbert Plutschow）：《再探索利休与日本茶道的起源》（*Rediscovering Rikyu and the Beginnings of the Japanese Tea Ceremony*），第134－135页。

武士阶级的崛起与中世纪时期的日本饮食

日本进入中世纪之后，一代主掌大权的武士阶级崛起，在整个日本领土范围内划分出的各大领地中，日本武士效忠于这些地方的大名，成为其私人武装力量。上流贵族和神职人员只占据了全国人口总数中极其微小的一部分，他们吃得起面食，并持续更新着食谱。但对于绝大多数的平民百姓来说，他们的“饮食生活”依旧寡淡无味。一位来自朝鲜的外交大臣在1429年写道：“日本百姓众多，食不果腹，他们大量贩卖奴隶。在有些地方，他们还偷偷地贩卖儿童。”[1]这不仅是因为百姓生活贫苦，经常挣扎在饥饿边缘，更因为处于15世纪末到16世纪初这段时期的京都府“依旧是全日本最脏、最臭的地方之一，令人联想起当今正推进工业化发展的第三世界国家里搭建的棚户区”[2]。直到16世纪末，整个日本列岛在不断的流血冲突和权力斗争之下创造出了稳定的社会形势和政治环境。在兵荒马乱的动荡时期，农民阶级畏惧当地的大名——他们随时可能被大名抓去强制当兵或服劳役。农民们还日夜担心那些武家路过自己的村庄——武家会强奸民女，强夺财产，抢走所有他们想要的农产品。

15、16世纪，随着日本迈入早期现代化，武士文化进一步发展，日本人的饮食也随之发生了天翻地覆的变化。在中国食物历史学家贾蕙萱女士看来，中国菜的目的在于味道的和谐，而日本菜则以保

1　威廉姆·法里斯：《日本中世纪人口状况》，第159页。

2　同上，第161页。

持新鲜自然为标准。[1]不过，什么才称得上是“日本的味道”？怎样来调味？这是一种外表充满美感、基本以素食为主的味道。正因为有了禅文化，日本饮食在室町时代（1333－1573）得以发展。在江户时代到来之前，日本人主要吃的都是冷菜。与中国人上菜方式相同，他们先将碗碟摆放在一张小巧的单人矮几上，再将矮几端到每位用餐者的面前。[2]尽管许多专家学者都忽视了面食的形成力量，但日本饮食文化历史中的各个方面都引来无数争议，人人莫衷一是。比如在日本日常生活历史研究方面声誉颇高的专家苏珊·汉利曾推测：“室町时代末期，可以认为传统日本饮食文化的所有主要因素都已存在，从主食到调味料，而且对于烹饪好的食物如何摆放也有了相应的讲究。德川时代所发生的变化主要体现在服饰生产和潮流品位上。”[3]这一观点的问题在于她忽略了日本当代饮食在德川时期萌芽的许多美味因素，其中包括了面条和寿司，它们都在最初的现代时期真正初见雏形。更重要的是，江户时代的人们把令人吃过便念念不忘的荞麦面发展壮大，因此我们在讨论日本菜的诞生问题时也需要考虑到这方面内容。江户时代繁荣的荞麦面市场对日后拉面的发展产生了深远影响。

室町时代，面条行业凭借一种名叫“切面”的新产品打下了市场。就像大部分面食一样，切面有着自己的起源神话，这神话表现出了语言上似是而非的混淆。这个词最初在汉语中写作“饼”，用现

1 贾蕙萱：《中日饮食文化比较研究》，第 80 页。

2 林玲子、天野雅敏：《日本的味道——酱油的历史》（《日本の味 醤油の歴史》）。

3 苏珊·汉利（Susan Hanley）：《近代日本的日常行事》（*Everyday Things in Premodern Japan*），第 85 页。

代汉语可解释成两种意思——馄饨或温饨。奈良时代，它在日语中读作“混沌”(取自汉语)，该食物近似于今天中国菜单上的馄饨。切面是一种用擀面杖擀成的面身较粗的面条，用沸水煮熟后冷却，盛入肉汤中即可端上餐桌食用。它有可能是像乌冬面一样的汤面，也可能是一种面点，就像如今我们所吃的馄饨。

日本饮食文化在经历过中世纪时期大规模的剧烈动荡和变化之后，面条的老祖先“饼”，携手大豆酱油和味噌汤从中国千里迢迢地来到了日本。加上昆布和木鱼花所带来的诱人鲜味，日本由此孕育出了面食文化，为日本拉面在即将到来的16世纪取得成功奠定了必要基础。有一个关键因素，就是日本人还是缺少肉食，甚至对吃肉表现得无欲无求。我们在下一章中将看到，中国大批移民对没落的明朝（1368－1644）失去了信心，纷纷逃离故土，把风味十足的汤面和肉食之欲带到了日本西部列岛上。[1]这些中国人不可能创造出日本拉面，但他们的出现无疑是一大契机——当时中国人的食材已经适应于当地，并被日本菜所吸收。

从中世纪开始，日本从武士阶段和农民阶级组成的封建社会慢慢地向资本主义社会过渡，整个社会环境发生的变化为早期拉面问世准备好了舞台。在修行的僧侣们把和面及制作面食的手艺带回日本之前，1800多年来日本人一直过着不知面为何物的生活。此后，日本人开始制作味噌酱，并学到了另一个技能，即酿造酱油，从而大大丰富了他们的食物口味，增加了他们对吃的欲望。日本社会终

1 邱仲麟：《皇帝的餐桌：明代的宫膳制度及其相关问题》，《台大历史学报》，第34期，2004年12月，第1－42页。

于变得繁荣，即使还没有实现和平（实际上它处于长期持续不断的内部战争中）。与此同时，新一代国民美食——拉面已经准备就绪，它就将拉开厚重的帷幕展现在世人眼前，成为最受人们欢迎的面食之一。

第三章

国际化的日本——外来食物与孤立

镰仓幕府统治体系于14世纪分崩瓦解，日本内部逐渐陷入了相互残杀的混战时期，各领地之间相继爆发了持久激烈的战争。随后进入了室町时代，水稻生产得以发展，日本诸岛上不断建起的城堡之间小规模的商业贸易往来也日益频繁。佛教文化对烹饪产生了影响，由此诞生了“精进料理”，即寺院里的斋菜，它进入了公众的视野。尽管人们在实际生活中也会吃一些小型动物的肉，但在所有肉类中，鱼肉才被视为“顶级肉食”。不论遭遇天灾还是人祸，宗教寺庙为所有受苦受难的人们提供了庇护和慰藉之所。在室町时代，人们还目睹了日本茶道的诞生，以及日本古代建筑与庭院文化的瑰宝——金阁寺，在京都竣工。金阁寺的建成是当时人们审美意识的一大飞跃，这要部分归功于佛教禅学的推广，同时也受益于可观的财政支持，这让考究的怀石料理作为日本贵族级别的餐饮地位更加深入人心。佛教饮食文化的成长极大地奠定了传统文化的地位，如今早已成为日本文化里的鲜明标志。15世纪中叶，日本领土制度受到严重威胁，将军强势的时代一去不复返，在诸国大名相互对抗的重压之下局势大乱，各地诸侯争霸，政治纷争越演越烈。确实，从15世纪一直到16世纪，这段战火纷飞的时期在日本历史上被称为“战国时代”。150多年里，没有一位领导者能坐稳霸主之位。各地大名竭尽全力让自己领地里的人口数量尽可能地增长，以不断加强城堡的武装防御，并确保周边地区的安全。

此时，日本的命运迎来了转机。从西方驶来的商船扬起船帆顺风漂流到了日本，对日本的丝绸、银器和其他精美的手工制品充满了渴望。1543年，最先到来的是葡萄牙商队。1549年，著名的传教士圣方济各·沙勿略（Francis Xavier）踏上日本的土地，并表示他眼里所看到的日本，有着非常美丽、先进的文明，他们的语言是“恶魔之舌”。葡萄牙的天主教传教士和商人们把一种令人兴奋的、全新的宗教文化带到了日本长崎，此后这块土地成为九州地区主要的城市飞地。好几位掌握实权的日本大名开始信奉上帝，想求得晚年永恒的救赎。1580年，长崎的大名大村纯忠接受洗礼，成为日本有史以来第一位“天主教大名”（或称为“信仰天主教的领主”）。在他皈依天主教之后，长崎基本上成了天主教的领地，当地的管理权移交给了教会领袖和一部分葡萄牙商人。而荷兰与英国在日本长崎县西北部的平户港占领了一小块贸易据点，长崎一跃成为黄金港口。更重要的是，长崎“这座城市的人口数量仅有5万，远离日本权力中心。从江户（东京的旧称）到长崎所花费的时间，和从这里到巴达维亚（即现在印度尼西亚的雅加达）差不多”[1]。住在长崎的荷兰商人们向江户幕府展现诚意，表示效忠于幕府将军，一行人于2月启程，却在5月中旬都未能抵达北方地区将军所在的首都，所谓陆路旅行的艰难大抵如此。当时没人能一统天下，西部地区的大名，那一大片土地的统治者，积极与外部世界开展合作互利关系，尤其是在与中国和西欧的航海国家接触的过程中，通过商业贸易和技术交流赚取了巨额利润。

一位来自西方国家的传教士在日本生活了很长时间，经历了16世纪中期至末期这段日本从战争走向和平的艰苦岁月，他正是从葡萄牙首都里斯本远道而来的天主教传道士路易斯·弗洛伊斯（Luis Frois）。弗洛伊斯于1563年来到日本，对日本文化习俗表现出了敏锐的观察力，为日本百姓及领导人提供了友好的帮助。1597年，一批天主教徒在长崎受到处决，目睹这一悲剧的弗洛伊斯在这一年与世长辞。弗洛伊斯说得一口流利的日语，因此评论起日本的文化习俗游刃有余。他在自己的著作中曾禁不住感叹日本与欧洲在饮食习惯上存在的天壤之别：

> 我们喜欢乳制品、奶酪和黄油，还有动物骨髓，而日本人讨厌这一切。对于他们来说，这些食物散发着难闻的气味。在西方人眼里，死鱼内脏是令人作呕的，日本人却把它们当作下酒菜，真心吃得津津有味。我们使用各种调

1　援引自泰门·斯克里奇（Timon Screech）对伊萨克·蒂进（Isaac Titsingh）著作《幕府将军的秘密回忆录—伊萨克·蒂进与日本，1779－1822》（*Secret Memoirs of the Shoguns: Isaac Titsingh and Japan, 1779－1822*）的注释及介绍，第7页。

> 味料让食物变得更美味，而日本人调味用味噌酱——一种腐坏(发酵)的混合物——再往里面拌点盐。大声咀嚼食物，大口喝美酒直到杯里一滴不剩，这在我们看来极其丑陋的举止，却是日本人礼貌的表现。西方人认为在餐桌上肆意打嗝是种非常不礼貌的行为，日本人对此却习以为常，毫不在意。[1]

新统治阶级掌权与新日本饮食方式

15世纪中叶，一代名将横空出世，凭借狡猾的智慧、冷血的军事战术与过人的政治头脑，他的名字威震四方，与之敌对的大名们逐个败北，日本中部平原核心地区的大部分领主纷纷向他示以尊重。这位传奇人物就是织田信长，虽然他死得令人措手不及，但由他所率领的军队终结了日本长达百年之久的战国乱世，几乎统一了日本。继承他衣钵的丰臣秀吉四处征讨，终于夺回政权以实现一人统治、全国统一的理想。丰臣秀吉最终坐在了自己宏伟理想的成功宝座上，站在了权力之巅。但好景不长，1600年日本爆发了最大规模的内战，江户德川家康带领下的东军与丰臣秀吉之子丰臣秀赖的家臣石田三成率领的西军，在美浓国关原地区（今岐阜县）打响了著名的关原合战。德川家族取得胜利，建立了德川幕府，掌握国家所有实权，为日本带来了250年左右的和平与繁荣，直到19世纪中叶迎来了变革

1　威廉姆·麦科米（William McOmie）编：《日本的外国印象与经历》(*Foreign Images and Experiences of Japan*)，第1卷，公元1世纪至1841年，第222－223页。

时代的明治维新。

德川家族设幕府以军事力量统治日本，也就是我们所知的幕府体制。这是一个复杂的管理机构，因为身在江户的幕府将军掌握国家实权，“各藩国的首领大名（诸侯）不断增强自己在当地的独立控制权”，“借中央集权的名义达到挟天子以令诸侯的目的”。[1]这就意味着，各地大名为了保全自身，顾全大局，牺牲了一定程度的自治权和利益。德川幕府的第一代将军德川家康主张国际交流，从而进一步扩大了几十年前签订的贸易协议。17世纪初期在德川一族划分出的大大小小数百个藩地上，国际贸易蓬勃发展了30余年。从历史遗留的船舶和港口记录的数据可知，在16世纪末到17世纪初，日本人的旅游足迹遍布东亚各地，同时他们也欢迎外国游人的到来。[2]处于德川幕府时代初期的日本绝不是一个闭塞的国家，这种国际主义明显地反映在了国民饮食文化上。

江户这座城市的繁荣昌盛也改变了日本的饮食文化。因为渴望从朝廷权力斗争与阴谋中脱身，德川将军把行政权力的宝座从首都京都搬到了江户。于是在百年之内，深谋远虑的德川一族便把这座原本默默无名的村庄，发展成为世界的大都市之一。城市扩张为日本料理带来了巨大变化。龙野的酿造酱油有口皆碑，传播到了日本许多地方，满足了京都人谦和却挑剔的口味需求，位于关西地区的

---

1 约翰·惠特尼·豪尔（John Whitney Hall）：《幕府体制》（“The Bakuhan System”），《剑桥日本史》（*Cambridge History of Japan*），第4卷，《近代日本》（*Early Modern Japan*），第129页。

2 中村拓：《16世纪至17世纪日本航海手册的起源地葡萄牙》（“The Japanese Portolanos of Portuguese Drigin of the XVIth and XVIIth centuries”），《国际地图史杂志》（*Imago Mundi*），第18卷，1964年，第25页。

京都兴起的“淡口酱油”，与以江户为首的关东地区流行的“浓口酱油”有着明显差异。如今乘坐新干线从东京出发约1小时即可到达日本千叶县的野田市，那里是典型江户风味酿造酱油的发源地。紧邻江户城的野田城地理位置得天独厚，是幕府将军的管辖领地之一。1558年，当地生产的酱油获得幕府嘉奖。消息一经传开，酱油价格飞涨，在江户城里迅速走俏，然而当时日本大部分有钱有势之人都集中于京都和大阪地区（众多商业市场的核心地区），野田酱油没有得到全国级别的殊荣。德川和平外交时期，国家日新月异。在17世纪初期，船运设施进一步改善，清晨人们把货物装载上船，顺着江户川，晚上这些货物就能卸到将军的新城口岸上。[1]口感更重的浓口酱油甚至赢得了佛教中人的青睐，他们可是素食主义的大力推崇者。士兵们则称赞它经得起运输。[2]关西地区盛产的淡口酱油，尽管在首都京都备受推崇，无奈地理位置上不如毗邻江户城的野田浓口酱油，从经济角度上无法与之匹敌。

德川家族和平统治日本后，社会阶级结构被列入法律，各阶级在整个社会里各司其职、各居其位，这一时期持续了近250年。越来越烦琐的法令条例规定了哪个阶级应该穿什么颜色的衣服和鞋子，他们是否应该步行或骑马。法律还告诉人们身为社会某一特定阶层的人什么该吃什么不该吃。比如1649年，德川政府通过了一项法令，允许农民煮食白萝卜、板栗、小麦、小米，以及诸如此类的谷物杂粮和蔬菜，但“禁止食用大米”。政府通过这种办法限制百姓消

1 龟甲万酱油株式会社：《龟甲万酱油史》，第434页。

2 W. 马克·福鲁温（W. Mark Fruin）：《龟甲万》（*kikkoman*），第15页。林玲子、天野雅敏：《日本的味道——酱油的历史》。

费大米，强制农民用大米来捐税，而上层阶级的俸禄和生计正是依靠这些赋税中抽取的大米。[1]

德川时期的日本施行“锁国”政策，与外界隔绝。而江户时期外国食物大量涌入日本，大大丰富了日本人的餐桌。像蜂蜜蛋糕、天妇罗、甜豆沙和甜薯等等，这些耳熟能详的食物在此期间悉数登陆日本，成为日本料理发展的一大支柱，直到今天它们仍然深受人们喜爱。17世纪初期，日本百姓手里的马铃薯终于不再只是喂养家畜的饲料，人们开始吃马铃薯，以缓解饥荒灾情。幕府将军统治下的江户城谢绝大多数外国人入内，但它的周边地区仍然与外界保持着联系，百姓渴望着外来的美食食谱。

当国家统治权力移至北方时，京都的天皇朝廷并没有消亡，但它在国家创新和财富积累上起到的领头作用逐渐减弱。即使身在深宫大院的天皇似乎也被美味的面条所俘获。历代日本天皇的生活起居日记，由宫廷女官执笔记录。从1477–1687年的皇室生活记录中我们获悉，天皇在1676年7月7日这天吃到了“索饼”，这种由面团压制而成的面食（详见本书第一章所述）兴盛于奈良时代。[2]自17世纪起，不同地域之间饮食差异加剧。从历史角度，我们已经看到日本食物对于西方人而言平淡无奇。日本人努力使用大豆制成味噌酱、酿造酱油和纳豆（一种用大豆发酵而成的小菜），并用萝卜腌渍

1 森末义彰编著：《体系日本史丛书》（《体系日本史叢書》），第16卷，《生活史 II》，第202页。

2 伊藤汎：《滑溜溜的故事——日本面食诞生记》（《つるつる物語》）。

酱菜——也就是我们熟知的酱萝卜——来为食物增加风味。[1]关西之京都，关东之东京，两地之间的美食竞争持续至今。对许多日本人来说，乌冬面因关西地区出名，而荞麦面则是关东地区的骄傲。不论哪一方都坚信他们的面才是国民之食。

德川幕府的和平外交政策与利益划分

位于九州岛西南部最顶端的港口城市，正是长崎。很早以前，许多位于日本西海岸的港口城市便充当起了文化进出日本的重要门户。在奈良和平安时代早期，日本人从博多等邻近的港口扬帆起航，前往中国寻求知识、法律和宗教文化。明朝末期，中国切断了与外部世界的联系，日本只好耐心等待中国重开国门。到1684年，日本的耐心得到了回报，中国翻开了时代的新篇章，新建立的清朝政府由北方的满族人统治，重新唤醒了中国人对中日两国海上贸易的兴趣。在百姓眼中，两国之间的贸易其实从未停止过，因为日本的贸易伙伴在中国南方地区不论如何都很少遵从官府的政策。在17世纪30年代，幕府惧怕天主教进入日本传播外来宗教的异端邪说，从而下了一系列驱逐令，只允许荷兰船只航行到日本，并依照幕府指示，把原本设立于平户的荷兰商馆搬迁到了长崎港的人工小岛“出岛”(取自岛屿突出一块的形状)。对比之下，往来于日本的中国人在贸易中就没有这么多的障碍了，他们的商船自由地航行，用丝绸、

1 小柳辉一：《日本人的饮食生活——从饥饿到富饶的变迁史》(《日本人の食生活：飢餓と豊饒の変遷史》)，第15页。著名的泽庵和尚是江户初期佛教临济宗派大师(1573－1645)，他劝诫信徒在合适的分量范围内吃简单的食物。

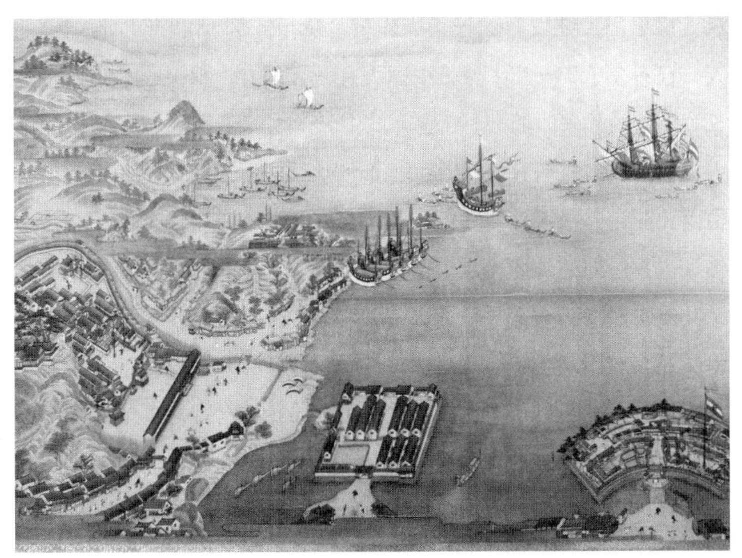

1792年一幅日本彩色手绘长卷描绘的长崎港口。画面右下角是荷兰贸易殖民地——出岛。画面中央，五颜六色的中国帆船抛锚停靠在岸边。画面靠近右上角的位置上，一艘荷兰商船正起航驶入大海。占地面积更大一些的是中国贸易领地，被称为“唐人屋敷”，我们能在画面的左下角中间看到这片地方[1]

药品和糖来换取海鲜产品和铜。

长崎与中国食物

17世纪，如同之前的几个世纪一样，九州岛最西部的岛屿上络绎不绝往来于道路的尽是中国商人和游人。外来访客人数之多，以至于当地这些萨摩藩（位于九州西南部具有一定势力的藩属地）的生

1 长崎历史文化博物馆收藏（长崎港湾图 3/680）。

意人将中国大陆发行的钱币当作贸易货币。到1688年，长崎市的人口已有5万多，其中旅日中国人有一万余人。据记载，该年抵达长崎港口的外来船舶有194艘，其中117艘来自中国。[1]最初，中国人自由自在地生活在长崎，如他们所愿地进行贸易。但德川政府害怕由此放任外来思想侵蚀本土。为了制止这种不安定诱因，全面封锁天主教信仰的传播，幕府最先禁止西方人进入日本。后来幕府将军又颁布法令，限制中国来访者只能在唐人居留地或唐人屋敷区域内活动。日本从中国盛唐借鉴了太多东西，中国汉字里的“唐”在日语里与中文发音相同，被用来形容所有中国的或海外的东西。在日本，针对中国人的色情服务业很发达，因为生活在那里的中国男人与妻妾一别常常就是好几个月。[2]

1689年之后，长崎划分出了唐人永久居住的中心地区，妥善安置了所有旅日中国人，他们在没有得到批准的情况下不得随意走动。当地中国人被强行限制留在自己的居留地范围内生活，但城镇里的日本人无时无刻不注意到这些中国人的存在。在一些中国商人的日记里可以看到，他们认为日本人非常注重卫生，而且夫妇分开吃饭，这正符合儒家的传统礼仪。对日本能够有如此正面的评价，也许是因为这些男人在无数个夜晚与妓女寻欢作乐，当时只有日本人依法获准可以在中国人的房屋里过夜。[3]那些为明朝、后来转为清朝的中国人作陪的妓女可以留下过夜，但中国男性嫖客只有在入夜之后

1 长崎教育委员会：《中国文化与长崎县》（《中国文化と長崎県》），第167－168页。

2 唐健：《致友好城市长崎》，《日本研究》，第23期，国际日本文化中心概要，2001年3月，第77页。

3 武安隆、熊达云：《中国人的日本研究史》，第95－97页。

才能在房里享受到她们的服务。为中国人服务的妓女被称为“唐人行”，或“唐馆行”，意思是出门拜访一位中国人。[1]而为荷兰人服务的则被称为“兰人行”，或“兰馆行”。日本旅行家菱屋平七，在19世纪初期到访九州岛。据他记述，长崎是一个特别的城市，甚至在德川时代晚期也如此与众不同，进城之人都需要一张特殊的通行证。有了这张证明的人获准进入长崎观光180天，从事娱乐性行业的女性则能获得有效期为5年的通行证。[2]长崎的地理位置奇特，不同于日本其他地区，菱屋挑选了一名妓女，并写下两人度过的夜晚：“因为我想从她嘴里听到中国人如何行床第之欢的细节。在这么一个遥远又充满异国情调的地方，这实属难能可贵的经历之一。”[3]

中国商人、游客人数众多，往来频繁，足以建立起属于他们自己的宗教活动场所。长崎建成的第一座中国寺庙是兴福寺，竣工于17世纪20年代。不久之后，来自中国其他地方的华人建造了福济寺，随后又有了崇福寺。德川时代初始，随着中国以及其他地方的商品和知识源源不断地涌入长崎，构建起了活力枢纽，没有在江户盛行开来的文化在长崎得以发展。[4]在贸易和消费规模上，长崎与商业城市的大阪、旧时首都的京都等这些中世纪末期、近代早期经济

1 唐健：《致友好城市长崎》，《日本研究》，第99页。明治维新之后，1868年，穷困潦倒的日本人背井离乡出国求生活，大批日本妇女到海外从事卖淫活动，她们从日本前往南洋群岛等地，被称为“南洋姐（唐行きさん）”。在日语对中国汉字的复杂阅读体系中，“唐”可以理解为唐朝，日本人用这个字来识别中国唐朝。19世纪末20世纪初许多“南洋姐”都来自九州地，那里一些地区深受中国人影响。

2 赫伯特·普勒斯乔（Herbert Plutschow）：《江户时代之行的一位读者》（*A Reader in Edo Period Travel*）中的一则轶事。

3 同上，第254页。

4 大庭脩：《近代新时期的中日文化交流》，第270页。

长崎“唐四福寺”之兴福寺，正面照。据称，该寺开山住持真圆禅师于1620年舍资建寺，后由长崎当地的华人团体管理。与长崎当地的其他中国寺庙一样，兴福寺除了佛殿，还另设有单独的妈祖堂。妈祖是民众对海洋崇拜的一种精神寄托，人们相信在她神像的庇护下，船只能平安地渡过波涛汹涌的海峡顺利抵达日本。在安全停靠港口后，中国人会把神像从船上请下来，让声势隆重的游行队伍护送神像到佛堂稍作安顿。随后她又将踏上回到中国故乡的航海旅途

发达的城市相比稍显逊色，但它拥有更多信息接触和交流的机会。这些来到长崎的日本人能与荷兰人或中国人同桌吃饭，或学习外语翻译，观察外国饮食习俗，吃荷兰烤猪，在中国宴席上品尝到燕窝汤和其他诸如此类的美味佳肴。[1]那时，荷兰菜和西方食物被日本人称为“南蛮料理”，而由于中国的重要存在意义与两国之间的贸易关

1 瑞尼尔·海塞林克（Reinier Hesselink）：《荷兰人在芝兰堂新元会迎接新年，1795年元旦》（“A Dutch New Year at the Shirando Academy：1 January 1795”），《日本记录》，第50卷，第2册，1995年夏，第189－234页。

系，中国菜传遍了整个日本西部地区。作为现代日本拉面的主要特色之一，九州风味的拉面使用的是猪骨高汤，带有浓厚的肉香，完全不同于传统的日本料理，甚至在日本其他三大岛屿发展而成的拉面之中也独具特色。[1]

这种烹饪方式可能起源于长崎，当地居民深受中国影响。两种

长崎“唐四福寺”之崇福寺，正门入口处。这座寺庙是为了当时居住在长崎的旅日华侨们秉持自己的宗教信仰而建立的

1　赫伯特 · 普勒斯乔：《江户时代之行的一位读者》，第 256 页。

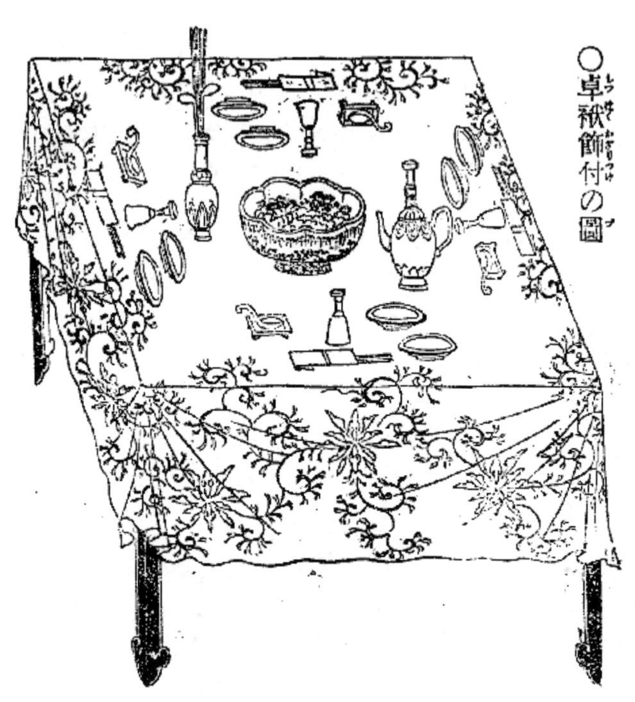

日本人用画笔描绘的一张中式卓袱台

混合而成的中国食物在长崎得以发展，随后影响了日本料理和拉面的发展。中国佛教僧侣和回国的日本僧侣带来的是简单的素菜，禅味十足的烹饪菜肴；乘船而来的中国商人带来的是卓袱料理——大家与同僚、朋友或夜间的应召游女一起围坐在一张矮桌旁吃饭。[1]卓袱是日语模仿广东话的发音而诞生的新词，指的是餐桌。据历史记载，卓袱台为一张大餐桌，上面摆放着公用筷子或勺子，用餐者从

1　这种形状的桌子在 20 世纪 20 年代的日本颇为常见。

德川幕府允许唐船（中国船）至长崎港进行贸易，图为唐船靠港[1]

菜盘中夹取一部分到自己的小餐盘里，再用自己的餐具进餐。[2]在传统的日本用餐场合，每位食客面前都放有自己的一张小桌子或托

1　长崎历史文化博物馆收藏（长崎港湾图 3/87-1）。

2　和田常子：《长崎料理》，第 52 页。

盘，上面已经分配好单人份的小菜。然而这样的用餐方式慢慢消失了——1860年德川时代末期，当中国人不再禁锢于居留地，再次自由地生活在长崎城里之后，卓袱料理，或中式餐桌料理，便广泛传播开来，日本人称之为“支那料理”或“中式料理”。[1]作为中国与日本西部地区饮食烹饪和用餐方式的结合产物，卓袱料理现在在长崎仍能吃到，在当地的一些餐馆仍然能看到它的身影。[2]

食物与中国人

在德川幕府时期甚至更早以前，日本人看待中国人的方式与19世纪中期把数千移民视如合同劳工的美国人截然不同。数百年来，来到长崎的中国商人受到的是贵宾一般的待遇。九州是个国际化的地方，促进饮食文化发展，为日本料理注入了新活力。

中国明、清两朝时期，中日两国在饮食方面有着明显的差异。在中国，人们围着一张桌子吃饭，食物一般都用大碗或大盘盛好放在桌上，吃的时候大家会从中夹取一些放在自己的碗里。如今这样的吃法似乎并不令人惊奇，但对于日本古代人来说却是闻所未闻，来自日本的旅行者们通常都会对中国人如此奇怪的用餐习惯品头论足一番。甚至在当今日本，在正式宴会或传统料理亭（旅馆）等地方吃饭时，人们一般会坐在单人桌前，单人份的食物被精巧地摆放在

1 和田常子：《长崎料理》，第214页。

2 西山松之助：《江户文化——日本城里的日常生活与大众娱乐，1600－1868》（由杰拉德·格罗墨［Gerald Groemer］翻译），第146页。作者描述他在日本关西地区生活的童年记忆里，家人就把餐桌叫作卓袱台。

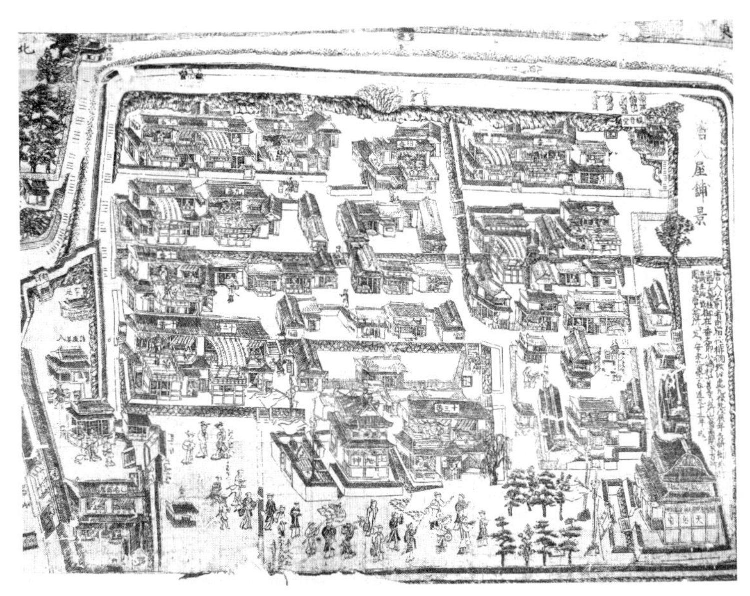

德川时期的一幅地图，详细描绘了长崎市颇具规模的中国人聚集地[1]

小盘里组合成一个套餐。日本人到访中国时，惊讶地发现中国人边吃饭边交谈，能把任何聚会都变成聚餐，有点形式化但是十分热闹。日本所有武士和贵族阶级摄入食物主要是为了保持身体健康，并没有把吃饭当作聚会的理由。谈话、家长里短的闲聊都令人不屑，似乎只适合女人们去做。当然，中国菜也是极其不同的，但可以肯定的是，它不像添加乳制品佐料和大块煮熟的动物肉排这样的荷兰菜看起来那么另类。被百姓戏称为“犬公方（狗将军）”的德川幕府第五代将军德川纲吉，得此绰号是因为他是一位虔诚的佛教徒，反对

1　长崎历史文化博物馆收藏（唐人房屋商铺景观图 3/163-2）。

任何形式的杀生，爱狗如命，在位期间颁布了不合情理的禁止杀生令。即便如此，他还是为赴日的荷兰人和中国人网开一面，让他们享有继续吃猪肉和鸡肉的特权。

整个德川时期，中国人在长崎发挥的影响力之大，不仅在西日本的饮食文化中留下了深刻的印记，同时也改变了日本人的政治观和宗教观。中国人的寺庙，为中国人所有并自行管理，至今仍屹立在长崎以及九州某些地方，足以证明西日本地区社会的多元性和国际贸易的重要性。落户于长崎的海外华人团体把日本人以前不甚了解的商品引进到日本，并激发他们尝试新鲜事物的热情，由此在明治维新早期、19世纪中期日本复兴过程中产生了一股积极的政治力量。人们感受到了猪肉的美味，在经营中国菜的食肆的影响下，这些潜在的美食力量被汇聚到了一起，帮助全新的面条菜肴在长崎站稳脚跟，为拉面开辟了未来市场。[1]

我们并没有忘记中国人不是唯一影响日本西部人民生活的主要外国群体。荷兰人善于用自己过硬的商业手腕和传道布教的礼仪，拉拢外国领导人。普遍来说，荷兰人的食物没能打动多少日本人的味蕾，但他们的西点和甜蜜糖果却产生了深远的影响。1716年，幕府第八代将军德川吉宗正值31岁，继任将军之职，对荷兰的商品有浓厚兴趣。1724年，他要求荷兰商人每年给江户城例行进贡时，给他带些饼干和黄油，因为他想看看这些食物长什么样子。1725年，荷兰人带来了餐巾纸、切肉刀和其他稀奇古怪的东西。1726年，荷

1 山本则纲：《长崎唐人屋敷》，第309页。亦可参考比阿特里斯·M. 博达特·贝利（Beatrice M.Bodart-Bailey）的《狗将军——德川纲吉的性格与政策》（*The Dog Shogun*：*the Personality and Policies of Tokugawa Tsunayoshi*）。

兰人为德川将军和幕府至少一半以上的官员准备了全套荷兰佳肴，荷兰人坐在餐桌旁，而日本人则盘腿坐在榻榻米上。[1]的确，在某种意义上，日本人成功进行的“食物外交”为19世纪中期新时代的来临带来了一丝曙光。

对面条的热情——荞麦面与乌冬面

长崎迅速发展，成为江户时代主要的城市飞地，吸引了越来越多的人来到此地，享用超乎日本人所知、种类更为丰富的食物。日本诞生了国内首部烹饪书籍《料理物语》，该书出版于1643年，书中介绍了乌冬面食谱。到了1657年，江户人已经发行了许多旅游指南，从热门餐馆到寻欢作乐之地应有尽有。[2]如果说长崎当地人由衷赞叹中国菜的博大精深和猪肉带来的愉悦口感，江户人则更心动于面条类食品，尤其是荞麦面。江户时代著名的作家、旅行成瘾的考证家齐藤月岑曾写过一系列在18世纪风靡一时的旅游指南，其中包括《江户名胜画册（集锦）》。在这些近代日本的早期旅游指南中，齐藤经常提及数不胜数的荞麦面商人在城里各个角落没日没夜地兜售自己的商品。新一批城市居民也偏爱这类食品，同样带动了面条

1 江后迪子：《西洋诸国传来的饮食文化》（《南蛮から来た食文化》），第20页。同样有意思的逸闻趣事也出现在瑞尼尔·海塞林克的《荷兰人在芝兰堂新元会迎接新年，1795年元旦》，第189－234页。

2 渡边善次郎：《与世界共存 日式饮食生活的变迁》，第1页。更多内容参考原田信男的《江户时代晚期的食文化及其传播》，收录于苏珊娜·福马内克（Susanne Formanek）与赛普·林哈特（Sepp Linhart）合著的《文字与图画——近代日本的木刻印刷》（*Written Texts - Visual Texts：Woodblock-printed Media in Early Modern Japan*），第141－158页。

行业在这一时期蓬勃发展。江户人觉得幕府将军的城堡营造了精致的城市环境，远胜于大阪。在江户人眼里，华而不实的关西商人俗不可耐，为了与其划清界限，江户人通常少食多餐。江户的城里人能吃上一整天，因为小食会很快被消化殆尽，促使饥饿的人们去寻觅下一个美食乐趣。当你觉得肚子饿了，说明“你的胃已经准备好了”(腹が来た)。

餐饮业在江户时代的崛起从历史角度来看实属反常现象，原因在于，理论上来讲，德川幕府的政权统治命令限制不同阶级的国民在吃、穿方面的消费，然而江户人的城市生活方式却鼓励着小贩在街道上贩卖热乎乎的食物。城市旅游指南上绘声绘色地描写着城市景象和美妙声音，让游客、美食家和觐见朝拜的人驻足于路边，购买摊头和餐馆最时尚、最美味的面条。江户迅速发展成为一座灯火长明的不夜城，面对不断增长的夜间销售额，商人们纷纷响应，一直营业到凌晨才关门歇息。沿街叫卖的小贩数量远远超过了幕府智囊团可以接受的范围，于是在1670年，幕府将军的行政部门决定禁止夜间商业活动。有关部门同时也担心城里的面铺店家使用的炉具是否安全——1657年3月，持续两天之久、几乎烧毁新城近三分之二区域的明历大火惨案仍然历历在目，他们担心悲剧再次上演。在幕府颁布该项禁令之后，卖面的小贩一到晚上就边走边卖，避免成为触及法令定义的“餐馆”，小心翼翼地在法令许可的范围内继续做生意。幕府努力控制着社会上的食物销售，为它试图保护的等级森严的社会阶级增加更为坚不可摧的金钟罩，以抵御任何潜在威胁，由此带来了意想不到的新兴商业模式——闲游的面条贩子。原本禁令禁止“出售炖熟的食品”，但从法律意义上来说，汤面不完全是炖熟的。[1]街头拉客的风尘女，或称为“夜莺”，也正是那个时候为人们所知，她们成了深夜流动面条商贩的头号客人。为此，一些历史学家认为，幕府此举表面在于削弱面条销售，实际上是为了抑制夜里的非法卖淫活动。站街“夜莺”们在江户城随处可见，而为她们提供伙食的流动面贩们则美其名曰“夜莺荞麦面摊”。[2]

到17世纪80年代，江户城里有数以千计的荞麦面摊子，荞麦面脱颖而出，一跃成为城中四大美食之一，另外三种美食分别为鳗鱼、天妇罗和寿司。没有一种味道能与“民族味道”联系起来，大阪、京都和江户，生活在日本中心这三大文化城市里的人们，食物口味偏好差异非常之大。随着江户势力增强，其居民饮食喜好逐渐主导了市场取向。

禁止面条消费

被当作寺院特色小吃的荞麦面受到人们如此青睐，致使许多佛家弟子和地方行政官员开始质疑这是不是件好事。当时江户城里有座主修净土法门比较著名的寺院，名为称往院，院方采取极端措施，彻底禁止寺院销售面条，他们认为这种商业活动会影响到佛教僧侣的本职工作，一心向佛、四大皆空之人不应该去卖荞麦面。[3]在众多荞麦面生意兴隆的寺院之中，道光庵的制面手艺超群，远近闻

1 米泽面业组合九十周年纪念历史刊物发行委员会:《米泽面业史》(《米沢麺業史》),第26页。

2 新岛繁、萨摩卯一:《荞麦的世界》(《蕎麦の世界》),第74页。

3 日本面食业团体联合会:《荞麦面、乌冬面百趣百味》(《そば·うどん百味百題》),第17页。

上：一个卖食物的小贩用扁担挑着装满货物的竹篓，走在江户城街头吆喝

下：江户城里小巧简陋的路边摊

江户城里的某家面馆

名，被称为“荞麦面之院”，慕名而来者络绎不绝。原先，该寺院坐落于浅草地区，那里各色商店和餐馆鳞次栉比，来此娱乐消遣的人络绎不绝。几百年后，庵堂并入称往院，随即迁址到了远离都市繁华，更为清静的世田谷区。寺院内的围墙静静守护着道光的墓穴(后缀加以“庵”字，意为小寺庙)。日语汉字中的“庵”字与荞麦面有着密不可分的关系，当时许多商店都会以“庵”字取名，来表示自家深得道光庵真传。而拉面店，为了与之区别，通常会使用完全不同的名字。长眠在这寸土之庵的庵主出生于日本一个偏远小镇(今隶属长野县)，是日本极负盛名的荞麦面产区。庵主习得一手制面绝活，他的荞麦面名震四方。寺院管理者认为整天制作荞麦面势必打断他的佛道修行，所以制作了一块石碑，上面刻有“不许荞麦”(即寺院内不得有荞麦)，竖立在他的禅室前。这块石碑在地震中不慎遗失，但最近失而复得并被人们重新摆放在寺庙里，告诉人们当年江

石碑上刻着四个日语汉字“不许荞麦”，意为“禁止荞麦进入寺院”

户时代的人们是多么爱吃荞麦面，而有关部门又如何采取行动制止荞麦面消费。

德川幕府时代，日本人对于面条的需求量日益增加，城市市场有能力满足持续增长的人口的消费需求。然而，我们也不应该由此断言日本人非常喜欢面条，又或者荞麦面本身是不同寻常的人间美味。事实的真相是，面条之所以受欢迎，是因为它丰富了人们单调的饮食生活。今天，日本人端出蒸饭代表着主人家的款待之情，而百年之前，能用来煮饭的炉子才真正问世。在此以前，做一餐饭需要耗费大量时间，因为光煮好一锅饭可能就得耐心等上2小时。就吃米饭的准确方式这一问题，研究东亚食品的学术团体之间的争论日益激烈。但有一点可以肯定——今天为我们所食用或烹饪的大米跟几百年前的已不同了。现在，大多数日本人都认为完全煮熟后的大米会有一点黏糯的感觉。这样的米饭一般用来制作寿司或端上餐桌供人们享用，其口感香甜又松软。回到几百年前，这种大米极其稀有，更常见的是“强饭”。“强饭”是平安时代以来日本家家户户赖以充饥的主食，一直吃到19世纪中叶。它的口感较硬，以蒸煮的方式煮熟，远不如今天带糯性的米饭这么好吃或容易下咽。一些历史学家认为日本古代男人吃蒸熟的米饭，而女人吃大米煮成的粥。[1]细数日本在中世纪早期的镰仓时期和德川幕府时期发生的一系列巨大变革，其中之一便是人们对待食物的态度发生了空前的转变，从简单的填饱肚子变为满足味蕾对于食物味道的追求。面条，当时主要就是荞麦面和乌冬面，为全社会所有吃不到好米饭的人提供了更

1 川上行藏：《日本料理事物起源》（第2卷，合集），第358—360页。

加美味又经济实惠的饮食选择。

江户时代的社会文化一经建立，面食行业随之繁荣起来，为现代日本料理奠定了基础。江户城是男权社会的领地，施行的是参勤交代制度，即各藩的大名需要每年前往首都辅佐幕府将军处理一段时间的政务，然后再返回自己的领土。日本各个地方的大名依次动身前往江户城，到将军幕府里暂时生活几个月。各藩大名前往江户城时一般都走交通主干道，随从人数众多，同行的有行李搬运工、厨师、理发师和私人医生等，沿途展示规模浩大的“大名列队”。途经一些城镇时，一行人会留宿一晚或逗留几天，补充物资。为了赚点盘缠满足自己的消费需求，他们常常会卖掉身上带着的纪念品或地方特色食物。

历史学家康斯坦丁·瓦帕里斯倾尽一生，研究分析参勤交代制度对日本文化形成带来的影响，认为大名们走过的路、市场和旅途经历“培养出了一批即时的消费群体”。[1]前往江户，再返回家乡，这一去一回之间，大名、武士和随行人员都成了“文化的载体”，把其他地方的风俗和饮食习惯从江户城辗转带回到了他们自己的土地上。[2]通过这种方式，面食传遍了日本列岛各地。

东海道是日本江户时代五大官道之一（另外四条分别为日光街道、奥州街道、中山道和甲州街道），全程绵延近488公里，以江户的日本桥为起点，连接京都，因此具有重要的政治意义，足以称

1 康斯坦丁·瓦帕里斯（Constantine Vaporis）：《时代的使命——江户时期的武装力量及武士文化》（*Tour of Duty*：*Samurai, Military Service in Edo and the Culture of Early Modern Japan*），第192页。

2 同上，第206页。

为“江户时代日本政治的高速公路”。东海道沿途各藩修建了约53家驿站，是当时最为热门的出行线路之一。有驿站的地方就有茶馆、饭馆，当然还少不了面馆。

德川幕府时代落下帷幕时，一位名叫山崎颖山的旅行家酷爱荞麦面，把自己游走东海道一路上邂逅的荞麦面馆子都仔细地用文字记录下来，并出版成书。这本书就是《荞麦道中记》，书中详细叙述了山崎的旅途逸事以及他对荞麦面的痴痴情深，这部作品作为当时面食正广泛传播于日本各地的一个重要历史依据流传至今。

生活在荷兰的德国医生、博物学家恩格柏特·坎普法（Engelbert Kaempfer）作为荷兰东印度公司的船医，随船队来到日本长崎，获得了走访江户和日本其他地区的特权。他把自己一路走在交通要道上能看到无数路边摊，甚至在森林或山区里也不愁找不到落脚的地方等细节都记录下来。坎普法观察甚微，他记录下了视野范围内的各种兜售食物的小摊，小摊上有馒头、一小块一小块的炸鳗鱼，以及中式切面——一种将面团擀成薄片，层层叠起，切成窄条形状后下水煮熟的面食。这是小麦面条或日本荞麦面的近亲。[1]

从日本人开始喜欢上面条到寺院强行下达禁令，江户时代见证了这种以武士、城镇居民以及各地往来游客为受众群体的简单食物产量大幅攀升。德川幕府统治下的日本一派欣欣向荣，饮食文化的传播促进面条消费，社会富裕阶层开始渴望吃到更加美味的食物，

1 比阿特里斯·博达特·贝利编译：《坎普法眼中的日本——德川时期文化观察》（*Kaempfer's Japan：Tokugawa Culture Observed*），第268－269页。为更全面地研究18世纪末期日本人的饮食内容，可参考泰门·斯克里奇注释并介绍的《江户参府随行记——卡尔·皮特·通贝里与将军幕府，1775－1796》（*Japan Extolled and Decried：Carl Peter Thunburg and the Shogun's Realm，1775－1796*），第210－211页。

期待着不同以往又丰富有趣的饮食体验。江户文化为日本国民饮食做好了准备，日本的权力阶层定期在江户城和自己的领地之间奔走，你来我往于不同城镇，面条消费呈上升趋势，日本民众几乎能品尝到新时代食物的味道，他们是如此饥渴地盼望着新的异国味道。

第四章

近代早期的面条与拉面神话

随着日本饮食与荞麦面和乌冬面的关系日益紧密，其他种类的面食迟早都会激起大众食欲，这不过是个时间问题。中国文化，一如既往地展现出巨大影响力。正如艺术历史学家泰门·斯克里奇解释的那样，德川幕府时期的江户城，不仅是幕府管理整个国家所占据的政权之地，更是仿效中国封建王朝统治和城市建设为特色的旧时代日本习俗的权力根基。[1]这种向中国式政权统治学习的倾向，再加上食品饮食行业出现的巨大资本市场，推动了日本食品革命朝着拉面产业发展的方向前行。

如今，日本皇居的北边有一片郁郁葱葱的绿地，江户时代留存至今的历史建筑少之又少，那里保留下了一座当时的公园，布满鲜

1 泰门·斯克里奇：《江户的大规模建设——德川时代城市建设计划的诗学》（《江戸の大普請—徳川都市計画の詩学》），第 67－68 页。

花的花园里有几个水塘和几条水渠，还有曲折的小径和许多枝繁叶茂的古树，公园四周被现代化的水泥道路和便利店包围了起来。当你走进小石川后乐园，就像瞬间穿越了时光隧道，仿佛置身于过去，在那个时代，社会结构分明，每个日本人的身份一生都不可改变——或贵族，或农民，或商人，或手工业者。[1]

幕府将军，或称“征夷大将军”，将都城建立在了江户，并以天皇之名实行统治，当时没有实权又财力微薄（有时甚至没有）的天皇则待在京都的皇宫里。各藩大名绕城而驻，大约有200到250名，这取决于他们的财富和对将军的效忠程度，该制度以一种联邦制度的方式和类似国家法律的律令有效地团结了日本大大小小所有藩地。政治经济局势跌宕起伏，家族兴衰与共，依照心情好坏，幕府将军有权当即收回各藩大名手里的土地，分配给更加拥护自己的追随者。百姓心里并没有把自己当作一名日本人或国家一分子的身份认同感。

然而，各个藩地的和平环境使得当地经济和社会发展成为可能。人们的身份认同感更多存在于地方，而非国家。这通常取决于人们生活在哪里，关西、关东或靠近大阪城、江户城，又或是长崎口岸等地。遵照参勤交代制度的规定，各藩大名必须如期前往江户暂居数月，参与中央幕府的行政事务，辅佐将军。这种制度为江户带来了无法估量的粮食负担，每逢各藩交接都需要耗费数量庞大的生活物资和粮食补给。为了满足这些需求，幕府官员不断苛求农民阶级，

1　农民阶级在德川时代的日本社会结构中的排位据称是比较高的，因为他们在农田里劳作。但实际上他们的生活贫苦不堪，商人和武士阶级对他们不屑一顾。

他们认为与其让农民做工挣钱，不如广泛开垦土地，让他们以上缴大米的方式来缴纳税收。粮食以“石”为计量单位（据日本银行金融研究所资料显示，江户时代的大米1石约150千克，相当于1两黄金），因此历史文献中描述一位领主有多少石的粮食，就意味着他有多少“财富”。古时领主的薪俸数量决定了他能养得起多少家臣和士兵。在江户城里进行参勤交代期间，各藩大名和随从人数可能多达数百人，他们拼尽全力展现各地农业产量和经济实力，居住于他们自己的行宫里，就像是江户城的驻地大使馆。现存至今的小石川后乐园是当年水户德川家在江户落脚的邸宅。

每位藩主都有规模不小的封地。水户家的封地，日语称为水户藩，距离江户不远，水户之主是德川氏族支系，德川御三家之一。与德川幕府将军的家族血缘之亲并没有给水户带来更多的财富，以及更多的商业贸易契机。水户是一个相对富裕的地区，17世纪中叶，水户藩的领导者们发起了一项计划，改写了整个日本帝国的历史。以遵循中国记录历史的传统来支持国家领导者的统治，水户藩的藩主水户黄门和他的团队着手开展了一项雄心勃勃的计划，那就是收集、组织和纂刻长达60多卷的《大日本史》，由此诞生了日本历史上首部纪传体日本史。[1]水户的学者们需要协助者，当时正值中国明朝灭亡之际，流亡学者朱舜水[2]于1644年东渡日本来到长崎，有谁比他更适合担此重任？日本长崎已经成为成千上万的中国人从事商

1 被人们称为“水户黄门”的是水户藩第二代藩主德川光圀（水户为地名，今本茨城县水户市，黄门是日本古时官名“权中纳言［中纳言］”的汉风名称）。

2 朱舜水：原名朱之瑜（1600–1682），明清之际的学者和教育家。字楚屿，又作鲁屿，号舜水，汉族，浙江绍兴府余姚县人，明末贡生。因在明末和南明曾三次被皇帝特征，未就，人称征君。—编者注

业贸易的福地，而日本也热衷借力于他们的商业经验和威望。

中国明朝政府腐败无能数十载，皇帝之位摇摇欲坠，北方的满族势力日渐增强，明代最后一任皇帝崇祯帝自杀，明朝灭亡。来自北方的少数民族（满族）占领了北京，建立了清朝。国家如此风云突变让南京附近众多誓死效忠明朝的支持者们难以接受，一些明朝人选择逃走，一些选择负隅抵抗，而数以万计的人在抱怨的同时默默接受现实。为了巩固自己的政权，满族（或称为清朝统治者）把他们的皇宫从满洲腹地沈阳迁移到了北京。清朝是中国历史上最后一个，并且是由少数民族统治的封建王朝。成千上万的明朝官员，仍然效忠于曾经给他们发放俸禄编写帝国历史的明朝君王，他们选择南逃。近一个世纪以来，他们不懈地在亚洲范围内寻求军事和经济援助，以帮助他们抗清复明。在之后的几年里，数十个自称明朝使节的团体也曾到过日本，请求日本出兵帮助他们复辟明朝。[1]

在众多流亡到日本长崎避难的明朝学者中，有一位就是朱舜水，他传授的儒家学说引起了水户学者们的兴趣，因为他多才多艺，参与建设了许多项目，例如设计规划了几座闲庭雅苑。朱舜水设计了江户城里水户府邸里后乐园的一部分，包括造型结构优美的“圆月桥”——圆拱形的桥体倒映在花园里的小湖之上，以及水户宅院里的其他建筑。水户黄门借鉴了许多中国古代传统园林特点，并将中国的著名景观重现了出来。邸宅里人造的内陆湖模拟了杭州的西湖，饱读中国古代经典史书的水户藩主早已听闻它的大名。甚至这座花

---

1 罗纳德·托比（Ronald Toby）：《日本近代早期的国家状况与外交之道》（*State and Diplomacy in Early Modern Japan*），第 119－130 页。

园的名字“后乐园”也出自中国古籍。北宋文学家范仲淹在《岳阳楼记》中有云“先天下之忧而忧，后天下之乐而乐”，表达了为国家命运分愁担忧，在天下人都享乐之后才享乐的伟大胸襟。于是日语中“后乐园”这三个字也表达了相同的政治抱负，“得天下后方可享受生活”。

日本第一位中国厨师是朱舜水？

为了了解诸如朱舜水这样的中国儒家学者，对日本产生了怎样的影响，我们需要抽丝剥茧地解开影响中日政治关系，从而影响到日本面食演变的复杂历史之网。为了达成这一目的，我们必须深入研究现代社会为水户黄门这一真实历史人物塑造出的固定形象。在日本的任何一个午后，打开电视就能看到常年连放的长篇电视剧《水户黄门》。在这部剧中，水户微服出行，游历日本乡间，伸张正义，向生活困难的农民伸出援手，同时惩戒卑鄙无耻的政府高官和滥用职权的村官。剧本套路在某些方面就像是14世纪脍炙人口的日本狂言喜剧《卖昆布》中卖昆布的小贩碰上了倒霉的武士，只得服从其命令佩戴他的剑。每一集电视剧的最后一幕总会迎来全剧高潮——水户身边忠心耿耿的随从从口袋里拿出一枚家徽印鉴，并把它扣在恶人脸上，喝斥道：“睁大眼睛看看，你可知道它的厉害?”众人目瞪口呆，坏人终于意识到眼前痛斥自己的一行人不是别人，正是大名鼎鼎的水户黄门及其家臣。一代代的日本人看着如此俗套的剧情长大，所以水户黄门的名字对他们是再熟悉不过了。

被人说尽诸多趣闻逸事的水户黄门成了日本学生时代电视荧屏里的英雄人物。在他流传于坊间的许多传说中，关于他是日本拉面的发明者的说法引起了我们的兴趣。翻开一些市面上流行的有关拉面的日语书籍，或参观相关的拉面博物馆，例如位于横滨的一家，你将发现，有一个关于拉面起源的传说故事在日本流传甚广。

这是一个很棒的故事，从某种意义上说，它包含了一部分历史真相，但仍有些缺憾。水户黄门是个家喻户晓的大人物，当时他邀请了朱舜水在水户藩授课传播儒学。根据传说所述，朱舜水指导水户制作拉面，让水户黄门成为历史上第一位吃到拉面的日本人。水户确实在他的日记中提到过自己喜欢吃荞麦面，但这与拉面相距甚远。作为文人墨客，朱舜水不太可能胜任烹饪老师。当时留下的肖像画里，朱舜水微微有些上了年纪，留着传统的长胡子和指甲，形象儒雅。中国官员确实好吃，但就朱舜水的切身经历来看，实际下厨烹饪的可能性微乎其微。他全身心投入礼仪、道德行为，以及对新派儒家思想的学习和理解上，他的成就只有通过积年累月、细致刻苦的学习才能获得。

当我们了解到中国古代社会文人为了取得功名付出的艰巨努力时，朱舜水竟愿意花费自己的宝贵时间教水户如何制作拉面，这几乎是无稽之谈。中国古代男子刻苦读书参加科举考试，希望入得官场谋个一官半职，以便出人头地，光宗耀祖。历史学家倪德卫写道："科举考试在中国古代文人生活中是非常重要的一部分，直接影响了他们幼年时期的教育。"[1]古代科举考试一般每三年举行一次，依等级分为乡试、会试、殿试。 参加最高级别——殿试的考生们

1 倪德卫（David S. Nivison）:《章学诚的生平及其思想（1738－1801)》（*The Life and Thought of Chang Hsueh-ch'eng*［*1738—1801*］），第 8 页。

“圆月桥”，位于东京北部的小石川后乐园内

进京赶考，由皇帝亲自监考。为了在千军万马中杀出重围，考生需要耗费大量时间拼命学习。据学者们统计，一名考生必须记住62.6万个复杂的字词（相当于6本又厚又重的书），这大概需要长达15年的学习研究才能稳固掌握。[1]在熟读消化掉这些书籍之后，学生们完善自身书法造诣，这是满腹诗书之人的一大标志。通过科举考试但未能谋得官职的读书人当了教书先生，这未尝不是一种人生选择。中国谚语有云：“没有足够粮食过冬的人就去当老师。”[2]对于穷困潦倒的官场学者们来说，生活如此艰难——俸禄微薄，难以维持

1 沈艾娣（Henrietta Harrison）：《梦醒子：一位华北村庄士绅的生平，1857－1942》（*The Man Awakenedfrom Dreams*），第26页。

2 同上，第41页。

他们所处社会地位的基本生活水平。在明朝政府轰然倒台之后，朱舜水需要一个新的庇护者。日本水户藩主正好给他提供了一个完美的机会。

绘制于17世纪的一幅肖像画把朱舜水塑造成一位拘谨正直的学者，通过细致的学习和儒家思想学说的广泛应用，毫无疑问成就了他在中国明朝的声望。画中，朱舜水身穿长袍，眼神坚定地望向远方，尖尖的脸上稀稀拉拉地垂着长胡须。你几乎可以想象到他用纤长的手指抚摸着下巴的样子。他可能略懂一些烹饪知识，当然也可能指导烹饪，但朱舜水的家乡浙江（位于中国东部）并非汤、面出名之地。朱舜水18岁便育有子嗣，因为眼见朝政腐败混乱，自己无法为世俗所容，所以他放弃追求功名利禄，选择潜心钻研儒家学术。在17世纪40年代到50年代期间，他先后辗转于越南和日本。到1651年，他正式向幕府将军提出长期居住于日本的申请，因为如他所写的那样，当时日本“尊崇诗歌和史记”，并“重礼义”。[1]然而，当时日本当局未授予朱舜水居民权，这可能反映了当时幕府摇摆不定的心理：是援助明朝流亡官员，还是和统治清朝政府的满洲里建立新关系？朱舜水反复往来于日本和越南两地，后受郑成功 (即著名南明将领，其率兵成功驱逐窃取台湾的荷兰殖民者，成功收复中国领土，世称“国姓爷”) 之邀，返回厦门，出师北伐。

郑成功出生于日本九州西海岸的平户藩，母亲是日本人，父亲

---

1 加拿大著名华裔汉学家秦家懿（Julia Ching）:《朱舜水，1600 －1682——一位身处日本德川幕府时期的中国儒家学者》（*Chu Shun-Shui, 1600-82 : A Chinese Confucian Scholar in Tokugawa Japan*），《日本记录》，第30卷，第2册，1975年夏，第182页。

是中国人。他效忠于明朝，曾被送往金陵（今南京）求学，后前往台湾。清朝顺治十五年(1658)，郑成功统率大军北伐，企图围攻南京，但以失败告终。朱舜水亲历行军，兵败后逃往日本。日本公认的著名净琉璃（木偶戏）和歌舞伎剧作家近松门左卫门将这段故事写成了一部净琉璃历史剧《国姓爷合战》，随后成功演变成了人们耳熟能详的歌舞伎剧目。[1]朱舜水身处的那个时代，形形色色的中国移民大量涌入日本西部地区，然而当时日本施行锁国政策，"三四十年不留一唐人"，直到日本儒家学者安东省庵（后改名为守约）鼎力相助，以个人名义亲自邀请，朱舜水才得以结束漂泊生活，在长崎租屋长期定居下来。因其渊博的儒家思想学识，朱舜水声名远播，安东自掏薪酬邀请他在长崎公开讲学。[2]

我们有理由相信水户黄门并没有发明拉面，他也没有介绍过拉面。1664年，水户派遣家臣西行前往长崎礼聘朱舜水至水户藩传播并加强儒学教育。于是朱舜水成为水户黄门的政治与道德顾问。朱舜水开讲之处门庭若市，他游历江户宣传儒家思想。1666年，因为严格信奉儒家思想，水户黄门下令关闭众多佛教寺庙及神社。[3]朱舜水帮助水户在当地建造孔庙，并在江户城建成了日本第二座孔庙汤岛圣堂，至今仍屹立在东京都文京区。[4]朱舜水于1682年逝世，安

1 唐纳德·基恩（Donald Keene）：《国姓爷合战——近松笔下的净琉璃木偶剧，其故事背景与重要意义》（*The Battles of Coxinga：Chikamatsu's Puppet Play, Its Background and Importance*）。

2 长崎教育委员会：《中国文化与长崎县》（《中国文化と長崎県》），第115页。

3 秦家懿：《朱舜水，1600－1682——一位身处日本德川幕府时期的中国儒家学者》，第187页。

4 同上，第188页。

葬在瑞龙山（今茨城县常陆太田市），紧邻历代水户藩主的墓地。朱舜水没有完全居住在江户，但在他的庇护者随后建造于幕府都城的“江户府邸”遗址上的东京帝国大学（即东京大学的前身）里，立着一块刻着“朱舜水先生终焉之地”的明朝式样石碑，至今它仍立在那里。

水户黄门是一名真正的儒家学者，以心系农民福祉而深受百姓爱戴。一则半真半假的生平故事中讲述他因农民种出大米而由衷赞美他们，据说他经常雕塑一些农民形象的雕像，并摆放在祭拜的神坛上，每天早上他吃米饭时，会盛出一部分供奉给雕像，敬若神明以表示感恩。据说，他甚至为此赋诗：“朝朝食米不忘祈福于世间不幸之人。”[1]虽然他对农民下地耕种的田间生产活动予以极高的赞扬，但他并不像中国神话传说里的三皇五帝那样堪称资深美食家，他也不像同时代的中国人那样擅长撰写饮食形式和功能的文学作品。在他编撰的史书中，记载着水户藩主与其下属讨论如何制作面条的一段对话。水户黄门告诉仆人，如何在面粉和水里加一点盐混合均匀，然后揉成面团，擀成面条形状。[2]他的仆人为高高在上的家主竟然了解这等世俗之事而惊讶不已，询问他是如何知道的。水户回答说他是在江户城里观察面店老板的制面过程得知。[3]这是个十分合理的解释。当然，朱舜水把拉面带入日本的说法更令人信服一些。

1 青木敏三郎：《江户时代的食粮问题》（《江戸時代の食糧問題》），第 49 页。

2 青木直美：《水户黄门的手打乌冬面》（《水戸黄門の手打ちうどん》），《历史好奇心》，第 49 页。

3 同上，第 50 页。

朱舜水的纪念碑静静地竖立在东京大学正门左侧一处树荫密布的花园角落里，让人不小心就会轻易错过。石碑上刻着“朱舜水先生终焉之地”。现在这块土地上建造了一栋崭新的大楼，东京大学校方未能解释这处纪念碑曾经历的往事，因为它已不在原址

江户——贫富两极分化

根据历史学家的研究成果，我们可以发现，日本近代早期的社会生活呈现出一派惨淡的光景。这并不是社会的全貌，依照社会奖惩体系的实施，社会中的某一部分人财富逐渐增多，跻身上层阶级。在德川幕府统治时期，百姓生活水平确实有所提高，但对于大部分人来说生活仍然充满了心酸的挣扎。从本质上来讲，德川时期存在着严重的贫富差距。江户城不是一个遍地富人的城市，在这里生活的社会底层人每天都上演着各自的人生悲剧，他们得不到应有的合理收入。

有个故事讲述了一位脱离籓籍、到处流浪被称为“浪人”的穷困武士，前往江户城寻找就业机会的经历。当时失去藩籍的浪人数量相当之多，他们效忠于一藩之主，依靠藩主分发的俸禄生存，但当他们的藩主离世或惨遭贬职，抑或是另一藩主受命接管此地时——此类的情况时有发生，这些武士很可能就会遭到冷落。

日本人有一句俗话无人不知：“苍鹰宁死弗取稾。”鹰是食肉动物，宁愿饿死也不会为了苟活而改吃其他东西。如同鹰一般，尽职的武士也会至死忠于自己的本性，即使现实再残酷也无法改变他的坚定意志。有一个脍炙人口的故事可以追溯到18世纪以前，坊间流传着许多版本，无一不体现出这种坚韧的品质。

时间倒退回18世纪80年代初的一个春天。江户城里两国桥边，一个武士衣衫褴褛，背着一把剑，身后拖着一个六七岁的孩子，在一家卖红薯的店门口停下了脚步，店里摆放着成堆的热腾腾的蒸红薯。他的孩子显然已经好几天没吃东西了，哭着喊着：“我要吃！我要吃！”这时一旁站着的人买了一个红薯递给了小孩，孩子狼吞虎咽地几秒钟就吃光了。送红薯的人属于日本社会阶级里被隔离的一群人，被称为“秽多”(the eta caste，贱民阶层，有时也被称为“非人”)，如字面意思，从事贱业，是社会最底层的人。在武士眼里，这种被迫接受社会成员怜悯施舍的举动无疑令人耻笑。武士一言不发地盯着赠予粮食的恩人，只能在心里默默道声“谢谢”，他让自己的孩子吃完了这最后的一餐，然后抱起孩子跳下湍急的河里终结了生命。

这个故事告诉我们，当一个人无力维持其基本生活需求时，接受一个社会阶级完全低于自己的贱民的帮助，被视为一种莫大的屈辱。近代早期的作家认为，这段故事证明了一位父亲的爱，至少他让儿子在溺死前满足地吃完了蒸红薯，为故事增添了一种真正意义上的“悲剧意味”。[1]

关西风味大战关东风味

日本社会的主要群体没有过上丰富的饮食生活，但较于今天，过去农民经常吃得更杂一些。[2]室町时代结束后日本迈入江户时代，社会富裕阶层开始每天只吃两顿或三顿饭，随着他们财富增多，精白大米的食用量也随之增长。由于上层阶级主食为大米，当时有报道称城中脚气病肆虐，这很快演变成“江户的灾难”。如同19世纪

1 故事作者为宫川政运，于1862年出版了一部《宫川舍漫笔集》，收录于《日本随笔全集》，第10卷，第763页。

2 筱田统：《食物的风俗民俗名著合集》(《食の風俗民俗名著集》)，第12卷，《大米与日本人》，第61页。

欧洲爆发的痛风病一样，这种疾病主要发生在有能力享受生活的人群中。

从地理角度分析，日本权势范围可分为两大区域：关西地区，指京都、大阪及附近地区；关东地区，指包括东京在内的日本东部地区。自古以来，东西两地分别发展出了不同的方言、社会形态与风格迥异的饮食文化。江户城里武士和政要云集，而大阪则是商人和经济贸易的中心。纵观历史，甚至直到今天，人们总认为大阪人的衣装过于招摇（浮夸），而东京人则比较保守（质朴）。从17世纪30年代起，江户城作为幕府将军的要塞繁荣发达了起来，成为关东地区镇守幕府统治的宝地。关西被人们称为“国家的厨房”，因为国内大部分大米交易都在那里进行，许多藩地的账簿财产也在那里得以均衡分配。当前往江户的藩主及其人数众多的随从履行完参勤交代义务之后即可返回家乡，他们基本都是回到穷乡僻壤之地。吃惯了江户城里精白大米的人们，无一不在抱怨家乡的小麦或混合着杂粮的米饭已经变得难以下咽。[1]德川时代的财富积累和江户城市发展形成了大都市文化，开始影响并有助于民族风味的形成，或至少激起了人们对于味道的渴望。当时主要交通要道的旅行文化与各地提供过夜休息的驿站会馆都为此出了一份力。

江户城建立了日本饮食的标准，为拉面的诞生做好了铺垫。生活在江户时代的人们已经能在街上看到许许多多的餐馆，这个时间点比1765年开设第一家餐厅的法国，以及19世纪早期才迎来第一家真正意义上的餐厅的英国都要早得多。“江户人”这个称谓专指

1 平出铿二郎：《东京风俗志》（《東京風俗志》），再版于1985年，第84页。

土生土长于江户的人，生活无忧又舒适。如此充满感情色彩的表述第一次出现在18世纪末期，用来形容典型的江户人——不为钱所困，贵族般的礼仪，了解城市瞬息万变的潮流，举止优雅，性格鲜明。真正的江户人个个都是行家老手，称得上是“达人”——这个单词风靡于18世纪60年代。行家们的身影出现在各类娱乐场所，在剧院、乐馆和餐馆。货币交换准则、手续以及特殊用语，都有其特定的适用场合，这种约定俗成的文化只有“圈子里”的人才懂。与“达人”截然相反的就是粗人，他们尽力想表现得像个行家，但他们对于价值、行为举止的理解远远无法和见多识广的真行家相提并论。[1]

在德川幕府时代初期，关西地区的大豆酿造酱油生产商，例如龙野酱油，极具优势，因为他们生产的酱油档次较高。关西地区同样为人所知的还有“上方”，“社会阶级更加上层”的地区。天皇定居于京都，那里的酱油制作工艺更为先进。因为关西的酱油是从皇都经由船运抵达江户，于是人们把这段路程称为“下配”（くだる），这种酱油则被叫作“下行酱油”。这种酱油产自京都腹地，其销售价格是江湖生产的酱油的两倍之高。[2]如果一种优质商品是从天皇居住的上方地区进入幕府将军都城，那么便被称为“下配”商品，或商品“下配至江户”。劣质或规格较低的本地产品都不宜带入幕府都城，因而叫作“不宜下配”（くだらない）之物，低品质的商品

1 1996年法国电影《荒谬无稽》（*Ridicule*）生动刻画了法国大革命前夕路易十六宫廷里的贵族生活，以及如何以诙谐的语言与国王一起鄙视咖喱的味道。

2 龙野酱油合作社：《龙野酱油京都合作社摇篮》，第6页。

不得进城。[1]在日本近代，一些品质低劣或内容无聊之物就被形容是“不宜下配”，这个词起初是用来指本地商品不适合运输到江户的术语。

伴随着浓口、淡口酱油的问世，荞麦面和类似食物带来的美食乐趣温暖了都城里众多食客的心，江户扩大了海鲜市场，发明出了原始的寿司。并不是所有的鱼肉都受人欢迎，只有一些特定的鱼类品种被定性为高级的、有品位的食材。例如我们所熟知的秋刀鱼，一种身形细细长长、扁平状、长有银色鳞片的食用鱼，有点像长大的沙丁鱼。如今，秋刀鱼是秋季的时令美味，用竹板夹平后撒上少许盐末和柠檬汁，最好再配上一杯冰镇啤酒。[2]江户的穷苦劳动者们享用着秋刀鱼，但社会上流阶层却认为这种食物令人不悦，直到18世纪晚期或19世纪初期才真正接受它。秋刀鱼历经多时才得以把美味传达到达官显贵的嘴里，它见证了日本饮食生活数百年来悄然变化的一个过程。

社会阶层不同，其饮食生活也截然不同，有一段名为《目黑沙丁鱼》的落语节目嘲讽的就是无知的贵族和社会精英阶级。落语是日本的传统曲艺形式之一，其表演形式及内容类似于中国传统的单

1 林玲子：《18世纪初期江户城的物质供应》（“Provisioning Edo in the Early Eighteenth Century”），收录于詹姆斯·麦克莱（James McClain）等人合著的《江户与巴黎——近代早期的城市生活及形态》（*Edo and Paris：Urban Life and the State in the Early Modern Era*），第213－215页。

2 同世界其他地方一样，亚洲人的饮食口味也随着历史和身份地位的变化而有所不同。在19世纪初期以前，新英格兰人民认为龙虾不适合用来制作高级菜肴，人们厌恶它，通常把它剁碎做鱼饵或供应给三流餐厅。龙虾直到20世纪才得到上流阶层认可。

口相声。[1]落语师独自登台，绘声绘色地讲故事，用声音塑造出各种角色、营造出各种声响效果。演出时，表演者身上一般只允许携带两种道具，一是扇子，二是手绢，两腿一跪，以正姿坐在舞台中央的座垫上。台下听众可以欣赏到表演者妙语连珠的段子，沉浸于惟妙惟肖的模仿表演，全场融入表演者营造的氛围中，凭借听觉来感受一则则有趣的故事。

落语表演中充满了明嘲暗讽，对传统社会进行讽刺批评——从愚蠢的武士，到出生农村却装模作样的年轻人，社会上形形色色的人、各种各样的故事都能通过落语师的嘴淋漓尽致地表现出来。江户时代的上流人士吃着不同一般的食物（他们称之为高级菜肴），生活在与他们仆人以及普通农民百姓完全不同的另一个世界里。

这部有关鱼的喜剧小品，讲述了一位藩主带着他的随从从江户城中心走到城外郊区，大概走了半天，来到目黑村（今天从东京市中心乘坐地铁到目黑村估计只需20分钟），主仆二人在村庄的一间小屋前停下了脚步，闻到烤秋刀鱼香味的仆人说："我有点饿了，想买条鱼吃。"他的主人则回答："我也饿了。那我也吃一条。"于是这位藩主有生以来第一次吃烤秋刀鱼，他不知道自己吃的是什么东西，但觉得味道挺鲜美。回到家第二天，他失望地发现自己的餐桌上没有那天和仆人吃到的一模一样的烤鱼。一天，他的亲戚请客吃饭，问他最喜欢什么菜。藩主答曰："秋刀鱼。"众人听闻后惊讶不已：他这么有身份的人怎么会青睐这么一道粗俗不堪的农家菜！亲戚买了江户城市面上所能找到的最好、最大的鱼。主人家做了满满一盆

1　小柳辉一：《日本人的饮食生活——从饥饿到富饶的变迁史》，第 15 页。

鱼肉，剔除了鱼骨，把肥美的鱼肚肉恭敬地端到贵客面前。但藩主一脸疑惑地说："这不是秋刀鱼。你弄错了。"他的叔叔尴尬地回答："好吧，也许这条鱼两侧烤得有点焦，但是……"藩主接着问："你从哪里弄到的？"叔叔解释说："江户城里最好的鱼铺。"于是缺乏社会常识的藩主天真地说："这可不行，你要去目黑村才能搞到我想吃的那种！"[1]

目黑，当然不是一个渔村，也不是秋刀鱼的贸易市场。落语故事的巧妙在于表现了旧时藩主的无知，他完全不知道自己吃的是什么，不知道食物从何而来，因为他犹如江户时代的井底之蛙，对于食用鱼类及其做出的美味菜肴一无所知。这段表演可以评得上最佳现场演出，但它真正的幽默之处在于告诉了人们生活里的现实，当众嘲笑了那些地位优越却毫不了解生活环境和真实世界的社会上层群体。

从18世纪70年代起，江户城里涌现出了种类繁多的路边摊，叫卖各种各样的美食，例如天妇罗、烤鳗鱼、鱿鱼干、糯米团（一个个用竹签串起来裹着浓稠酱汁的小小圆子）和寿司。[2]到了1808年，仅江户城内就有600多家餐馆，包括路边摊，摊贩在道路两边或灯光昏暗的小巷子里摆出一些桌子，还有一些店家则搭建了正规的店面。19世纪早期，行业竞争激烈，为了吸引有限的社会富裕阶层顾客群体，有些餐馆会提供额外服务，比如用餐附赠热水澡，或者服务生提着灯笼护送顾客安心走夜路回家，等等。[3]并不是所有社会阶

1 矢野诚一：《落语杂院的四季之味》（《落語長屋の四季の味》），第176－180页。
2 渡边善次郎：《与世界共存 日式饮食生活的变迁》，第12页。
3 原田信男：《江户人的饮食生活》，第12页。

层都消费得起这些食物，但广泛普及的面条和人们经济条件的改善，让越来越多的用餐者逐渐增加了在外下馆子的次数，从而有机会吃到更好的食物。

江户人与肉食主义

一位著名的历史学家曾用“集装箱型社会”来形容德川时期的日本。[1]这个词语揭示了日本民众处于严格的社会体系、政治规范之下，社会大部分人口完全缺乏流动性。无论一个人拥有怎样的豪情壮志和过人才华，如果出生在农民家庭，那基本上一生都限制于此，即使表现不错，也不过是履行农民阶级应尽的本分、职责和义务。这种局限性可能会让那些天赋异禀却没有社会地位的人难以忍受，他们毕生难以赚钱、游历或留下他们的时代印记。德川时代的社会阶级制度断送了许多有志之士的理想。虽然江户城里的生活充满了乐趣，富人们不乏丰富的娱乐生活，但并不是每个人都能活得这么滋润，尤其是对那些苟活于社会底层的人来说，生活谈何容易。

“不可接触的一群人”，他们有个共同的蔑称叫“秽多”，在德川时代，他们往往干着社会中被认为是最肮脏的工作。这群人生活在社会边缘，有的是皮革工匠，有的是屠夫，或殡葬人员。一些人认为在德川时代开始之前，秽多勉强能受到社会的基本尊重，因为长达150多年的战乱，人们需要大量用皮革制作而成的盾牌和盔

1 约翰·W.霍尔（John W. Hall）：《日本德川时期的阶级法则》（“Rule by Status in Tokugawa Japan”），《日本研究期刊》，第1卷，第1册，1974年秋，第12页。

甲。[1]然而，他们仍然受到许多社会条例的制约，比如不允许同其他日本人一起吃饭，因为人们认为他们的存在会污染饭菜。贱民不得不赤脚走路，妇女们不能使用他们穿过的和服腰带。若有人任意处死秽多也算不上犯罪，因为贱民在法律上算不上人。[2]

江户的历史故事或许能帮助我们揭开日本的谜题，知道日本人是什么时候开始吃肉的。吃肉是拉面成型过程中具有决定性的一大进步——肉既可为汤，又可为浇头。当然，上流社会的日本人认为肉食在某种程度上是不洁之物，日语称其为污秽（穢れ）。但是，对于大部人而言，全社会禁肉可能出于经济原因。德川时期的社会建立在大米生产之上。大米代表着财富，被用作基本货币，正如同20世纪末期众多国家施行金本位制度一样。农业产量决定了藩主及其附属领地是否拥有相互抗衡的经济实力，以及是否有能力承受得了10%的农民外出打工。在日本北部的青森县，农民们喜欢吃肉，尤其是脂肪含量高、据说还有一定药用价值的野猪肉。1848年，一位农夫的食谱中提及猪肉在江户城里非常普遍，以各种方式公开出

---

1 休·斯迈思（Hugh Smythe）、内藤义政：《日本的贱民阶级》（“The Eta Caste in Japan”），《民族》，第14卷，第1册，1953年，第21页。戴维·豪厄尔（David Howell）的工作提供了深入的历史研究视角，洞察这些社会阶层如何工作，如何与社会其他群体交流互动，参见其著作《19世纪的地域认同感》（*Geographies of Identity in Nineteenth Century Japan*）。伊恩·内亚里（Ian Neary）描述了这类社会歧视已经延续并变相存在于现代日本社会，参见其著作《战前日本社会的政治抗议和社会控制——部落民解放的根源》（*Political Protest and Social Control in Prewar Japan: The Origins of Burakumin Liberation*）。

2 休·斯迈思、内藤义政：《日本的贱民阶级》，《民族》，第21页。

售。[1]似乎可以肯定的是，虽然官府颁布法令禁止吃肉，但身处社会下层的百姓大可无视这些禁令想吃就吃。

江户城里的居民认为什么食物适合食用，是近代早期喜剧节目的另一大主题。《2号警卫室的杂食》这部落语剧目讲述的是守城卫兵们在寒冷的冬夜值班放哨时想吃点东西暖和身子的故事。当时有句俗语："火灾与打架乃江户两大景观。"江户城里人口密度高，街道两旁的房子一户紧挨着另一户，大多为木质结构，极易发生火灾。另外江户男人个个彪悍，容易与人发生口角。于是政府雇用了男性守卫在城中巡街，提醒居民小心火烛，维护社会治安。这部落语剧目一般做如下表演——

> 一位消防队长把他率领的队员分为两人一组。一人待在火炉边取暖，另一人外出巡逻。外出的人返回后，两人交换，轮流上街巡视。
>
> 其中一名守卫大声讲道："嘿，我女儿怕我感冒，让我带了一瓶酒。"守卫队长无意中听到后呵斥他："你疯了吗？万一被官府发现了怎么办？你给我们城里那些年轻人树立了什么榜样？"
>
> 队长停顿了一下，接着说："现在听好了，"他慢悠悠地说着，似乎是对士兵的告诫，实际却给出了指示，"那里

1 布雷特·沃克（Brett Walker）：《日本近代早期的商业发展与环境变化——1749年八户市野猪入侵事件》（"Commercial Growth and Environmental Change in Early Modern Japan: Hachinohe's Wild Boar Famine of 1749"），《亚洲研究》，第60卷，第2册，2001年5月，第342页。

有个陶壶，把瓶子里的酒倒进去，放在炉子上热一热。”快速下达指令后，守卫吓得目瞪口呆：“还以为你说我们不准喝酒。”

“我们确实不能喝，不过当你喝着从容器里倒出来的热酒时，这酒更像是一种具有药效的饮料，不是吗?”队长反驳道。

这时另一名守卫附和道：“我也带了一些。”

还有一名守卫乖乖地坦白：“其实，因为我觉得你们每个人都会带酒，所以我带了一些野猪肉。”

守卫们七嘴八舌地围在了一起，到每个人的大衣里搜了一遍，掏出了各种食物。

其中一人还说：“我带了一些洋葱。”他们热闹地讨论着各自带了什么吃的，直到他们意识到此时此刻还缺个锅。幸运的是，有人在后面补充了一句：“我正好带了一口锅。”

有了这么多食物的陪伴，这些守卫忘掉了自己的巡逻工作，在寒冷的冬夜，有了酒精和现成炖肉的温暖慰藉。

台上的落语师一人分饰了所有饥肠辘辘、又吃又喝的守卫角色，把观众逗得乐开怀，最生动的莫过于表演每个人都小心翼翼地拿出自己带着的宝贝食物的样子。[1]

德川幕府大势渐去，勉强支撑到了19世纪末期，日本开始经

1 旅行文化研究所：《从落语里看江户的饮食文化》（《落語にみる江戸の食文化》），第18－22页。

历严重的政治动荡，并最终陷入了令人惶惶不安的局势。待在江户城里的幕府将军依靠幕府及各藩境内部署的眼线或间谍，得知清政府统治下的中国正面临着局势严峻的内部叛乱——金田起义后，洪秀全在南京建立了“太平天国”，控制了中国华南大部分地区，并开始实施一些比较激进的社会改革运动，目的在于宣传基督教的部分思想以取代儒家、佛教和民俗信仰。那时的中国正面临英法两国为首的欧洲列强的入侵，中国西南地区鸦片盛行，在英国公司怡和洋行的组织管理下，毒品市场日益猖獗。清政府与当朝文武百官，日夜绞尽脑汁，想着如何利用他们优越的军事战术和新的政治理念来驱逐这些欧洲人。这些现实使日本人大为震惊，他们自己也在奋力寻求抵制西方列强开放贸易的强制手段。这一幕历史场景充满了时代新旧思想的激烈冲突，人们在这种斗争之中捕捉到了日本饮食文化的发展契机。

第五章

明治维新——迈向拉面的改革之路

明治维新时期，日本人的生活方式发生了重大变化，这场改革运动大潮从1854年一直持续到1868年以及明治时代末期（1868－1912）。正如同日本在千年之前从中国吸收先进文化一样，明治维新期间，日本一改过去闭关锁国的态度，开放口岸（不只限于长崎港口），采用国际化的法律、军事和外交标准。1868年之后，日本摆脱了传统时代的“士、农、工、商”之分的封建等级制度。他们恢复天皇亲政，天皇成为国家权力的最高负责人，这一决定受到了大批渴望拥抱全新欧洲观念的官员和顾问们的支持。这位新上任的最高统治者进行了一系列的现代化改革措施，包括创办报刊、建立电报系统和对原来的武士们进行再教育，让他们在航海技术和海事事务等领域发挥本领。

从德川幕府时代（1600－1868）走向明治时代的日本曾与中国有过一段非比寻常的外交关系。从17世纪到19世纪中期，港口城市长崎所经历的繁荣的商业贸易及社交往来，让日本从中国学习到了许多知识与技能，但明治维新之后的日本不愿再以中国为榜样。但无论如何，中国是日本明治维新以及新天皇政权实施现代化计划取得成功的关键，同样也在拉面的进化过程中起到关键作用。倘若明治时代的日本没有中国的存在与影响，拉面绝不会得到现在这样的发展。19世纪50年代，以美国海军准将马修·佩里（Matthew Perry）为代表的西方列强率领舰队进入江户（今东京）岸，逼迫日本开放国门建立外交关系，进行通商贸易，打破了日本传统的锁国观念。但事实的真相显然更为复杂，如果我们不理解当时中国在日本的影响，那么日本的现代化进程也将无从解释。

中国人在日本做出开放门户决定的过程中扮演了至关重要的角色，因为当时很少有西方人懂得日语。约翰·万次郎[1]是第一位生活在美国并学习英语的日本人，当他结束美国生活，作为翻译回到日

1 约翰·万次郎（ジョン まんじろう）：本名为中滨万次郎（なかのはま まんじろう），是日本幕末时期、黑船来航中最为人知的日美亲善条约的缔结促进者。

1827年，万次郎出生于土佐国中滨村（现在的高知县土佐清水市中滨），是一个贫穷渔夫的次子。

1841年，万次郎担任渔夫的帮手出海与渔夫同伴一同遭遇暴风雨，漂流5日半后漂到位于太平洋上的一个无人小岛，在那生活了143天后，遇到了美国捕鲸船“约翰·霍伊特菲尔德号”的船员，终于获救。当时的日本正处于锁国令之下，凡与外国人有接触或擅自出海者皆有可能被砍头。几人不敢回国，便搭上捕鲸船随行。船长惠特菲尔德很喜欢万次郎的聪明伶俐，将其收为义子，之后一起在美国生活。

1843年，万次郎在马萨诸塞州的牛津学校就读，学习英语、数学、测量、航海学、造船术等，成绩优异。

1851年，万次郎结束美国生活回到日本。

1853年，美国海军提督佩里率舰队驶入江户湾，威逼日本对外开放，史称“黑船来袭”。幕府急召万次郎到江户，赐予“旗本”身份，任命他为军舰教授所教授。

1860年，幕府派出使节团赴美交换《日美修好通商条约》，万次郎作为团员随行。使节团乘日本最早的军舰“咸临丸”横渡太平洋，标志着锁国时代的结束。

——编者注

本后，为缔结日美亲善条约做出了巨大贡献。但这样的人才毕竟凤毛麟角。1853年，当佩里准将第一次踏上日本海岸线时，他的“黑船”得到了中国人的帮助。尽管荷兰人在德川幕府时期就已经能够依靠通译与外国人交流，但佩里准将的日本之行没有雇用荷兰的译员而是选择了卫三畏（Samuel Wells Williams）当随行翻译。1833年卫三畏来到中国生活，是美国最早来华的新教传教士之一，但他的日语基础薄弱，难称娴熟。卫三畏精通汉语，能读、能写，甚至有能力进行英汉翻译，同当时许多人一样，他需要一位本地的抄写员兼助手的忠诚帮助。卫三畏的第一位助理是他年迈的中文家教，这位老先生是个无药可救的鸦片瘾君子，在佩里准将与日本同行人员举行高层会议前突然离世。因此他们不得不重新寻找一个更合适且头脑清醒的人担任这份工作。[1]于是，佩里在1854年第二次起航访日时，聘请了一位名叫罗森的中国人来当卫三畏的秘书。罗森来自广东，在香港生活了几年，与外国人做些生意谋生。他接受过传统教育，但“思想开放”，不论美国人还是日本人都喜欢他的儒雅风度和写作风格。[2]日本人成群结队地前来迎接罗森。日本当地那些受过教育的上层阶级都精通中国的古诗词和儒家经典，他们是如此渴望见到一个活生生的、能表达出他们传统世界观的中国文人。虽然日本的知识分子们饱览中国古籍，但在当时社会，他们能亲眼见到一个中国游人的机会可谓千载难逢。

1 陶德民：《日本对外开放的谈判语言——罗森随同佩里1854年远征之旅》（“Negotiating Language in the Opening of Japan：Luo Sen’s Journal of Perry’s 1854 Expedition”），《日本评论》，第17期，2005年，第93－94页。

2 同上，第95页。

并不是所有的日本人都为中日之间建立起的新文化关系而感到高兴。事实真相有时会让日本的旅行者们大为震惊，因为所见所闻与他们的想象相差甚远。1862年，一艘载满日本游客的客轮“千岁丸”从长崎港启程驶往上海。该船在中国港口停靠了两个月，日本人如实记录下了自己目睹当地人民生活贫困、鸦片泛滥成灾的社会真实面貌时的震惊之情。[1]中国唐朝国画大师和宋朝文人墨客笔下所描绘的芬芳高雅的文化底蕴，已无迹可寻。

反观中国，直到1877年才有清朝首任驻日公使何如璋赴日考察。他在深入考察日本明治维新现状期间，用日记记录下了当地已婚妇女仍然同古代一样保持着剃眉和染黑牙齿的习俗。当时的日本正在努力摆脱江户时代流传下来的许多旧俗陋习，但这些根深蒂固的民情政俗耗费了很长的时间，才从日本首都乃至偏远地区人民的生活中销声匿迹。[2]英国第一任驻日公使卢瑟福·阿礼国，不仅对日本男性穿的小腰身和服发表了批判性的言论，对船夫、形形色色挣扎在社会底层的群众及日本女性也毫不留情面地进行批评。他在回国后不久出版的回忆录里写道：“这个国家必须摆脱婴儿时期的生活习惯，重新成长起来，能够正确看待他们嘴里的满口黑牙和涂满厚

---

1 田中静一：《一衣带水——中国料理舶来史》（《一衣带水——中国料理伝来史》）第187页。同样可参考乔舒亚·佛格尔（Joshua Fogel）的《中日关系中的决定性转折点——“千岁丸号”1862年驶入上海港》，《末代皇朝》，第29卷，第1册增刊，2008年6月，第104－124页。

2 武安隆、熊达云编：《中国人的日本研究史》，第113页。更广为人知、充满好奇心的是黄遵宪，他曾在使馆中担任何如璋的助手，把早年在日本东京生活的方方面面都记成了日记。

重唇膏的砖红色双唇，绝不要抗拒一种强烈的改革意愿。”[1]

通商口岸

正如中国人在日本长崎以及九州其他地方为日本人打开了更为广阔的世界一样，19世纪50年代中期，日本同意开放新的通商口岸，日本人的视野豁然开阔了起来。最先得以设立通商港口的便是北海道的函馆、位于本州岛西海岸的新潟，以及关东地区的横滨市。紧随其后的则是神户，那里靠近贸易中心大阪；还有长崎，自古以来就与国际市场建立了紧密的往来关系。1858年7月29日，美国与日本缔结了第一个通商开国的条约（即《日美友好通商条约》）。从一开始，中国人就把自己当作日本贸易市场里必不可少的中间商。他们能与日本人自如交流，并适应了东亚市场的商业惯例。大部分来到日本开展贸易的企业代表已经在香港和上海设立了办公室。千里迢迢从家乡来的企业家离开港口启程回国之前，这些公司迅速从中国的主要办事处指派好中国助理担当日本贸易的联络人。

19世纪50年代后期到60年代早期，是日本政治环境极其动荡的时期，国际关系局势看起来并不特别明朗。日本还没有做出选择，是接受西方的洗礼还是摒弃其影响。经过近10年的考验，其选择所带来的结果才显现出来。日本没有在一夜之间发生骤变，其本身许多根深蒂固的习俗无法让新来的外国人接受。各门各派的日本武士

1 卢瑟福·阿礼国（Rutherford Alcock）：《君王之都——三年旅日生活小记》（*The Capital of The Tycoon*：*A Narrative of A Three Years' Residence in Japan*），第1卷，第77页。

心怀不满，他们憎恨西方野蛮人玷污日本领土，对在日本的西方商人、外交官及其随从，展开了一系列暗杀行动。他们当时以“尊王攘夷”为口号，发起了声势浩大的政治运动。现代日语里“外国人”一词直至20世纪才开始广泛使用，在此之前，日本人从中国古代文言文中照搬了“夷”（同汉语）这个字，用来指代野蛮的、令人讨厌的、未经开化的异国人。

尽管江户时期能看到一些外国人漫步在街头，但到了1860年，有关政策出台限制了他们的人身自由。外国人出门需要事先得到批准，根据规定，外国人与日本人之间至少保持300米安全距离。[1]为了平息暴乱，减少涉外影响，隔离外国人以保证其人身安全，德川幕府的统治者规划了一座新城市，横滨市就此成为一个外国人的聚集地，类似于长崎的出岛，原先在锁国政策期间允许荷兰人居留并进行贸易。横滨市的建设开始于1858年，并于次年正式投入使用，对城市居民和商业贸易敞开大门。如同几个世纪前的长崎一样，横滨迅速成为国际贸易往来和信息交流的崭新枢纽。在日本国内，外国人被杀案件频发，于是1860年3月起武士们被严禁携带刀剑进入横滨市。（1876年，明治政府通过了一项法律，禁止武士身上携带任何刀剑。）一些人认为外国人居住地的特殊存在是一种错误，应该把所有的西方野蛮人统统赶出日本，但也有人对这些“特殊存在”表示支持。一位武士在1861年来到横滨后写下了一篇日记，记录了他在当地会见的人，以及与中国人之间的“毛笔字交流”——双

1 西川武臣、伊藤泉美：《日本开国和横滨中华街》（《開国日本と横浜中華街》），第40页。

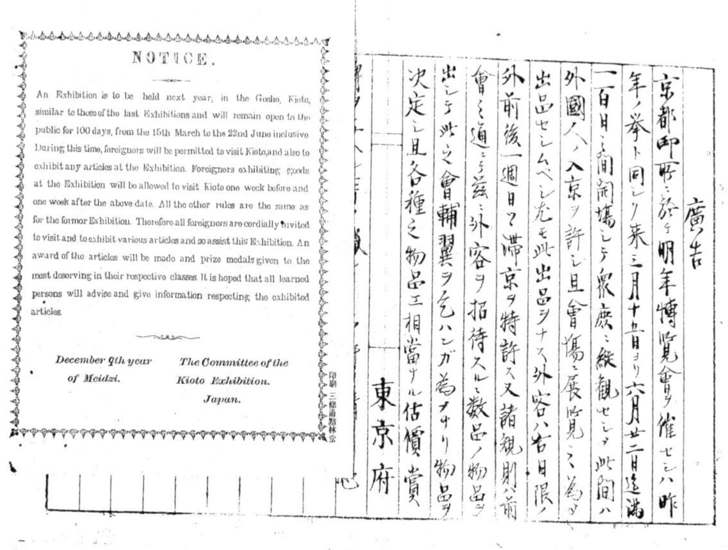

NOTICE.

An Exhibition is to be held next year, in the Gosho, Kioto, similar to those of the last Exhibitions and will remain open to the public for 100 days, from the 15th March to the 22nd June inclusive. During this time, foreigners will be permitted to visit Kioto, and also to exhibit any articles at the Exhibition. Foreigners exhibiting goods at the Exhibition will be allowed to visit Kioto one week before and one week after the above date. All the other rules are the same as for the former Exhibition. Therefore all foreigners are cordially invited to visit and to exhibit various articles and so assist this Exhibition. An award of the articles will be made and prize medals given to the most deserving in their respective classes. It is hoped that all learned persons will advise and give information respecting the exhibited articles.

December 9th year of Meidzi.

The Committee of the Kioto Exhibition. Japan.

廣告

京都御所ニ於テ明年博覧會ヲ催セシハ昨年ノ挙ト同シク来三月十五日ヨリ六月廿二日迄満一百日ノ間開場シテ衆庶ニ縦観セシメ此間ハ外國人ノ入京ヲ許シ且會場ニ展覧ニ為ヲ出品セシムベシ尤モ此出品ヲナス外客ハ右日限ノ外前後一週日ノ滞京ヲ特許ス又諸規則ハ前會ニ適シテ茲ニ外客ヲ招待スル数品ノ物品ヲ出シテ此會輔翼ヲ乞ハンガ為メナリ物品ヲ決定シ且各種之物品ニ相當ナル估價賞

東京府

明治时期的一张公告，随文附有英语翻译。外国人获准在政府规定的某段时间内可以前往京都参加文化展览会[1]

方用笔在纸上写下汉字，相互传递纸条来进行交谈。整个过程类似于参加了“一场文化沙龙”，他表示非常满意。[2]

明治时代早期，政府明文规定，中国人不得进入日本，因为中国没有与日本签署任何新的国际条约。这一举措无疑是忽视了过去几百年来在长崎或日本其他地区生活的成千上万的中国家庭。但法律是死的，人是活的——许多中国人以陪同他们西方雇主老板的随行身份来到日本。

1 东京都公文书馆（东京都总务局）收藏。

2 西川武臣、伊藤泉美：《日本开国和横滨中华街》，第 89 页。

直到 19 世纪 80 年代，中国人实际上已经成为横滨市里的统治团体。1874 年，大约有 2411 名外国人居住在横滨边界，其中中国人有 1290 人。中国商人、劳工、助理和职员人数占横滨市外籍人口总数的 57.5 %。1883 年，居住在横滨的外国人近 3 / 4 都是中国人。即使日本在1894年至1895年爆发的中日甲午战争中打败了清朝政府，且到了1899年即将解除与西方国家签署的不平等条约，当时居住在横滨的中国人仍维持在外籍人口总数的59%，即5088名外籍人士里有3003名中国人。[1]于是自然而然地，中国人的集市和数量众多的中餐馆遍布横滨，形形色色的外来食品高度集中在这个小小的城市里，对日本消费者的选择产生了极大影响。日本各地的其他港口城市也是同样的现象。

约翰·布莱克是日本历史上创办的第一份报纸的首批记者之一，他敏锐地观察到了日本在向西方开放之后到19世纪80年代的这段时间发生了彻底的转变。他指出，在这关键的几年时间里，长期以来“佩戴两把刀的人”（即日本武士）对外国人的态度依然表现得傲慢与粗鲁，就像日本农民一样。[2]“佩戴两把刀的人”，这个暗喻来自日本武士出门一般随身佩戴一长（太刀）一短（肋差）两把刀的习惯。布莱克的文字记录读起来就像是日本进入新时代初期所面对的国际问题详细清单，从持续不断的威胁和暗杀事件到用简单的言语谩骂

1 伊藤泉美：《横滨华侨社会的形成》（《横浜華僑社会の形成》），《横滨开港史料馆纪要》，第 9 期，1991 年 3 月。另参考 J. E. 霍尔的《生活在日本贸易港口的中国人，1858－1859——不为人知的群体》，收录于英国日本研究协会期刊，第 2 期，1977，第一部分，第 18－33 页。

2 约翰·布莱克（John Black）：《年轻的日本——横滨与江户》（*Young Japan：Yokohama and Yedo*），第 1 卷，1858－1879，第 40 页。

嘲讽外国人，都是为了把外来者赶出日本，以表现他们对日本天皇的忠心。

站在19世纪60年代中期变化大潮的风口浪尖，以将军为最高权力者的传统政府机构德川幕府，并没有坐以待毙，而是派遣了外交使者去见识外面的世界，一路考察西方强盛力量的源泉，研究政治形势并评估日本应该采取哪些适当的措施来抵御近期的领土入侵。他们面临的问题是双重的——德川幕府的官员对于等在他们眼前的未来缺乏实际概念；对于日本在世界上所处的位置自视过高。他们甚至都不明白应该怎么招待外国使团。福地源一郎是19世纪60年代一位年轻的官员，后来成为明治时期日本几大重要报纸的创始编辑。他回忆起当时幕府官员为即将开始长途海外旅行的使者们准备行李时，虚张声势、高傲自大，暴露出他们对西方真实社会现状缺乏了解。为了游历欧洲六国，德川幕府的官员打包了数百磅重的白米、酱油和成箱成箱的味噌酱。福地认为把这些食材带上路实属多此一举，他不懈地争辩："酒店里能烹饪这些食物吗？"在过去，从朝鲜或中国来到日本的外国使节会被日本政府安置在宽敞的客房里，由自带的专属仆人服务，烹调他们所带来的食材。然而19世纪60年代的日本执政者并不知道，来到欧洲的外交客人下榻在当地酒店，无须征用任何物资，大家不过是在餐厅或者酒店自有的用餐场所里吃吃饭罢了。福地提醒过他的上司，味噌酱在旅途中会快速腐坏，无奈人微言轻，最后他不得不三缄其口。

船程过半的时候，变质的味噌酱发出阵阵恶臭，为了避免船上的人闻着恶心，只得把所有酱料扔进大海。福地写道："把它们全部赠予了海神波塞冬。”[1]

蛮夷与盛宴

1868年幕府政权倒台，日本建立了明治政府，新时代的到来乃大势所趋，同时也凸显了民族认同感和食品重要地位的提升。事实上，不论是幕府大将军还是他的对手，都共同站在倒幕立场上。集中于日本西南部的萨摩藩和长州藩这两大改革阵营，都相信在国际社会上展现高超的外交手腕能帮助日本保持独立。日本需要一种国民美食，能用来款待国际贵宾，并给他们留下深刻印象。[2] 1854年，佩里将军率外交团邀请幕府政要们登上巡洋舰“波瓦坦”（*USS Powhatan*）号参加豪华的外交晚宴。日本人礼尚往来，回邀佩里将军一行参加宴会，然而招待进行得并不顺利。美国人发现大部分食物都无法下咽，或“鱼腥味太重”。根据19世纪的官方航行日志来看，佩里将军手下的所有船员“对端上来的食物不管是品质还是口味，都没有留下什么好印象”[3]。换言之，日本的第一次外交宴会是一场黑暗料理引发的灾难。

19世纪的日本人并没有立刻接纳外国烹饪方法和菜肴，比如

---

1 福地源一郎：《谈往事》（《懐往事談》），由《幕府维新史料丛书》再版发行，第8卷，第58—59页。

2 这种情况不仅仅限于日本，当其他民族文化与西方殖民主义列强密切接触时也会遭遇同样的问题。同时可参考伊朗扑朔迷离的局势，如H. E. 齐哈比（H. E. Chehabi）的《伊朗烹饪文化的西化》（*The Westernization of Iranian Culinary Culture*），《伊朗研究》，第36卷，第1册，2003年3月，第43—61页。

3 威廉·斯蒂尔（William Steele）：《现代日本历史的另类解读》（*Alternative Narratives in Modern Japanese History*），第115页。

烤牛肉或烤猪肉等，奶酪和甜品也被拒之门外。[1]几百年来与美食处于半隔离状态的日本人，为进行国际外交活动而需要利用一国之佳肴来撑足政府晚宴的面子时，无疑处在劣势之中。19世纪中期，法国外交家塔列朗（Talleyrand）一手推起了外交宴会的习俗。夏尔·莫里斯·德·塔列朗-佩里戈尔（Charles Maurice de Talleyrand-Périgord）、贝尼文特王子主管厨房重地，在18世纪到19世纪的转折时期，把美食变成国家的一大象征和一种强有力的外交工具。塔列朗是一名贵族后裔，后来担任法国督政府的外交部部长。作为国家事务的重要环节之一，他精心筹备各大晚宴和晚会。日本人也尝试过饮食革命，但与他们的政治革命截然相反，饮食上的改变似乎并没有令人记忆深刻。

与此同时，日本历史上第一批外交使节出访国外，在旅行日志上记录下了他们受邀出席大型宴会时的情形。宴会上的菜肴味道一般都比较淡，而且太过肥腻。日本使节们试图管住嘴巴不吃东西，最后饥肠辘辘，不得不回到酒店房间里做饭。当时的美国媒体报道称，出席晚宴的日本使节喜欢那些丰盛的美味佳肴，但在自己的日记里却写下他们不喜欢西餐，如果条件允许的话，他们情愿自己做饭等诸如此类的话。[2]

明治社会建立于一个新的社会结构之上，新的观念和新的食物是国家建设过程中至关重要的组成部分。明治时代，所有的一切都

1 通过梳理德川时代和明治时代的日记文献和官方史料，许多日本人对西方食物的厌恶情绪有据可查，参考熊田忠熊的《鄙人不食！武士吃西洋食品始末》（《拙者は食えん！－サムライ洋食事始》）。

2 原田信男：《和食与日本文化论》，第145－146页。

在改变。社会精英学习外语，与外国人交朋友，但外国人的习惯可不是容易翻译的语言，日本人最初并没有接受新的习俗和观念。为了实现现代化，明治社会必须进行改革，对所有德川时代流传下来的悠久传统习俗加以改变或摒弃。因为日本人开始意识到了自己的国际地位之低，同时也渴望能截然不同于中国。身为日本料理方面的历史学家，卡塔日娜·J.茨威塔卡已经注意到，对于构建日本国际身份而言，“适应西式餐饮已经成为改革的一条必经之路”[1]。明治政府聘请了许多国外人才，包括工程师、科学家和老师，开展教育工作，让日本人学习到新时代的知识和思想。德国外交官兼教育家奥特玛·冯·莫尔与日本签下了为期两年的劳务合同，从德国柏林来到日本，指导日本人学习欧洲皇室的正统西方礼数。[2]聘请外籍教师，引进西方的先进知识和文化习俗，是日本“文明开化”运动的重要内容之一。

福泽谕吉是日本明治时期的著名教育家。作为游历西方世界的第一批日本青年官员之一，他从自身的经验里总结学习，通过全面西化来推动日本的现代化进程。在19世纪60年代初期，德川幕府时代接近尾声时，他相继走访了美国和欧洲各国，于1866年出版了《西洋事情》——一部炙手可热的畅销书。次年，他以笔名“漱石”撰写了《西洋衣食住》一书。“西方人吃饭不用筷子。”福泽在书里写道，“他们把肉和其他食物盛放在平底餐盘里，并小心翼翼地切开，然后排列整齐。他们用右手拿着餐刀把肉块切开，然后左手

1　卡塔日娜·J.茨威塔卡（Katarzyna J. Cwiertka）：《现代日本料理——食物、力量与民族认同》（*Modern Japanese Cuisine-Food, Power and Nation Identity*），第17页。

2　奥特玛·冯·莫尔（Ottmar von Mohl）受雇于1887年。

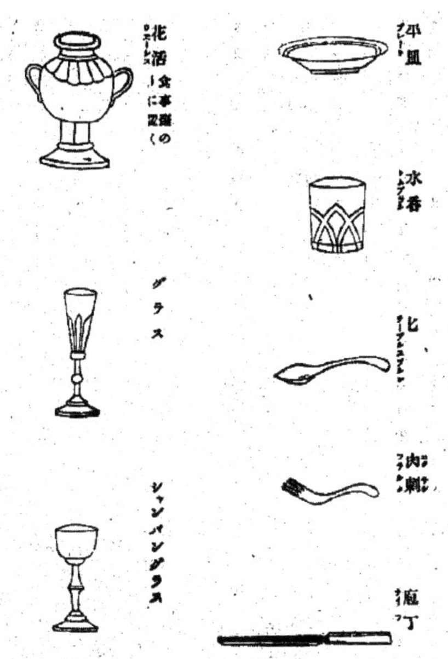

在《西洋衣食住》一书中，福泽为广大日本读者介绍了西餐的餐具并画出了示意图，右图从上至下起依次为盘、杯、勺、叉、刀。当时日语中已经有“刀”的单词存在，“勺”则借用了中国的汉字“匕”，而“叉”是个新事物，于是他为此自创了一个词。福泽还在书中讨论了如何在餐桌上使用这些餐具[1]

拿着叉子叉起切好的肉块送进嘴里。用餐刀的刀头叉着吃，或在盘子里残留一点食物，都被认为是粗鲁的举动。”福泽在书里对基本礼仪也做出了说明：“当你用小勺喝果汁或茶之类的饮料时，发出声音被视作一种不礼貌的行为。”在日本，对人们不要啜吸的劝告并未真正奏效。然而，当时“叉子”没有相应的日语来翻译，所以福泽为他的读者们发明了一个新词“肉刺”，用来指代西餐的叉子。[2]

1　福泽谕吉 :《西洋衣食住》，收录于《福泽谕吉全书》，第 2 卷，第 13 页。

2　同上。

がうひい異名熟字一覧

No.	表記	No.	表記
1	コッヒイ	31	過絲
2	波无	32	雁喰豆
3	保字	33	[illegible]
4	比由西字	34	コオヒー
5	比由无那阿	35	加非
6	比由无古於	36	和蘭豆
7	古闘比為	37	[illegible]
8	古闘比為豆	38	豆の湯
9	コーピ	39	架菲
10	蛮人煎飲する豆	40	茶豆湯
11	郁兒格国の豆	41	[illegible]
12	各比伊	42	コーシー
13	コウヒ豆	43	可非
14	骨喜	44	茄菲
15	迦兮	45	扁豆
16	可喜	46	山午旁の実
17	カウヒイ	47	煎豆湯
18	コーヒイ	48	唐茶
19	[illegible]	49	唐
20	哥非乙	50	カッフヱー
21	哥兮	51	加菲
22	骨喜	52	咖啡茶
23	架菲	53	架啡
24	珈琲	54	茶豆
25	黒炒豆	55	加啡
26	骨喜	56	骨非
27	咖啡	57	滑非
28	哥喜	58	滑否
29	過希	59	[illegible]
30	香湯	60	香湯
		61	可否

在明治时代早期的语言词汇中，对于西方食品或餐具术语的翻译有时令人啼笑皆非。上图为一份历史记录，西方食物被翻译成日语之后的复杂程度由此可见一斑。在“咖啡”一词被翻译成日语之前的数百年，所有关于“咖啡”的不同表达方式都汇总在了这张表格里。通过不同日语假名、汉字的各式组合，“咖啡”一词竟然有60多种不同写法

1870年，福泽发表了一篇著名的文章，题为《应吃肉》。他强烈主张吃肉，认为这能推进现代化发展。[1]福泽在专题论述中措辞慷慨激昂："在这个关键时期，我们国家的饮食生活中缺少肉类，将会导致人民身体更不健康，徒增我们孱弱群体的人数。最后，这个国家将会从地球上消失。"[2]他对这个素食国家的未来进行了如此可怕的预言，令许多人为国家的前途担忧。福泽还在高桥义雄的著作《日本人种改良论》的引言中推广肉食。为了能立足于世界，高桥相信国家此刻正需要能不停地工作的强健身体。塑造体魄、焕发新活力的关键就是以西方列强为目标，把吃肉作为饮食核心。[3]

在成为强盛、文明的现代化国家道路上，明治政府没有让饮食生活上的改变拖了后腿。1872年，奉政府之命，近藤芳树编写了一部小册子《牛奶考察·屠宰考察》，鼓励明治时期的男女老少改变他们的饮食习惯。近藤认为古时候天皇食用牛奶和牛肉（奈良时期的帝王将相们确实如此，但改朝换代之后这种饮食习惯渐渐消失），在明治时代再次推行这样的饮食，能让日本人再次变得强壮起来。近藤强调说吃牛肉、喝牛奶绝不"肮脏"，牛肉、牛奶是人类健康和民族生存的必需品。[4]

明治时代早期，吃"文明开化的"食物颇具政治意义。1872年，

---

1 福泽谕吉:《应吃肉》(《肉食せざるべからず》)，收录于《福泽谕吉全书》，第8卷，第452－456页。

2 大塚滋:《打开料理的国门》(《料理の開国》)，《语言》，第21卷，第1册，1994年。福泽谕吉：《肉食之说》，第78页。

3 高桥义雄：《日本人种改良论》(《日本人種改良論》，初版发行于1884年，后由明治文化资料丛书再版)，第6卷，第24页。

4 近藤芳树：《牛奶考察·屠宰考察》(《牛乳考屠畜考》)。

明治政府的领导者们审议通过了一项法令，禁止买卖河豚，在部分餐饮经营场所这种具有致命毒性的鲜鱼不得标以高价出售（但大多数人都对此禁令置若罔闻，河豚鱼肉仍然同以前一样受欢迎）。公众营养和全国卫生运动的兴起促进了这项法令的出台，政府以此抑制霍乱和伤寒等恶性传染病在新社会环境里暴发。[1]同时政府也开展了大规模的宣传活动，明确告知广大群众，有些行为习惯将不再被社会所接受。作为社会规章秩序运动中的一部分，政府颁布了一系列条例，称之为“轻罪条例”(即治安处罚条例)，说服社会民众改变他们在公众场合，尤其是在外国人面前的种种行为习惯。这些条例的图文解说在全国各地广泛传播。许多新法令都涉及百姓饮食的民生问题。

为了重建国家，明治时代大兴除旧布新之风，全新的食物选择立刻引起了广泛争议。1872年1月，明治天皇在例行文书中告诉百姓，天皇率先垂范，带头试吃牛肉。一时间，皇家厨房为国民饮食菜单点燃了改革烈火。同年，政府昭告天下，佛教僧侣可以食肉。但是，皇室饮食上的变化并没有令所有人感到高兴，一些传统主义者为此十分愤怒。

1872年2月的一天，十位佛门隐士为惩戒亵渎佛教信仰的天皇，冲进皇宫，企图行刺天皇。[2]与人们的普遍认识截然相反，日本在进入明治时代之前，肉类食物从未真正在日本人的餐桌上广泛普及过，

1 威廉姆·约翰斯顿（William Johnston）：《现代流行病——日本的结核病历史》（*The Modern Epidemic*：*A History of Tuberculosis in Japan*）。安·鲍曼·詹妮塔（Ann Bowman Jannetta）：《日本近代早期的流行病与死亡率》(*Epidemics and Mortality in Early Modern Japan*)。

2 渡边善次郎：《与世界共存 日式饮食生活的变迁》，第28页。

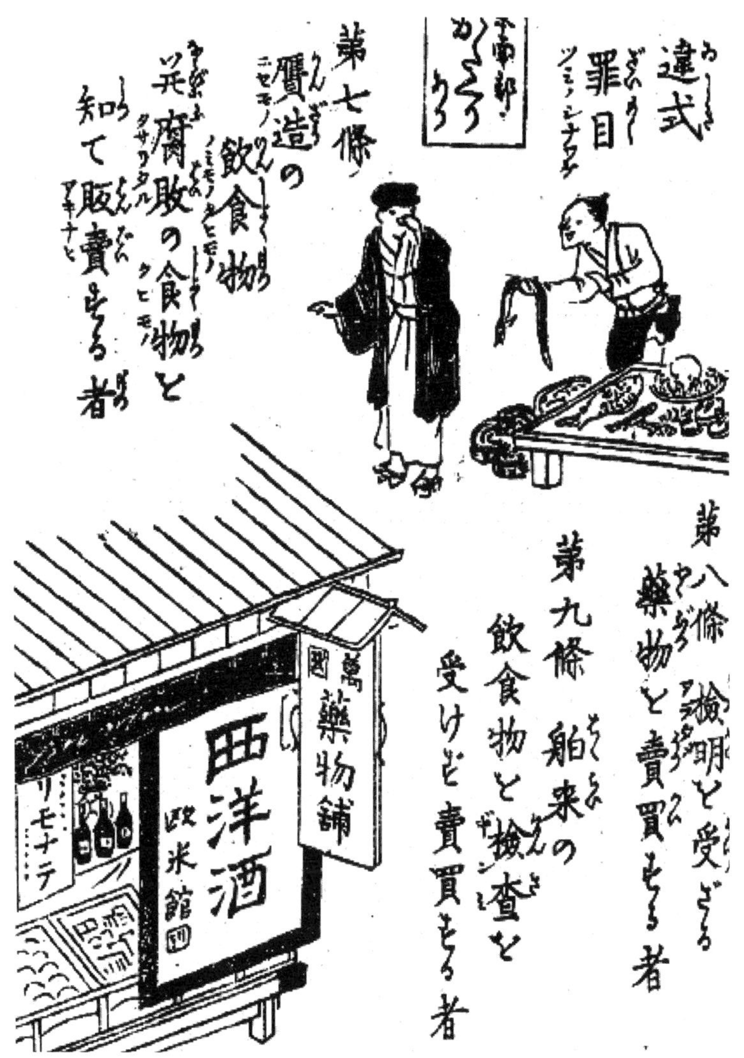

图片左上角条例第七条明文规定:“禁止蓄意出售假冒伪劣或腐败变质的食物及饮料。”[1]

1　西村兼文 :《京都府治安处罚条例图解》(《京都府違式詿違條例図解》),无分页。

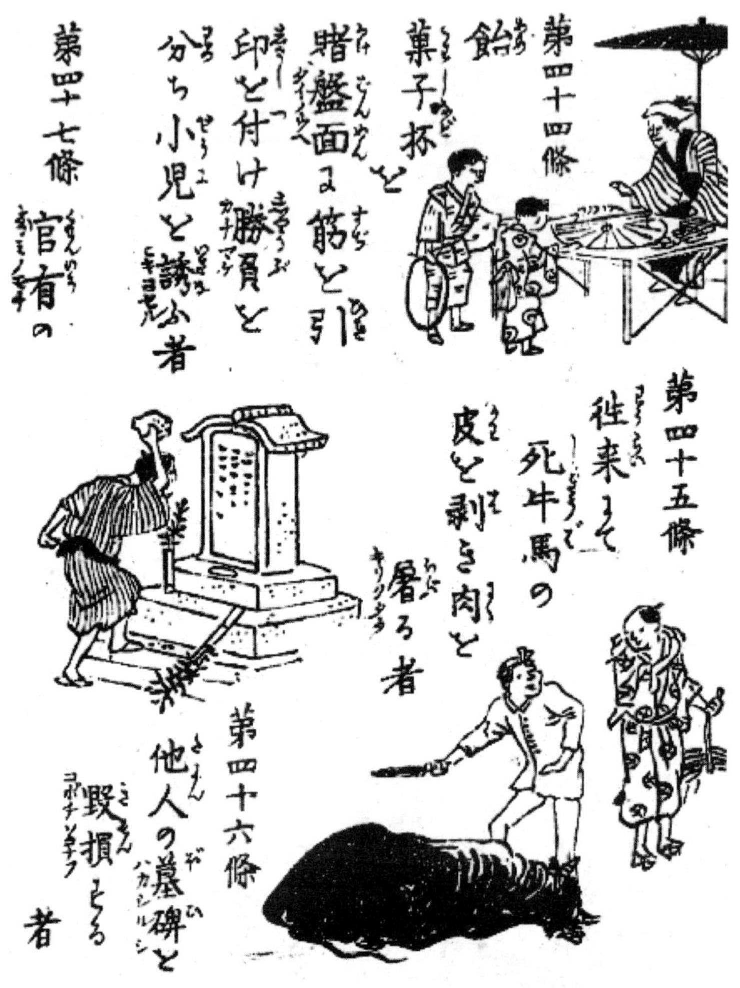

图片右下角条例第四十五条写道："在街头屠杀或肢解死牛、死马等牲口（是违法行为）。"[1]

1　西村兼文：《京都府治安处罚条例图解》（《京都府違式詿違條例図解》），无分页。

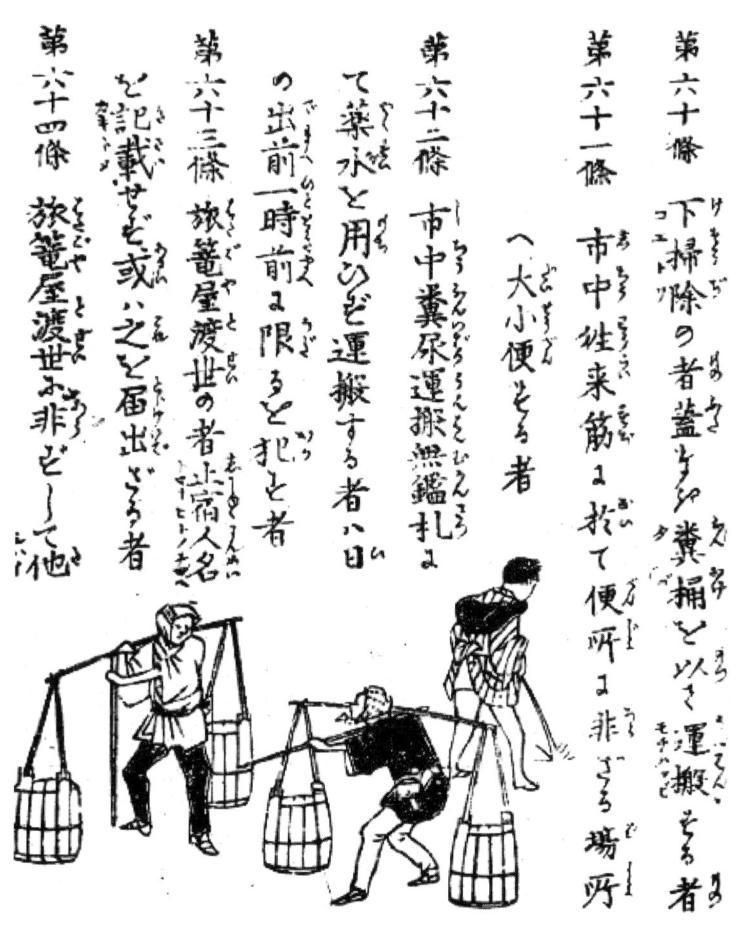

当局政府也不禁担心，这个国家该以怎样的面貌展现在外国人面前。明治时代提倡正确的行为礼仪，这意味着上街不可以再像以前一样为所欲为。条例第六十一条规定："在没有厕所的城市街头禁止随地大小便。"这幅漫画的作者巧妙地在画面后侧画出了一位正背朝大路随地解手的百姓 [1]

---

1 西村兼文：《京都府治安处罚条例图解》（《京都府違式詿違條例図解》），无分页。

它的消费主要取决于社会阶级。推动社会现代化发展的文人士大夫阶层可能面临着有史以来难度系数最大的变革，因为可以说，他们过去的生活中几乎是远离肉食的。绝大多数日本人认为吃肉有害身心健康，没有这种看法的小部分平民百姓则会吃一些，但不幸的是，他们吃肉的机会并不常有。知识分子热衷于仿效西方习俗，积极地去适应肉食生活，也许他们忘记了肉同样也是中国人的最爱之一。

吃肉的习惯似乎已在日本历史中初见端倪，在这里或者在那里，这种习惯似乎随处可见，但依然处于社会边缘。它注定成不了改革的一股中坚力量。如同众多从事食物方面研究的日本历史学家一样，卡塔日娜 · J. 茨威塔卡曾写道："日本人没有培育或繁殖牲畜，除了鸡，根本不存在其他可以进行商品化生产的家畜。"[1]

正如我们在本书第一章中所提到的，尽管天武天皇在7世纪时的确颁布过禁食兽肉的诏令，但食肉者置若罔闻，屡禁不止。一方面，宗教与政府禁令之间保持着紧张关系；另一方面源于社会不同阶层的消费存在差异。1612年，德川幕府被迫宣布一项禁令，禁止宰杀牛，禁止买卖所有自然死亡的牛。许多从事食物研究的日本历史学家证明，这些长期反复持续的饮食禁令造成了极大的影响，对吃肉的反感情绪深深扎根于日本民众心中，在整个日本社会中成为一大禁忌，直到17世纪政府正式解除"禁肉令"。通过各种努力让日本人从此远离肉类的基本饮食生活，是德川幕府时代中叶取得的一大政绩，民众对肉类食物一概排斥，只在少数地区还保留着吃肉

1 卡塔日娜 · J. 茨威塔卡：《日本现代烹饪传统文化的形成》，莱顿大学博士论文，荷兰，1999年，第47页。

的习惯。

依照达尔文优胜劣汰的进化论，为了从食物链底层之中拯救日本，福泽谕吉极端地宣传自己的主张。他在1886年6月发表于报纸上的一篇文章中呼吁日本停止种植水稻，因为从历史上追根溯源，水稻来自东南亚，就文化而言，它并不适合日本。福泽建议日本人把精力投入到能用以出口的经济作物的生产上。他认为日本人要种植桑树、饲养桑蚕，以提高经济利益。他坚持主张通过这种方式，能大大提高从海外赚取日本急需的货币资金。但社会大众的消极反应既直截了当又冷酷无情。于是福泽放弃了自己的一些想法，转而鼓励人们增加大米生产，用出口农作物取得的经济成效来满足农业增长需求，促进日本进一步实现现代化。[1]

日本人与肉食生活

对于百废待兴的明治时代来说，能否接受肉食，是关乎政治和社会现代化的一项重要辩题，是国民对于拉面的食欲在日后得以提高的关键。如果人们不能吃肉，那么生活里也没有出现肉类汤底的可能。日本为了明治时代的新身份所付出的不懈努力，或许可以解释为什么即使打开国门之后，从荞麦面转型到拉面依然要花费数十年时间。实际上，日本社会用了70多年的漫长时间来丰富国民的饮食结构，转变人们对于传统范围外的消费商品的态度。经过了半个

1 今井佐惠子：《森欧外与福泽谕吉的饮食生活论》（《森鴎外と福澤諭吉の食生活論》），第18页。

多世纪，日本对于中国菜的看法才发生了转变。

然而讽刺的是，当日本把西餐当作学习榜样时，其关注点落在了在日常饮食中大量摄入肉类的西方两大强国上——德国与英国。如果日本的改革者们能把他们的目光投到任何一个与日本相似的没有达成现代化目标的国家身上，他们就能意识到，日本人的饮食其实与当时的国际标准相差得并不多。而近代早期的英国人，饮食水平却远超“平均值”。举例来说，1485年，亨利七世组建了英国皇家卫兵队。国王手下的常驻护卫军享受着丰厚的粮食补助，也正是因为如此，斯图亚特王朝时期的人们逐渐为这些人起了“吃牛肉者”的俗称。1813年，就在日本开始明治维新的几十年前，英国伦敦的圣詹姆斯宫（St. James’s Palace）设有30名护卫，他们的日常口粮包括有“24磅牛肉、18磅羊肉、16磅牛犊肉、37加仑啤酒”，每逢周日另有额外的若干个分量十足的李子布丁。换句话说，每个护卫平均每天要吃掉0.8磅牛肉、0.6磅羊肉和0.5磅牛犊肉，还要灌下1.2加仑啤酒。[1]他们吃到饱，可能还喝到醉，不知道日本人比照这种饮食是否会觉得他们的食物与众不同。

肉类没有彻底地脱离日本人的菜单，但受到了极大的限制，对于大部分人来说，肉食远离了生活。就像我们在本书第四章中讨论过的落语节目《2号警卫室的杂食》，德川幕府统治下的江户时代，日本人有时能吃肉并买卖肉食。商贩把兜售的肉类标成其他名字，因为一旦有人承认吃肉便违背了当时的法规。如果有人找到市场上

1 本·罗杰斯：《牛肉与自由：烤牛肉、英国佬和英国民族》，第17－18页。英国皇家卫兵不同于伦敦塔的守卫，人们更习惯于称呼他们为“吃牛肉者（Beefeater）”（17世纪英国仆人收入微薄，而皇家侍卫有条件吃牛肉，于是成了他们的俗称）。

的肉摊，会发现这些肉的名称叫得非常委婉，比如“山鲸”(即猪肉)，或冠以其他晦涩的称呼。成岛柳北是一位研究中国古典文学的日本学者、记者，在明治维新之前他走访了许多江户时期的“风月场所”，记录下了当时人们的饮食生活，生动描写了血腥味浓重的肉铺摊子，经过宰杀分切的畜肉被展示在饥渴的顾客眼前。[1]虽然明治时代早期还有许多不尽如人意之处，但养成食肉习惯让这些日本人坚信改变饮食习惯就能帮助日本建设成为更强大、更文明的国家。

在此环境下，一种用水炖熟的肉类菜肴在19世纪中叶突然流行了起来，那就是牛肉锅。当时的一位作家假名垣鲁文，动笔写下了明治时期的第一代“小说”，在他早期的畅销作品中描述过百姓吃肉的场景。假名是一位通俗小说作家，他的字里行间充满了江户时代晚期的独特风情。假名的首部热门作品嘲笑了明治时代早期出版的关于海外信息的学术书籍。他的作品大获成功，1873年明治政府委托假名编写一部地理教材。尽管他断断续续地坚持创作小说，但他最大的成就依旧属于那些衍生于传统文化的喜剧小品文。《安愚乐锅》是假名垣鲁文至今最脍炙人口的故事之一，虽然当时没有广为流传。[2]这篇短文描写了一家牛肉馆子，里面乱七八糟的样子影射了明治时代早期混沌的社会环境。所有人都无高低贵贱之分，男女不

1 贝一明（Emanuel Pastreich）：《江户和南京，烟花柳巷的隐喻》（*The Pleasure Quarters of Edo and Nanjing as Metaphor*），《日本记录》，第55卷，第2册，2000年夏，第209页。更多参考成岛柳北（由马修·弗雷利［Matthew Fraleigh］翻译）的《航西日乘及历过去的海外旅行见闻合集》（*New Chronicles of Yanagibashi and Diary of a Journey to the West：Narushima Ryūhoku Reports from Home and Abroad*）。

2 唐纳德·基恩在题为《吃牛肉者》（“The Beefeater”）的文章中，将这段漫长的历史故事翻译了一小部分。

再分席而坐，甚至武士也与农民同桌共餐，所有在德川幕府统治时期长期建立起来的严格社会秩序已被打破。不论士农工商、老少男女、贤愚贫富，所有客人坐在一起，反映出封建传统的阶级界限将不再必然阻隔新社会的进步。假名垣鲁文的书是讽刺吃肉行为的第一把利刃，把社会问题袒露在世人眼前。他滑稽地模仿日本社会疯狂吃肉的消费新趋势，这种行为正是福泽谕吉极力主张日本西化改革，坚信它有助于日本进步的饮食改革。早期来到日本横滨，在路边小摊吃饭的观光客总是抱怨荤菜的味道，于是一些商贩就在肉里加酱油去掉些肉腥气，多增添一点传统的日本味道。这样的菜肴可能就是拉面的前身。长谷川伸是日本流行小说家兼剧作家，他在回忆录中记述，他年轻时曾去过横滨，在那里吃到过加了肉块的美味面食。[1]

举国上下大兴吃肉之风，对宗教观念也产生了影响。学者开始认为日本本土宗教神道教有别于佛教，没有禁止信徒吃肉，因此更适合于现代国家。1873年，加藤博出版了一本书，名为《文明与启迪》，详细介绍了政府在许多事情上如何利用吃肉的分歧问题间离佛教，促进神道教。老一辈信徒尤其会觉得吃肉是对他们祖先的大不敬。1881年，山本钺子在她的自传《武士的女儿》中，描写过她家餐桌上第一次端上肉的场景。她的奶奶起身走向家里供奉的佛龛，合上了龛室的窗扉，不想让祖先的灵魂看到这餐桌上即将发生的悲惨一幕。[2]

1　冈田哲：《拉面的诞生》（《ラーメンの誕生》），第86－87页。

2　大塚力编：《食生活近代史》，第24页。

插图描绘了东京街头的牛肉馆子和面馆（荞麦面馆）风貌[1]

食物里的黩武主义

民俗学者柳田国男在其作品中，分析过19世纪日本生活方式和思维方式的激进变革。他指出人们所吃的餐食变得“更温暖、更柔软，味道更甜”。[2]这些变化如何使得消费者的喜好抬头，并带动拉面后来

1 平出铿二郎：《东京风俗志》，第 2 卷，第 157 页。

2 柳田国男：《明治大正史》，第 60 页。

的发展，这与日本大众对于本国传统料理受到外来食物影响的质疑态度有些关系。我们应该牢记的是，当时大多数普通百姓吃的粮食并不是我们今天所吃的精白大米，而是一些精磨度没那么高的普通大米，或许掺杂着小米、大麦等其他谷物。在现代西方社会和古代中国历史中，吃饭是种人生享受，其意义远胜于精确地为国家特点做出定义。但是，处于明治早期时代的日本可不一样。因为这个国家正在缓慢地迈进工业化发展和国际化贸易的道路，它既不富裕也不愿彻底改变。不管是街头巷尾的路边摊还是小吃店里，随处都能买到面条，各式各样的面条让各行各业的日本人都能饱餐一顿。而消费者对于面食的特殊喜好也已成型，就像中国人在19世纪末期横滨发挥的烹饪绝活一样，把面条放进用料丰富的肉汤里，这一做法见证了日本人为创造一道新颖菜肴，比如拉面，他们实际做出了何等巨大的改变，哪怕这与他们代代传承的食物喜好有天壤之别。

促使日本人适应外国菜的主要力量之一在于全国范围内下达征兵令，组建国家常备军。在军队里，众兵平等，因此伙食统一。这种做法使得地区差异变得更为突出，更重要的是许多年轻人因此接触到了农村生活以外的大千美食世界。明治政府不同于封建幕府统治，没有将大米作为流通货币与衡量财富的标准，更多的是把它放在均衡公共营养的位置上。政府提倡的膳食包括多种蛋白质、碳水化合物和蔬菜，不只是味噌酱，还有一部分米饭和腌菜。面貌一新的国家政府对国民普遍娇小瘦弱的身材感到焦虑，日本人与高大魁梧的西方人一比相形见绌，因此人们想出了一套新式的饮食理论来解决这个潜在问题。

受过教育的社会精英提出了这样那样的建议，同时因为军队领导没有为士兵提供西式食物而引发了激烈讨论，矛头直指军队伙食问题。一个军营主张日本的军人就应该吃日本的食物，也就是用堆满粮仓的大米煮出的白米饭。这个论点成功稳住了一些士兵。应召入伍的新兵大多来自农村（他们没钱支付可以免受兵役的罚款），他们对于满满一碗白米饭充满了向往。在德川时代，白米饭对于社会底层人民（社会里90%的人）来说是稀罕物，通常只有特殊的日子才能享受得到——比如具有特殊意义的假日或结婚喜事。日本从事食物研究的历史学家原田信男有句名言：与其说日本人渴望吃白米饭，不如说他们渴望一个吃白米饭的民族。军队里的一些现代化支持者尝试推广面包，但没有赢得普遍支持，所以大米仍旧占据主食地位，直到有可以取而代之的食物能讨得新兵的欢心。

新日本帝国的军队——不论海军还是陆军，都因为军营内脚气病暴发而死伤惨重。直到19世纪后期，人们才认清这种症状包括跛脚、肌肉萎缩的疾病，是由于体内缺乏维生素引起的。如果你是位无须多运动的懒散官员，那么这样的病症似乎还在身体的可忍受范围内。但对于军队来说，这种泛滥的疾病几乎是国难级别的灾害，患病士兵举步维艰。新帝国的军队在战役中捷报连连，但如何使士兵们保持身体健康，他们应该吃什么，如何确保部队补给的供应，都成了难题。海军亦是如此，他们背负着国家的众多期望。随着科学技术的进步，水稻产量增收，日本领导人开始相信国家终于有能力用足够多的精白大米喂饱自己的军队。明治时期的日本军队饮食陷入了一种致命的误区，日本人不知为何自欺欺人地相信：日本人天生就要吃大米。现在他们如己所愿地拥有了足够多的大米，要说服士兵和官员们崇尚综合营养或多元化饮食简直比登天还难。过多进食精白大米，排斥其他粮食的饮食习惯引发了诸多健康问题。1878年，根据日本海军记录显示，6366名海军中有1552人在执行任务的过程中受到脚气病的侵害。对于一个意欲调整国际关系又害怕西方列强殖民侵略，且尚处于动荡时期的国家来说，这无疑是个灾难性的事件。

到19世纪80年代，军队饮食问题引发了争论。脚气病是由于体内缺乏硫氨素（即维生素B_1）导致的全身性疾病。我们可以通过摄入水果、蔬菜和其他蛋白质，特别是肉类等多种食物，为身体补充营养。虽然中国菜早已登陆日本开放通商的港口城市，而且慢慢地受到越来越多人的喜爱，但它依旧保持着“舶来品”的身份，与早期军队饮食格格不入。1882年7月，朝鲜爆发壬午兵变，一批日本大臣在汉城（今首尔）被杀身亡，这一事件引发的问题迅速成为社会焦点。日本帝国海军迫切希望镇压这场武装起义，火速向朝鲜派出三艘战舰。但是，船上的300名海军之中已有180人被脚气病折磨得全身乏力。日本军人的双脚还没踩上朝鲜领土，就已经丧失了半数以上的战斗力。自此事之后，脚气病成了事关军机大事的一个重要话题，让人无法回避。人们逐渐意识到日本帝国军队不愿改善膳食营养已经成为阻碍国家进一步扩张的绊脚石。食物紧密关系到国家是否有能力保护自己，并对世界诸国形成强大的震慑力和威望，但当时极少有政府官员意识到这一点。在第二次世界大战时期，日本军队的饮食导致了更具灾难性的后果。

日本军队在如何解决明治时代军队饮食的问题上始终没有达成一致意见。1886年10月前往德国学习时，森欧外在部队医疗杂志上发表了一篇题为《关于日本士兵粮食补给之通论》的文章。[1]森欧外是明治时期社会知识分子精英中的一员，颇为多才多艺，在德国取得了博士学位[2]，身兼小说家、医生和日本帝国军队首席军医，他身上展现了明治时期新一代日本人的精神——远赴海外，到地球的另一端求学解惑，以自己的所学所闻来帮助日本实现现代化、扩张帝国的目标。

森欧外认为，西方人的身材之所以比日本人高大，是因为彼此的消化系统存在差异。他称赞了大米的营养价值，并相信日本人的这种饮食毫不逊色于西方饮食。1888年12月，他发表了《非日本食论将失其根据》[3]。他表示，日本人应该把大米作为他们饮食生活中的核心元素，但同时也不能少了肉类和蔬菜的搭配。与此相反，福泽谕吉提倡更为西方化的饮食。他看到日本人在体格上与西方人的可悲差距，并认为日本人应该建立一套更为完善的、以肉类和面包为基础的饮食。[4]森欧外担心日本是否有能力养活整个国家，而在福泽谕吉眼里，普通民众并不关心此事。森欧外通过计算得出一个结论，如果把肉类和面包大规模地引入日本人的日常饮食生活中，势必迫使国家过度依赖进口，而这会给国家安全带来严重威胁。[5]关于

1　森林太郎（号欧外）：《日本兵食论大意》，收录于《森欧外全集》，第28卷，第10－18页。

2　理查德·鲍林（Richard Bowring）：《森欧外与现代化的日本文化》（*Mori Ogai and the Modernization of Japanese Culture*），第11－13页。

3　森林太：《非日本食论将失其根据》，最初发表于1888年，收录于《森欧外全集》，第28卷，第78－88页；《非日本食论将失其根据续论》，最初发表于1889年，收录于《森欧外全集》，第28卷，第90－100页。

4　今井佐惠子：《森欧外与福泽谕吉的饮食生活论》，第20页。

5　同上。

吃米饭还是不吃米饭的争论，比起讲科学，论者更多的是考虑国家的政治身份和国民饮食问题。两派观点的激烈冲突使得日本近代初期两位文坛巨匠各执一词，因为科学和文化之间的冲突，最终解决方案需耗费数年才得以落实。事实上，肉食等丰富多样的食材原料逐渐走进日本料理的世界，稳定的社会环境孕育了不同类型的饮食需求，引领拉面走上发展道路。

当帝国陆军固执己见地坚守着以米饭为主的饮食传统时，帝国海军已开始改变。日本海军军医总监高木兼宽断言，脚气病是水兵膳食营养不足的一种表现。不久之后，一些观念更为传统的日本领导人接受了这种可能性的解释。而其他许多人，甚至名誉显赫的医生，包括大名鼎鼎的森欧外在内，并不赞同这种解释。然而，高木医生也绝非泛泛之辈，他有着非凡过人的经历和锻炼。1875年，年仅26岁的高木就读于伦敦著名学府圣托马斯医学院，在那里学习了5年。高木是学校里的尖子生，因成绩优异而获得了诸多殊荣，并成为爱尔兰皇家外科学院院士。才过而立之年的高木，在31岁时回到日本，面对全国流行的脚气病难题。日本军队里的士兵人数正以惊人的速度锐减。这种疾病席卷了整个武装部队，当局领导人相信帝国海军正处于危机重重的非常时期。没有人知道这种病是来自船上的环境、气候，还是一系列综合因素所导致。

高木医生搜集了所有病患的死亡记录，检查脚气病是否在不同级别的水手之间交叉传染。然后他将英国和日本水兵的数据进行比较，吃惊地发现脚气病仅发生在东亚，英国水兵并无这类病亡案例。这个发现非常重要。高木得出诊断结果，称脚气病的病发也许是因为缺乏蛋白质，预防病症的办法就是建议士兵们保证营养均衡，多吃面包、肉类和蔬菜。[1]在这一点上，他对病因的解释是错误的，却歪打正着，幸运地发现了症结所在。日本军航“龙骧号”前往新西兰和南美洲进行训练演习，遭遇了一些严重问题，于1883年9月提前启程回港。在9个多月的军事演习中，船上共计船员376人，其中169人患上了脚气病，25人因病去世，大量病患使得舰船无法继续航行。“龙骧号”停靠夏威夷的火奴鲁鲁岛，舍弃了船上的所有食物，把肉类和蔬菜装进了船舱。大部分得病的士兵随后恢复了健康，母舰安全返航。[2]

这个真实故事虽然没有立即说服批评者们，却使高木坚信自己的理论正确无误。高木与他的海军上司开会讨论此事但毫无见效，于是他直接觐见明治天皇和在英国有过短期留学经验的政治元老伊藤博文。高木又一次受到了幸运之神的眷顾。当时，另一艘海军军舰“筑波号”巡洋舰即将开展演习，经过伊藤的斡旋和天皇的批准，这艘战舰上的伙食安排交由高木负责并执行，旨在根除脚气病恶疾。“筑波号”于1884年2月3日从品川港码头起航，进行长达半年的远洋航行。[3]那一年的海航报告称，该船只出现了十几例脚气病病例，无人因病身亡。在这极少数的患病船员之中，有些是因为抗拒配餐里的炼乳，还有人拒绝吃肉，因为他们说自己厌恶肉类。高木对于脚气病病因的理论解释已经完全得到了证实，但传统观念的强大干扰和对于军队合理“日本饮食”的高度关注仍然存在。尽管日本海军很快采纳了这份伙食菜单，但并没有受到大家的一致欢迎。

---

1 松田诚：《高木兼宽传》（《高木兼寛伝》），第65－68页。

2 同上，第68－69页。

3 同上，第73－74页。

对于大多数农民来说，兵役生活是他们生平第一次规律性地吃肉，有些人在此之前从未碰过肉。米饭搭配荤菜，用一种黄色的“咖喱”酱汁调味，似乎没能激发起船员们的食欲。一位农民回忆起他从军生涯的头几天，完全不知道部队给他吃的是什么。“在我眼里，这碗米饭就像是被一大堆令人作呕的大便包围住了一样。”他清晰地回忆道。[1]实际上，许多日本人宁愿待在老家的村子里，远离军队。年轻人们绞尽脑汁，在明治和大正时期开展的兵役体检中想尽办法作弊，逃脱入伍的命运。他们的做法出人意料，甚至常常有些极端。军事报告记录如下：

> 有人往眼睛里滴入刺激性药物，使眼睛肿胀充血；有人在体检前一天彻夜不眠，以便报告说自己感染了一些眼部疾病；有人会把豆子或其他异物堵住耳朵；有人会把羽毛或其他类似的东西塞进耳道，人为造成听力障碍，假装自己身有残疾；有人会吃一些刺激性极强的食物，然后声称自己患有耳鸣，无法服兵役；有人拔掉自己的牙齿；有人会喝下大量的酱油或其他食物，以造成自己心率过快的假象，或身患其他心脏疾病的假象；有人两三天不吃不喝，把自己饿到虚弱无力；有人截断自己的一根手指，或是在肛门上涂油漆，说自己患有严重的痔疮。[2]

1 吉田裕：《日本的军队——战士们的近代史》(《日本の軍隊——兵士たちの近代史》)，第 38 页。

2 同上。

人们普遍担心海军所遭受的饮食构造变化会引起肠胃不适，日本帝国陆军不如海军部队的兄弟们这么与时俱进，但至少能保证免受其苦。森欧外承认高木的饮食方式减弱了脚气病的暴发势头，但并不接受饮食能彻底消除病灶的观点。正如其他日本优秀的科学家们所认为的那样，他始终相信脚气病源于某种病毒或细菌感染。陆军军队尊重森欧外的观点，坚持以大米为核心的伙食一直持续到20世纪，但部队也会给病员的病号饭里增加肉类。

文明开化运动的源头——文化与启蒙运动

在19世纪下半叶，日本人却穷得吃不起肉了。日本帝国陆军和海军意识到军人的饮食中需要肉类和蛋白质，足够的膳食营养能使他们的身体更强壮。但是日本试图以疲软的经济状态来推动社会现代化发展，因此给国家财政带来了沉重的负担。这一时期的日本，国家财政并不殷实。在20世纪的头十几年里，肉类食品仅占国民食品消费总量的一小部分，人们的日常饮食仍然以蔬菜和大量的海鲜食品为主。随着日本帝国逐渐建设强大，新产品在国内需求和外部影响的双重作用下出现在市场，但此时日本食品的口味却演变得极其缓慢。即使大规模征兵使得军事力量大幅增长，日本料理的观念也没有发生变化。从明治中期颁布的财政报告可以发现，在日本的鸟取县，大部分农民一整年都没有吃上饭，更别说肉了。[1]

明治维新对于日本社会与政治变革的支持，可能在一定程度上

1　渡边实：《日本饮食生活史》，第303页。

受到了国内饥荒、历史抑或文学的阻挠。令人满足且风味十足的食物正处于严重短缺的状态。日本明治时期的政治家、担任过第8任和第17任内阁总理大臣的大隈重信，回忆起明治维新之前的生活感慨万分——当时他正值16岁的青春年华，在学校读书时饱受饥饿之苦。当时学校规定每天提供每人700克大米和一些配菜，可是学校配餐的份量远不能满足正处于成长期的少年的大胃口。食堂的伙夫用盐渍的蔬菜做早饭，用黑豆、海带、豆腐和蒟蒻做午饭。蒟蒻是一种植物，地下块茎坚硬，通常被加工成凝胶质地的面糊，切成形后便可食用。[1]晚餐的主食又变回了米饭，蒸鱼是比较常见的配菜。无奈这些配菜太过寒酸，在校规制约的合理范围内，学生们为改善膳食质量向食堂工作者发起暴动，打响他们所说的“伙食闪电战”。数百名学生冲进食堂，吃着他们心爱的米饭，把盛饭的容器砸得粉碎。然后他们把自己的筷子架在饭碗上，扬长而去。在大限的回忆里，曾有学生一次连添了28碗饭。[2]整个明治时代，甚至在20世纪很长的一段时期里，一位作者清楚记得在他当时就读的学校里，高年级的学生集体抱怨校餐质量低劣，并谋划了一起食堂暴动。“我们就像风卷残云，”他回忆道，“没有留下一粒米饭、一片酱菜。你能听到人们掀翻桌子，在地板上激烈跑动的刺耳声响。”然后他们把餐具统统扔出窗外，砸个稀巴烂。“当时我们高唱胜利之歌。”[3]但不巧的是，当时这首歌的歌词没有人记录下来。“伙食

---

1 蒟蒻又被称为“魔芋”，除此之外它还有许多别名，如“魔鬼的舌头”“巫毒百合”“蛇信子”“蛇头根草”等。

2 儿玉定子：《日本的饮食方式：重新认识传统》（《日本の食事様式：その伝統を見直す》），第24页。

3 小林和夫：《回忆录》（《回顧録》），第41页。

闪电战”主要发生在大正时期，也就是20世纪20年代。[1]这场声势浩大的维新运动扔掉了落伍的东西，所有传统习俗也几乎无一幸免。由于德川幕府统治的社会阶层分明，下层武士完全不了解上层阶级如何生活，因此生活在社会不同阶层的两大人群无论在身体还是精神上都处于疏离状态。明治维新的领头人虽然获得了较高的社会地位，却口袋空空，因此依然保留着比较淳朴的饮食习惯。他们认为提高日本饮食文化威望是多此一举，因为在他们的观念里，在明治时代开始之前这些都不是生活的重要组成部分。与他们不重视饮食的态度恰恰相反，明治维新力求彻底清除传统习俗的改革措施，把社会带入了激进的变革道路，包括肉食更为丰富的饮食改变，以及逐渐增长的国家人口为外来饮食提供了更多的发展空间。拉面也随之发展。在明治时代，人们对于食物和餐饮业的态度有了明显转变，正如人们在对外开放的通商口岸所注意到的那样，肉食与面食行业发展欣欣向荣，在江户时代已经取得了很高的社会认可和普及水平。发展的舞台已经准备就绪——自从进入江户时代，人们对于面食的喜好已经形成，吃肉这一饮食习惯已经被越来越多的人所接受，维新与关注现代化发展的观念如愿推动了城市和旅游业的进一步发展。外国人，比如中国和西方商贩，陆续来到日本，把越来越多的新兴饮食口味也一起带了过来，受到了日本人的接纳并被当作“现代文明的”产物。

1　出口竞：《全国高等学校评价记录》（《全国高等学校評判記》），第47–48页。

长崎与招牌什锦面

从明治时代早期开始，一些新品种的汤面不约而同地出现在日本好几个地区，有一部分原因在于渴望了解日本如何实现现代化的中国留学生大量涌入日本。这个国家正在世界舞台的光环下展现一国之威，但赴日的中国移民和初来乍到的外国商人却纷纷被这里如此贫瘠的饮食文化惊吓到了。长崎，这座位于西部的港口城市，在德川幕府时代是日本从中国及荷兰引入信息技术的重要门户，同样也是什锦面的发源地。这道原创面食最初出自一位中国移民之手。1887年，来自中国福建省的陈平顺来到长崎开了一家中餐馆，取名为"四海楼"，店里供应各色菜肴，按照日本人的说法就是提供了"体力补给"。他的菜售价比其他面向新晋富裕阶层或崭露头角的政客群体的餐厅要便宜许多。陈大厨无意间发现了面食的市场消费潜力，这一发现为日后拉面的演变打下了基础。身处明治时代的日本人需要丰盛又营养的菜肴，即便是下馆子，客人的消费也不高。带着敏锐的商业眼光服务大众消费群体，陈大厨发明了一道菜，便是后来为人们所熟知的招牌什锦面。简单来说就是一道用剩余食材混搭而成的面食，他把当天厨房里剩下的所有食材，一般是肉类，与面条和汤头加在一起。[1]什锦面不仅满足了日本工人阶层想要填饱肚子的愿望，更是受到社会各界人士的广泛喜爱。1907年，长崎当地的历史评论曾这么写道：中国留学生经常去吃什锦面，有爱好者甚

1 冈田哲：《拉面的诞生》，第88页。

至为它谱曲写歌。[1]如今陈大厨的“四海楼”已经在临近长崎港口的黄金地段扩建成了五层楼高的气派餐厅，足以证明其经久不衰的流行热度，二楼设立的博物馆向来客们介绍着这位什锦面创始人的生平事迹。

什锦面的诞生只是新旧世纪交替时期发生的众多类似事件之一，赴日的中国移民活用自己的烹饪技术，为推动日本食品市场发展创造出了一种全新的食物。长崎名菜招牌什锦面的普及，以及来自其他城市、同样丰盛的其他种类面食，在身居海外的中国留学生（与越来越多进城务工的日本劳动者一样）眼中，慢慢地进化成为面条与肉食的美味组合。中国人的烹饪方式迎合了日本人的口味，应运而生的新事物也满足了明治时代新青年的需求。长崎是一条便利的通道，让中国美食与风味传入日本，但华人群体本身才是拉面得以进一步传播的关键所在。

就在日本西部地区长崎什锦面大红大紫的前几年，位于日本北部的北海道港口城市里已经出现了类似的面食新发明，名字叫作“南京荞麦面”。1884年，这道菜最初诞生于函馆市著名的“西洋餐厅 ”养和轩（意为“补气益中的房子”）。时至今日已无法弄清这道菜由哪些食材组成。有可能混合了日本的荞麦面，加入了一些“中国”风味，因为菜名里含有一座中国城市的名字——是否因此暗示着它的风味和口感与食客们所吃的普通荞麦面有所不同？[2]进入19世纪末期，随着消费群体的兴趣高涨，人们对于面食的热情逐渐攀升。

1　冈田哲：《拉面的诞生》，第90页。

2　宫地正人等编：《大视角 · 明治时代馆》（《ビジュアル · ワイド 明治時代館》），第92页。

"养和轩"饭馆示意图，据称这家店在1884年首次将"南京荞麦面"端上餐桌[1]

然而有意思的是，名声大噪的"南京风味"却在任何一家中式餐厅或中国厨师掌勺的餐馆里难觅踪迹，唯独在专供西餐的店里才能吃到。明治时期，各种各样的餐饮店都在出售这类混合菜式，这些菜肴被冠以五花八门的名字，令人不禁疑惑是否还有欧美或东方美食的界限可分。当时人们完全有可能滥用"西餐"一词来指代不为人知的新兴菜品，即使它是地地道道的中国菜，也因此取以别名。

1　垣贯一右卫门、小岛虎次郎：《函馆商业工会的先驱——北海道的独家介绍》（《商工函館の魁 / 北海道独案内》）分页。

第六章

外交手段与渴望举世瞩目

福泽谕吉与其他明治时代的政治家心里明白，日本展现出开明的姿态，政府已经以隆重的排场对西方国家施行外交礼仪，尤其对维多利亚时代的英国。英国可以说是当时最富有的国家，令各国望尘莫及。[1]这样的排场和仪式是有必要的，福泽把握住了这个问题的本质："如果你衣衫褴褛地站在陌生人的门前，想要一些钱，那么全世界的人都会把你叫作讨饭的乞丐。但如果你身穿绸缎华服，走进一所富丽堂皇的屋子，同样的目的，人们却尊称你为借钱的绅士。"他指出："乞丐和绅士的区别不过是发型凌乱与否。"[2]如何避免成为国际宴会餐桌上的乞丐，对于19世纪的日本统治者来说就

---

1 藤谷隆教授在著作《天皇制度——现代日本的权力和象征》（*Splendid Monarchy*：*Power and Pageantry in Modern Japan*）中详细地介绍了日本天皇由专制天皇制转变为象征天皇制的渐变过程。

2 渡边斩：《名流百话》，第92页。

显得尤为重要。在明治维新之后，政府印发了一本关于如何主持宴会并正确遵守皇室礼仪等内容宽泛的内部指南。指导内容涉及制订菜单、服务生和宾客站立的位置，以及谁应该穿大衣、戴礼帽，座位安排要遵循什么原则等等，涵盖了成功举办一场国际宴会所要注意的众多细节。第一个要解决的问题就是找到合适的场所。首选地点是延辽馆，其前身是德川家族的庭院，近代早期改建成明治政府接待外国政要宾客的迎宾馆。后来，明治政府斥巨资建造了更大更气派的鹿鸣馆，取代旧时代的延辽馆，成为日本西方化外交娱乐的新场所。

在这些国际化的聚会场合中，各式各样的菜肴和助兴的伴奏演出，对于大多数用餐者和宾客来说都显得有些混乱。这种餐单必须包括三大部分的解释：首行写出每道菜的基本原料；下一行用日语片假名为这些外语单词注音，告诉人们这些菜名该如何发音；最后一行用半文言详细描述用餐者吃的是什么食物。在明治时代早期，这样的聚会是一种相当棘手的商业活动，语言相当烦琐。

不仅是前所未闻的新菜名让日本厨师和菜单作者摸不着头脑，就连餐桌上的餐具也成了众人关注的焦点。在整个明治时期，该用什么样的刀叉，尤其是给外国贵宾提供什么餐具，越来越多的外国人对此产生兴趣，特别是官方层面上。

1879年，美国前总统尤利西斯·S. 格兰特访问日本。当时日本霍乱疫情肆虐，国内陷入一片恐慌，当局突然意识到了国家卫生水平比较低下的严峻现实。日本内务省决定了招待格兰特的规格，认为只有隆重至极的西式餐具才能令人满意。于是内务省拨出了所有预算，并下令专门为宴会定制了全套的“纯银质地，刻有日本皇室

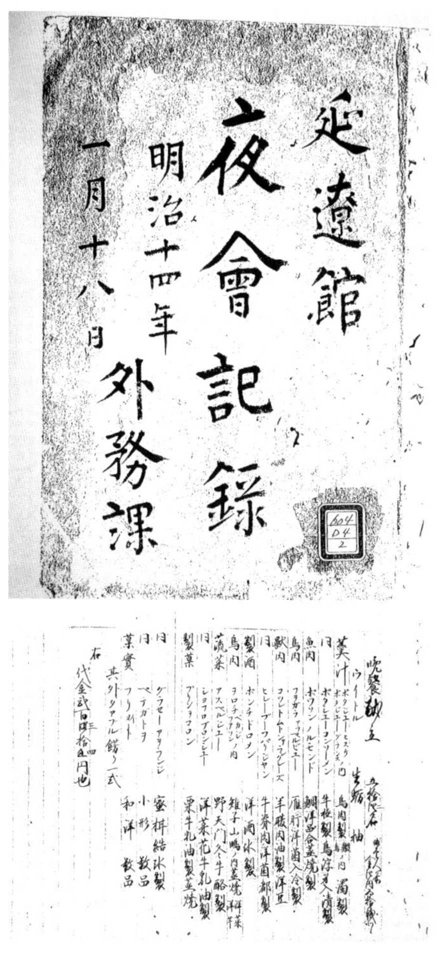

第一幅图是晚宴活动指南的封面。第二幅图是其中一部分菜单，我们可以看到外国菜名都用日语假名标注出了读音，下面附带一行日文解释。菜单的阅读顺序是从右到左，从上到下。汤，指的是法语里的浓汤（potage），日语则翻译成“羹汁”一词，借用汉语里的“羹”字来表达质地浓稠的汤汁。法语单词“poisson”的意思是鱼，日语解释为“鱼肉”，而美味的鹅肝则被简单地称作“鸡肉”[1]

1 《延辽馆夜会记录》，604，D4.2，东京都公文书馆。

描绘延辽馆生活的一幅画作，记录下了1879年美国前总统尤利西斯 · S. 格兰特访日时的情景。格兰特是第一批访问日本的西方贵宾之一，他提高了新日本帝国的外交和用餐礼仪规格。这次外交访问受到多方高度重视，明治政府安排前总统及其随行人员下榻于延辽馆。当时日语对英语的翻译尚处于起步阶段，所以延辽馆采用的是罗马音书写——Enriokwan[1]

1 杨约翰（又译为约翰 · 拉塞尔 · 杨恩 [John Russell Young]）：《与格兰特将军周游各地——美国前总统外交访问记录，足迹遍布欧洲、亚洲及非洲，1877－1879》（*Around the World with General Grant*：*A Narrative of the Visit of General U.S. Grant, Ex-President of the United States, to Various Countries in Europe, Asia and Africa, in 1877－1879*），补充有格兰特就美国政治与历史问题的回答，第2卷，第550页。

家徽‘十六瓣八重表菊纹’”的餐具。[1]1879年7月8日，在为格兰特举行的庆祝晚宴上，日本著名实业家涩泽荣一的女儿涩泽歌子坐在格兰特身边。她吃惊地看到这位美国内战的获胜将军的举止与日本人想象中的西方礼仪大相径庭，一切都吵闹且冗长。她同样困惑于眼前一种快要从自己送进嘴里的汤勺中融化滴落的黄油一般的东西。“当时我满脑子在想：‘这都是些什么奇怪的食物？’”她回忆道。当时她吃的是冰激凌。[2]

天皇的晚宴

以19世纪最后30年为起步，日本的帝国主义羽翼逐渐丰满，宴会和国民饮食的观念大为改变，推动了日本拉面的进一步发展。台湾是中国东南沿海的一座岛屿，日本从1874年开始发动军事入侵，并于1895年甲午战争之后与中国清朝政府签署《马关条约》。作为不平等条约赔款的一部分，中国正式把台湾全岛及附属岛屿割让给日本。朝鲜，从19世纪80年代初期开始被日本侵略统治和政治阴谋的乌云笼罩，于1910年沦为日本殖民地。作为殖民统治力量其中一员的日本，其地位也体现在饮食中，西方和东方的影响在此兼收并蓄，不论哪种饮食文化都令人印象深刻。日本军人征服了异国他乡的土地，家庭主妇则慢慢地把新口味融入家庭烹饪里，饮食文化

1 理查德·T. 常（Richard T. Chang）：《美国前总统格兰特1879年访问日本》（“General Grant’s 1879 Visit to Japan”），《日本记录》，第24卷，第4册，1969，第376页。

2 同上，第387页。

走上了殖民化发展的道路。[1]到了20世纪20年代，人们可以在日本占领区吃到日本菜。拉面进一步发展变化，成为一种混合文化的集大成者，进入日本社会。

经过德川时期面条产业和餐厅行业的飞速发展之后，身处明治时代的日本人吃的是新时代的面食，面上盖有肉，并经常用口味较重的酱油来调味。国民饮食和日本家庭的烹饪水平正在进一步努力适应新时代转变，也对修缮厨房和居家条件提出了新要求。

德川时期，坊间已流传着烹饪食谱，但人们只有一种家庭主食。到了明治时期，家庭新观念深入人心，烹饪食谱便是家庭主妇手中紧握的重要“武器”。这些食谱集在短时间内猛增，适用于越来越多的掌勺主妇，这表现了日本女性的识字率如社会期望一样正在上升。同一时期的非洲、欧洲和印度也能看到类似的变化，当国民饮食的新观念得以普及之后，从女性的阵地里，从普通家庭的厨房里释放出了一些改变饮食生活习惯的信息。现代化的饮食使日本在国际社会看来既繁荣又昌盛，同时为家中有一位厨艺了得的贤妻良母的男人们带来了个人荣誉感。

将外国菜转变为新式日本菜的一个重要方面在于，国民菜名使用了大量的新词。半个世纪以来，人们并没有把明治时期的饮食词汇梳理出来。为国民饮食取名的词语选择过程反映了同步进行的民族运动，日本创立了全国统一标准语言——国语。诚如历史学家李妍淑在有关日本明治早期发生的这一语言现象的分析中阐述的，日

1　19世纪中叶的英国本土，前殖民地官员及其家属把印度食物带回了家乡，使其成为英国文化的一部分。战争可能强行改变人们的三餐内容，但下厨做饭的总是妈妈。

本贵族和领导者长久以来苦心研究，如何以一种能够普及全日本的现代方式书写日语。他们应该放弃中文汉字，选择使用英文字母吗？这会带来什么后果，并对日本语言的特性造成什么影响？[1]对于“新标准”日语的教育和教材编撰波及整个学术界、政府机关，渗透日常生活的方方面面。不仅社会及历史的本质饱受质疑，甚至从外国大量涌入的新食物也令人感到费解，民众不明白自己吃的食物该叫什么名字。

美食与国籍之间有着强大的羁绊——从地理学角度而言便是“一方食物养一方人”。如出于对地方产品的保护，法国提出了“风土”的概念，指“农作物的根茎果实皆可反映出该产地特有的国家特色和区域特点”。[2]然而，正如前几章内容中所提到的，这些“传统”并不像他们所说的那样历史悠久，并且很少是自然孕育或世代沿袭。著名的中国饮食评论家及作家扶霞·邓禄普女士，在探讨中国烹饪历史的文章中指出，“饮食群体”一般与“地理学观点甚至饮食界限”关联甚少。她认为这些观点具有象征性：“选择性地剥离出历史渊源

1　李妍淑：《所谓“国语”思想》（《“国語”という思想》），第 29 页。

2　蒂莫西·J. 托马西克（Timothy J. Tomasik）：《塞托点菜——日常生活实践之翻译抽象的风土：生活与烹饪》（“Certeau a la Carte：Translating Discursive Terroir in the Practice of Everyday Life：Living and Cooking”），《南大西洋季刊》，2001 年春，第 524 页。另参考阿尔君·阿帕杜莱（Arjun Appadurai）的《如何做出一道国民美食——当代印度的食谱书》（“How to Make a National Cuisine：Cookbooks in Contemporary India”），《社会与历史的比较研究》，第 30 卷，第 1 册，1988，第 3－24 页；雷蒙德·格鲁（Raymond Grew）等著的《全球史中的食物》（*Food in Global History*）；西德尼·W. 明茨的《品尝食物、品尝自由——饱尝美食、文化与历史》；马西莫·蒙塔纳里（Massimo Montanari）辩论称近代早期饮食确实是地域保护，各自有别，见《食物即文化》（*Food is Culture*），第 75－79 页。

和当前的饮食习惯来创建出群体概念。”[1]新创造出的语言为国民饮食提供了一个更为有利的观点，不论是日本食物还是中国食物，饮食不再只是单纯的吃东西，它被赋予了民族品牌的身份。

我们相信，19世纪这段时期的日本饮食相对处于一种静止的状态，在一个单独拥有地理实体的国家中自然产生，没有与外界相互影响。这种想法催生了一种民族饮食的神话，犹如国内一部分国民普遍认同的信仰。有人推测，在全国公众媒体诞生之前，这种对于民族饮食的想法是团结整个民族的原始聚合物。[2]从明治时代到现在，日本的民族饮食依然没有一个公认的术语。“日本食”“和食”，抑或“日本料理”似乎都可以相互指代。对此可能尚无定论，但“和食”一词最为常用，用以证明传统、口味清淡的日本饮食，与日本人所称的“洋食”“西方食物”等非亚洲起源的所有美食对立。[3]

一旦中国食物成为一个专有名词，成为他们餐单上的一部分，那么如何描述便成了一个难题——该称其为中华料理，还是“支那”料理？[4]这些名词承载着历史意义，因为它们创造出了一种地理空

1 扶霞·邓禄普：《美食中国——烹饪特点与中国现代化》（*Gastronomically Chinese：Culinary Identities and Chinese Modernity*），伦敦大学亚非学院（中国）研修生院，1997年9月，第7页。

2 在《想象群体——反思民族起源与传播》（*Imagined Communities：Reflections on the origin and Spread of Nationalism*）中，本尼迪克特·安德森（Benedict Anderson）假设正是因为有了民族语言和媒体的协助，人们创造并形成了一种共同的“民族”感受，作为同民族群体崛起的一种基础。

3 原田信男：《和食与日本文化论》，第10页。

4 埃里克·瑞思在他的文章中质疑，这些词语是否完全属于现代语言构成，见其著作《解闷的宴会——理解日本近代早期的（武士）美食》（*Banquets Against Boredom：Towards Understanding [Samurai] Cuisine in Early Modern Japan*），《日本近代早期》，第16卷，2008年，第10页。

间，日本为这一区域的菜肴贴上了中国的标签。“中华料理”，即“中餐”，对现代中国来说，这个词避免涉及“中央王国”的称谓，政治色彩更为中立。“支那”料理（表达的意思相同，但对中国充满了政治意味）一词在20世纪初期也开始常见起来。尽管政治意味不尽相同，两个词仍然经常被混淆使用。[1]在现代汉语中，“中餐”和“中国菜”这两个常用词都表示中国食物，但把中国理解为“中央王国”时保留的一些政治色彩在此也可见一斑。[2]所有这些词在被翻译成英语时都丧失了它们在语感上的微妙差别，只留下不带任何历史或政治包袱的单纯词语表述——“日本食物”和“中国食物”，毫无殖民主义或民族主义的过激色彩。[3]采用什么词语去描述国家饮食的新概念，这一课题与人类的语言、国籍和饮食紧密联系，并在东亚地区越发深刻起来。

不论你管它叫什么，在日本，烹饪仍然普遍属于一种家庭内部的学习和消费，适合与亲朋好友们一同分享。人们私底下也同样会教妇女们一些文明礼仪，在提升妇女社会地位的种种努力之中，创

---

1 这些称谓在日语中用汉字分别写为“中華料理”和“支那料理”。历史学家乔舒亚·福格尔（Joshua Fogel）认为，日本没有把“支那”作为一个贬义词来为中国贴上标签。然而读者对此的质疑声同样不绝于耳，我倾向于相信显而易见的事实，至少在战争时期的宣传小册或其他媒体嘲笑中国时，他们所说的“支那”带有更多蔑视的意味。

2 弗雷德里戈·玛契尼（Frederico Masini）：《现代汉语词汇的形成与其国家语言的演变：1840至1898年间》（*The Formation of Modern Chinese Lexicon and Its Evolution Toward a National Language*：*The Period from 1840 to 1898*）。

3 莉迪亚·刘（Lydia Liu）探讨了翻译、权利和殖民主义，见《跨语际实践—文化、民族文化与现代翻译，中国，1900－1937》（*Translingual Practice*：*Literature, National Culture and Translated Modernity-China, 1900－1937*），以及她编辑的《交换的符号—全球传播红的翻译问题》。

造出了一个新类别——“贤妻良母”。在明治时代，国家试图给予广大妇女一个更为核心的家庭地位，让她们在主业里掌握家庭经济大权。人们希望妇女们提高健康水平、智力水平，孕育出更优秀的后代，使日本更强盛、更伟大。她们肩负着非同一般的责任。社会对于营养与保健等新兴科学的关注达到了前所未有的高度。如果你的“肉刺”(为描述西餐所用的叉子而创造出的新词)“掉到地上并弄脏了，把它捡起来，用你的纸巾擦干净”，这是一代明治人对于文明用餐的礼数。[1]与此同时，由于铁路建设的兴起，日本人开始更多地出门旅行，他们不再只吃家里做的饭。不久，列车便当问世。

第一条销售列车便盒的是往返于东京和宇都宫之间的运营线路，始于1885年7月，车上提供的是用竹叶包裹着的黑芝麻梅子饭团。

日本开始用国家美食来为自己的殖民历史烙下印记。当日本占领中国台湾和朝鲜时，商人们迅速地把料亭从日本扩张到了那里。料亭是日本的高级餐馆，当夜幕降临，政要和其他政治人物便聚集在此吃饭喝酒，主要目的是远离公开场合讨论政治。社会精英阶层把这类场所一手打造成了新帝国政治和资本文化的一大产业支柱。1887年，在日本正式吞并朝鲜之前，一个性质类似料亭的沙龙，名为慰问寮，在汉城开门迎客。1910年，为日本人提供服务的餐饮店在韩国如雨后春笋般蓬勃发展。[2]

来到中国旅行、描写中国的日本人却对中国饮食表现出了迥然

1 昭和女子大学食物研究室：《近代日本食物史》，第85页。

2 原田信男：《和食与日本文化论》，第196页。

不同的态度。[1]在承认中国菜美味可口的同时，日本作家往往想方设法论证中国文化正走向穷途末路，而日本应该填补这一空位，成为东亚地区的强大领袖。日本著名作家安东不二雄，19世纪末期曾到访中国大陆，他将旅游经历写成了一本书。他承认，尽管中国在文化上已有缺陷，一个墨守成规的帝国不再是东亚的中心，但在饮食文化上中国远胜于日本。安东认为，广东菜最适合日本人的口味。[2]比起中国其他许多菜系，他最欣赏广东风味。

到了19世纪末期，国家饮食已变得十分重要，因为它不仅成了日本的一张名片，成了重要的外交手段，更是日本区别于中国以及其他亚洲国家的一种手段。19世纪末期，伴随着国家人口增长，新一代受过文化教育的城市人接受的历史考试主要有以下内容：

> 在我国，从诸神时代开始，我们已经种植水稻，大多数人的饮食都以米饭为主。这种米饭一般是玄米，用大米或糯米蒸熟了做成“强饭”（日语为こわめし），只有在节日庆典场合人们才会吃白米饭。从仁德天皇执政起，大部分人吃米饭，经常吃鱼肉、家禽肉或其他动物肉。但在佛教传入日本之后，禁止杀生，餐桌上的肉越来越少，人们开始一天只吃两顿饭。[3]

1 我详细描述过日本知识分子、大众和中国文化的这种既爱又恨的关系，更多内容可参阅拙作《大正时期饮食方式之宫廷御食》。在日本文学领域中，作家川本三郎在著作《大正元年》中将这种心理描写得更为生动。

2 安东不二雄：《支那漫游实记》，第33页。

3 松本健道编：《日本历史考试问题答案》，第18页。

健康、卫生与食物

日本帝国现代化和城市化的发展改变了日本在东亚地区的生存方式，但是新的经济形势加剧了诸多问题，例如农业和农村生活方式导致的隐性失业、家庭结构的萎缩和传统农村生活的解体。明治时代末期的社会评论家兼记者横山源之助，在他1899年出版的著作《日本之下层社会》中剖析了生活在日本社会底层的贫困阶层。横山在书中详尽真实地描写出了这些家庭赖以生存的物质基础极其匮乏的境况。他在一个实例中写道："在一个面积只有六块榻榻米大小的简陋房间里，蜗居着一对夫妇和他们的孩子，他们每天都忍受着五六人拥挤在一起的生活。"[1]

令人窒息的局促房屋和穷得叮当响的钱袋，在城市里到处可见。农村人吃着奇奇怪怪的食物，身上散发着恶臭，所到之处令外国游客避之不及。这令正在维持日本国际化强国姿态的日本政府大为担心。

巴兹尔·霍尔·张伯伦（Basil Hall Chamberlain）是日本早期的外籍居住者、日本东京帝国大学日语语言学教授，他在1891年出版的《赴日旅游手册》中建议赴日游客随身携带苯酚（石碳酸），因为日本旅馆有着难闻的气味。张伯伦和著名的世界旅行家伊莎贝拉·博德（Isabella Bird）不约而同地提醒游客注意这个要命的缺点和床上的虱子。

爱德华·莫尔斯是明治时代早期受聘到日本执教的美国教育家，

1 丸冈秀子、山口美代子编：《日本妇女问题资料合集》第7卷，《生活篇》，（1899年再版），第127－133页。

不同寻常的味觉体验沉淀在他的记忆里。在关于那些年的旅行回忆录里，莫尔斯写道："在日本某地，有人把经过烹煮或烤制的蚱蜢当作食物出售。我吃过一个，发现味道还不错，口感就像虾干。"[1]他也仔细地记录下了自己离开东京到周边旅行时观察到的其他地方的饮食习惯，那些地方的改革比较缓慢，在日本北部城市函馆，当地食物并不如首都圈城市里的那么合他口味。莫尔斯写到他在北方吃的海洋蠕虫类似蚯蚓，而且是生吃，"味道就像是退潮时海藻的海腥味"。对于这些坚持不懈的大胆冒险，这个自恃文明与现代化的人笔下透出一丝轻蔑："总的来说，我维持着生命，身体机能如故，但由衷渴望一杯咖啡和一片夹着黄油的面包。"[2]

在19世纪到来之际，日本并不是我们现代读者脑海中想象的那样干净又卫生。[3]从明治早期到中期这段时间里，日本城市里社会底层人口越来越多，数量非常庞大，他们吃廉价的食物，提供这种食物的店铺被称为"剩饭屋（残飯屋）"，店家专门收集残羹剩饭，然后以便宜的价格卖给更为穷苦的老百姓。[4]有时候，这样的饭菜甚至没有煮熟，或者就是名副其实的泔水，店家把别人吃剩下的东西搅拌一下就成了一道新菜。社会学者公开评判这些店铺销售这样低劣的食物，"甚至连狗都不吃"。乞讨者经常流连于小餐馆后门，翻找倒在泔水桶里的各种剩下的食物。当时所说的廉价食物就是这种

1 爱德华·莫尔斯（Edward Morse）：《日本每一天》（*Japan Day by Day*），第344－345页。

2 同上，第339－441页。

3 木村吾郎：《日本的酒店行业史》（《日本のホテル産業史》），第19页。

4 小西四郎等编：《生活史II》，《体系日本史丛书》（《体系日本史叢書》），第17卷，第78页。

剩饭。[1]

这些“剩饭屋”的存在，或吃泔水的行为，证实了日本群众是多么渴望便宜又美味的食物。对于企业家来说，进军餐饮市场的时机已成熟，他们有能力提供富有营养、可口而又价格低廉的食物。

从1904年到1905年，日俄战争期间，关于什么是最好的食物这个问题，在普通百姓，特别是部队军人之中争论不休。这时，中国菜开始出现在了部队膳食里，但海军的补给待遇仍然比陆军要好一些，军队已经事先肯定了高木兼宽关于脚气病病因的理论。船上的人吃到了配给的鸡蛋、燕麦片、咖啡、鱼肉、畜肉和酒。日俄战争的几年时间也掀开了烹饪和食物鉴赏手册等书籍出版的新篇章，这些书成了明治时代末期美食家的指南。村井弦斋发表了《食道乐》，书中写满了匪夷所思的珍味奇肴，一经问世就引发阅读热潮，销售量猛超10万册。作者写到他打算把西方饮食引入日本，因为它们“比传统的日本食物更营养、更卫生、更实用、更现代、更民主”[3]。起初，这本书是由报纸上连载的专栏文章合编而成，登陆各大书店时恰逢日本在日俄战争中取得胜利，引起的反响必然是轰动的。村井形容他的新菜品乃“胜利之食”，为菜品取的名称都洋溢着战争胜利的语言，比如“华天汤”“油炸阿瑟港”“桦太蛋糕”。[4]这些菜名

---

1 小西四郎等编：《生活史II》，第203页。米里亚姆·西尔弗伯格（Miriam Silverberg）详细描述了乞讨者和社会下层阶级经常在东京某些地方乞讨食物。参见其著作《纵情声色，荒诞不羁——日本近代时期的大众文化》（*Erotic, Grotesque Nonsense：The Mass Culture of Japanese Modern Times*），第206－212页。

2 松原岩五郎：《最黑暗的东京》。

3 青山友子：《浪漫的食物——20世纪初期日本文学里的美食探索》，《日本研究》，2003年12月，第253页。同时可参考她的《现代日本文学里的饮食阅读》。

4 原田信男：《和食与日本文化论》，第278页。

描绘东京街头“剩饭屋”的一幅图画。店家正在用杆秤称分量，卖的食物都是四处收集来的剩菜剩饭，经过搅拌之后以散装称重的方式销售。插图选自《最黑暗的东京》，1893年[1]

来头不小，内含纪念日本在中国东北地区与俄国交战取得关键战役胜利的地名。“华天汤是鸽子做的汤底，油炸阿瑟港是炒竹芋……而桦太蛋糕是一个长条蛋糕，切成一半，就像一个岛屿。”村井对此加以解释。[2]桦太岛（也就是我们所知的库页岛）的南部在1905年日本一举战胜俄国之后并入日本领土，因此这座岛屿一南一北分别归属日俄两国政府所有。当时流行的另一种食物，理所当然非“纪念东

1　松原岩五郎：《最黑暗的东京》。

2　村井弦斋：《食道乐》，第五部，《续篇：春之刊》，第9页。

乡击溃波罗的海舰队棉花糖”莫属，这可是孩子们的最爱。此名是纪念日本海军元帅海军大将东乡平八郎在1905年对马海战中率领日本海军几乎歼灭了整个俄国海军。[1]据推论，日本取得的胜利甚至鼓励外国人也开始尝试日式饮食。根据一份报纸记载，英国人通过吃米饭来庆祝日本击败俄国（继克里米亚战争之后俄国成为两国共同的敌人）。[2]1902年，英国与日本正式缔结军事联盟，同盟伙伴的胜利意味着沙俄的远东扩张因此受到抑制，并减少了中东及印度等英属殖民地受到的威胁。[3]

日俄战争进一步突显了日本饮食文化中关于正确饮食与营养之间的关联。陆军军医及著名营养学家川岛四郎坚称沙俄海军在阿瑟港败北于乃木将军，是因为他们忽略了均衡膳食营养在军事力量中的重要性。根据川岛所述，阿瑟港的土地上没有农作物可以生长。那里没有蔬菜，许多俄罗斯士兵死于维生素C缺乏症（坏血病），因此引起的其他症状还包括极度乏力和皮肤慢性淤血等。

讽刺的是，沙俄军队当时正驻扎在数英亩[4]的大豆田地边，那里蕴含着维生素的宝库。川岛推测俄国人对大豆食物知之甚少——黄豆被采摘下来之后可以轻松地培育发芽，即黄豆芽，其中富含维生素C和其他重要的营养元素。沙俄军队不懂得营养均衡或疾病风险，

1 昭和女子大学食物研究室：《近代日本食物史》，第278页。

2 同上，第298页。

3 科林·福尔摩斯（Colin Holmes）和A. H. 爱雍（A. H. Ion）曾讨论过这一时期英国与日本风格和文化的密切关系，见《武士道与武士——英国公众舆论中的印象，1894－1914》（“Bushido and the Samurai：Images in British Public Opinion, 1894－1914”），《现代亚洲研究》，第14卷，第2册，1980年，第309－329页。

4 面积单位。1英亩≈4046.8平方米。——编者注

其实只需在部队饮食上多运用一些科学知识，也许就能把他们从关键战役的战败结局中拯救出来，阻止日本1905年的胜利。[1]

从日本战场上返回家乡的复员军人们，是帝国主义扩张与饮食文化之间的另一重要交汇点。1906年，返乡军人协会出版了一部指南，为日俄战争接近尾声时大批复员军人回归社会做好准备。尽管胜利属于日本，但战争已经耗尽了日本国力，让日本经济濒临崩溃——成千上万的人死亡，成千上万的家庭失去了养家糊口的人。千百万居住在东京和其他地方的日本人，听闻日本没有从沙俄捞到一点赔偿时发动集体暴乱，毕竟1895年他们从中国清朝政府那里获得过巨额赔款。士兵们特别不满，感觉受到了和平条约（指《朴次茅斯合约》）的背叛。“为了参军，许多人（士兵）抛弃重要的工作，响应祖国使命的号召，”这本指南记录道，“在战争胜利后，这些人想回去重操旧业，但无法如己所愿。肩负着养家重担的他们无计可施，社会上有许许多多这样的人……”作者称：“正是为了他们，我执笔撰文。”[2]他给出的建议就是这些复员军人应该面向劳动者阶层开间小酒馆。“即使门外汉也能做这份工作。开一家中高等水平的饮食店，这样资金流转也会相对容易些。”但是，他提醒说，“这份生意需要点本事，所以那些性格不是非常开朗、友善的人就不适合做。”“欢迎光临”和“谢谢惠顾”是极其必要的金玉良言，该指南为广大返乡就业的复员军人们提了个醒。[3]书中也详细介绍了其他种

1 山下民城：《川岛四郎——90岁高龄的快活青年》（《川島四郎·九十歳の快青年》），第141－142页。

2 川流堂小林编辑部：《返乡复员军人就业指导》（《帰郷軍人就職案内》），前言。

3 同上，第131页。

类的工作，但烹饪快餐作为复员军人们赚取生活收入的临时性手段，在之后的时期里也得以沿用。1945年第二次世界大战结束后，从各地被遣返家乡的日本人开了成千上万家类似的小酒馆。履行完兵役义务之后开始从事餐饮业，这个现象萌生于20世纪初，似乎在某种程度上受到了政府的资助。

明治政府施行的另一项促进卫生的重要举措是证明食物或饮料是否安全。英国在19世纪70年代出台了类似措施，以遏制食品安全问题，打击商人的不法行为。日本在这方面采取同样措施，有助于维护其在国际社会的平等地位。政府当局执行这些措施，是因为人们的食品和饮品已经发展得更加复杂，其中添加了越来越多的原材料，被销往许多地区或国家，一个普通人已经无法判断市面上销售的产品的确切产地了。1900年2月，日本政府通过了饮料与食品的相关法律。在随后几年时间里，政府的监管力度越来越大。明治时代不仅改变了日本人的味觉，也开启了一种通过国民饮食来判断社会文明进程的标准。到1910年代，日本人开始用自己的动词词汇来描述烹饪，一改过去使用的中国古代文言。（从历史上来看，日本的语言在很大比重上借用了中国古汉语。[1]）山方香峰是一位日本社会评论家，他在1907年曾撰文公开承认西方食物比中国食物更流行，主要因为日本正在向西方学习，把他们的学生送去那里深造。“过去，曾经有一段时期我们从中国汲取知识，但这种关系已经逆转，现在的我们在他们身上几乎找不到什么可取之处。”[2]山方指出中

1　过去日本人借用中国汉字“割烹”表达做菜之意，后来，日语动词“料理する”（做料理）被用来取代借用的中国文言。

2　山方香峰：《衣食住》，第440页。

国饮食文化背后有悠悠4000多年的历史，毫无疑问对世界烹饪做出了极大的贡献。“尽管如此，”他写道，“中国饮食现在不值得我们去效仿。它太沉重了。”山方对此颇有怨言：“中国饮食从未改变，食品种类太多，形形色色的食材令人眼花缭乱，但食物谈不上卫生。”[1]他的所言所感未必是到位的分析或客观的论点，但它强调了政治因素在日本人饮食口味和食物文化上的影响力。日本社会越来越向往内容、口味更丰富的食物，诸如什锦面带来宝贵的“身心满足感”。不过社会上层阶级接受这类餐食需要耗费一些时间。

在日本人眼里，帝国主义和大英帝国的殖民地不仅是国际威望的一种象征，更是为祖国提供粮食的一种稳定的供应渠道。一部关于日本对中国开放贸易的著作《充实国民饮食》在1903年问世，书中写道：“即使在和平时期，为支持商业和工业繁荣发展打好基础，保持一个强大国家粮食供应也是至关重要的一点。”此外，“通过开放中国清朝与日本之间的海上贸易之路，船舶仅需数日就能把大量的食物运输进港。”该书总结说：“我们要努力满足这一目的就必须跟上‘支那’(当时中国的另一个称谓) 的发展。”[2]

20世纪早期，饮食文化上发生的变化促使日本政府不仅关注起了国家自身的食物文化，也同样对殖民地的食物产生了兴趣。政府当局开始着手调查日本帝国周边国家的人民到底在吃些什么，这次调查的副产品中包含一份进行了两年的朝鲜饮食研究。该项研究总结称：“朝鲜总体生活水平极其低下，特别是社会下层阶级，吃的

1 山方香峰：《衣食住》，第441页。

2 佐藤虎次郎：《支那启发论》(《支那啓発論》)，第81页。

是最无味最粗陋的饭菜。所有人都会惊讶于他们的个人收入是如此微薄。”[1]该报告提到，朝鲜人大多吃的是混合着其他谷物或杂粮的米饭，而且在远离城市的农村地区，人们很少吃米饭。报告特别批评了朝鲜人的厨房——“把这种地方称为厨房，”报告写道，“实在不太恰当。他们通常在一个既黑暗又肮脏的地方烧菜做饭。”[2]

政府施行这项调查的其中一个目的，在于确认殖民统治下的百姓是否获取了适当的营养，变得更为健康和强壮，以跟上日本帝国的领导，在其庇护下走上现代化发展道路。日本政府的这种关注不仅仅聚焦于朝鲜，还同时延伸至被日本侵占的中国领土。尽管并非所有的变化都受到人们欢迎，但这些调查，以及和殖民地的往来交流，对新一代日本口味和喜好的发展确实产生了不小的影响。

日本明治时代的中国人

明治时代见证了日本人口的国际化变迁。位于日本九州岛西部的长崎市，已经接纳了人数可观的中国居民和旅行者，有好几千人。但在1895年之后，许多中国人，大多抱着学习日本现代化成功经验的想法，从中国到日本工作。1895年，日本以武力侵占中国得到了中国领土，这一举动震惊了当时的中国统治者和知识分子。那些家园受到日本帝国铁骑践踏的外国留学生以及劳动者来到日本，在横滨、东京部分地区、神户以及札幌聚集，创建了新的社区团体。

1 村上唯吉：《朝鲜人的衣食住》（《朝鮮人の衣食住》），第27页。

2 同上，第88页。

对于心怀改革思想的中国人，诸如孙中山、康有为、梁启超等人来说，日本已经变成了一个避风港。康有为和梁启超声称只有军事和政治改革才能拯救国家和民族的危亡，但他们的改革主张和变法理论激怒了清政府，戊戌变法失败后被迫流亡日本。从当时的日本报纸和杂志上我们可以获悉，这些中国学生可分为好几类，有获得私人资助的，也有从他们所在地方或区县获得奖学金的。然而当时有个普遍的说法，即外国留学生真正只分为四类，分别专注于“吃、喝、嫖、赌”。[1]日本人改变了他们的饮食，但未改变他们革新的、相当高傲的思想和态度，这种摩擦有时候会令人感到非常不悦。许多高喊改革的中国学生敏锐地探索日本成功的秘密，但两国之间对于国民饮食和口味的态度却常常成为彼此交流的拦路虎。1896年3月，甲午战争结束后第一批留日学生有13名，其中有4名选择从日本返回中国。中途放弃的理由可能有许多，但最主要的是他们不能忍受那里的食物。[2]

早期中国外交官谈及日本食物就已经表现出诸多同情意味。中国晚清外交家黄遵宪被派往日本，寿司带来的味觉享受激发了黄遵宪的诗意，他写道：“入口冰融，至甘旨矣！”[3] 19世纪末的中国留学生并未对日本留下深刻印象。他们中途弃学的另一个理由就是无法

1 孙安石：《经费是游学之本》（《経費は遊学の母なり》），神奈川大学人文学会主编，《中国人赴日留学历史研究的现阶段》，第177页。

2 实藤惠秀：《中国人的日本留学史》，第15页。有意思的是这段历史小插曲在2006年中国中央电视台播放的大型电视纪录片系列《大国崛起》中也有提及，节目分析了世界性大国的荣辱兴衰。

3 理查德·约翰·林恩（Richard John Lynn）：《我们的文化》。另参见黄遵宪的《日本国志》（1877－1882），《中国文学：随笔，报道，评论》，第19卷，1997年12月，第137页。

忍受自己不管走到哪儿都能听到日本孩童不断地嘲笑“中国佬！中国佬!”[1]许多早期中国留学生仍然留着清朝发型，他们把头发的前半部分剃掉，后半部分编成长长的发辫，他们不满自己在日本被当成二等公民。然而，即使种族分裂、侮辱越来越严重、日本饮食的贫瘠和日本人表现出相当不欢迎的态度，都没能阻挡中国留学生一心寻找“现代”教育和通往更广大世界的一扇窗户的决心。[2]随着中国留学生日益增多，日本城市里开设了越来越多的餐馆来为他们提供服务，企图从前景广阔的教育交流市场里谋求利益。这一步对面条行业的未来产生了重要影响，并为拉面的未来发展打开了大门。

这种或许夹杂着某种民族主义情感的感情，有点苦涩，藏在这些学生的心里挥之不去。一位曾在日本生活的中国留学生在日记中写道，虽然中国人有许多需要向日本明治维新学习的东西，但日本人高傲。“日本人啊日本人，”他充满暗喻地悲叹道，“你们别忘了你们欠的债。”显然日本人已经忘记了他们从中国伟大文化里得到了无价瑰宝。“日本人，”他继续写道，“你们的帝国主义改革已经成功，但你们的良心却已然泯灭。”[3]这句话说得颇有先见之明——日本很快便走向了更可怕的军事帝国主义道路。

生活在日本的中国留学生人数并不算少，他们是驻日外国人中规模最大的一个群体。从1896年到1938年初，在日本进行各种学

1　实藤惠秀：《中国人的日本留学史》，第38页。

2　裴士锋（Steve Platt/史蒂夫·普拉特）：《湖南人与现代中国》（*Provincial Patriots: the Hunanese and Modern China*）；宝拉·哈勒尔（Paula Harrel）：《传播改革的密函——中国学生、日本教室，1895－1905》（*Sowing the Seals of Change: Chinese Students, Japanese Teachers*, 1895－1905）。

3　实藤惠秀：《中国人的日本留学史》，第215页。

日本政府对其殖民地的研究报告首页即为《朝鲜人的衣食住》

习研究的中国留学生超过10万人，由此诞生了一批消费市场巨大、以社会中低阶层为消费群体的餐馆，消费者们渴望吃到传统日本料理以外的其他食物。在这些日本留学生中有许多人在日记里大为抱怨日本食物。1905年，一位名叫黄尊三的中国留学生，记录下他到日本第一天点菜吃饭的情形："日本的食物真的是非常简单。"之后的饮食并没有多大改善，他写道："我并不认为自己能习惯吃这些东西。"晚餐通常只有一小碗汤和一些腌菜，再配一碗米饭。[1]周作人，中国著名现代小说家鲁迅的弟弟，在日本居住过很长一段时间，深入研究日本文学，他也没有给予日本食物高度评价（虽然他欣赏这个国家的其他许多方面）。回忆起日本人的便当、午餐盒，周作人观察到他们不介意冷菜或者冷饭，而中国人更喜欢热乎乎的食物，不吃冷冰冰的米饭。[2]

在中国的许多主要城市里，我们可以买到介绍日语和日本习俗的指导丛书，为前往日本生活的学生们提供建议。在"能做与不能做的事"的一长串清单里，有几则内容格外醒目，比如"吐痰只能吐在痰盂里""只能在厕所里解手""如果你坐在榻榻米上吃东西，食物掉在榻榻米上，立刻把它捡起来，放在座位一边，不要再去吃了"。指导书还给出了详细的提醒："日本的米饭不易消化，因此小心不要过量食用。"[3]推出这些社会指南的出版公司希望借此纠正人们的礼仪习惯，他们不是关心广大赴日留学生的唯一机构。《中央公论》是一本受人尊敬且文化程度颇高的日本杂志，1905年刊登了一篇评

1 实藤惠秀：《中国人的日本留学史》，第155页。

2 同上，第155页。

3 同上，第194－195页。

论文章，向读者们阐明了为这些海外留学生创造积极的学习体验是符合日本利益的，分析了欺凌海外学生的行为为什么不可取。文章中肯地论证日本能从中获得经济利益——中国留学生来到日本消费，然后带着他们学习研究期间获得的日本现代化文明成果回到中国。作者指出中国留学生没有与其他人打成一片，他们普遍“以小团体的方式生活，即使在城里亦是如此，就像是海洋里成群游弋的鱼”。[1]尽管该文作者拥护聘用和挽留中国留学生的相关政策，但他也同样评论说这些学生通常不注意个人卫生——不洗澡，往窗户外随意吐痰，还经常争吵不断。[2]

显然双方都存在着文化上的摩擦。然而，这位作者并没有了解日本政府想要缓和当前形势的迫切心理——这些中国学生接受完日本教育后将回到中国，而留学生们倾向于以积极的角度来看待他们的东道国。作者写道：“我们在英国留学的学生相信英国，那些去德国的学生也会热爱德国。”[3]如果日本想从中国留学生嘴里得到好口碑，政府需要理解当前形势的紧迫性。日本显然不希望中国停止往日本派送留学生，并把他们送去欧洲。

1924年，一份日本外务省的机密文件记述了日本西部地区中国留学生和日本公众的相处情况。文件写道：“普通民众瞧不起中国学生，对他们使用侮辱性的语言。这阻碍了两国友好关系的正常发展。”[4]

---

1 寺田勇吉：《深刻的留学生问题》，《中央公论》，1905年1月，第18页。

2 同上，第19页。

3 同上，第20页。

4 《在日留学生相关琐事》，H5-0-0.1，内容来自九州福冈县政府1924年10月27日致内政部长的信函（外务省外交史料馆，东京）。

尽管中国留学生和他们东道国日本之间的社会关系不是很好，但遍布日本的小餐馆里，中国菜有望发展出拉面的新菜式。外国留学生需要不同类型的菜肴，因为对于他们大多数人来说，日本菜不合口味。增长的中国留学生人数和稳固的市场消费者与日本工业化发展绝妙地联系在了一起，工业发展使得另一拨饥饿的食客涌入市场，那就是工厂工人和新城市工薪阶级。

帝国主义与食物

恰逢世纪之交，日本的国民饮食正处于一种不断变革的状态之中。变革的苗头从德川幕府时代开始就已初见端倪，明治时代的社会和政治变革推进了这种变化。日本人将过去的味蕾感受置之脑后，但还没有切换到20世纪20年代如风暴般席卷全国各地的多样饮食习惯之中。烹饪书和杂志上刊登的食谱变得更为普及，不仅展现出了当时更多女性文化水平有所提高，更证明她们愿意花时间在厨房里和思考日常饮食菜单上。这些女性不一定亲自下厨或独自做饭——许多家庭聘请了女佣打理家庭，早期的持家建议书籍中都是这么建议读者的。尽管发生了这些变化，有关食物文化的讨论经久不断，然而属于日本人的“国民饮食”在二战之前并没有真正定型。国民的喜好可能已经改变，不过对于拉面的创造所不可或缺的消费市场需求，一位著名的食物方面的人类学家阿帕杜莱称其为“一个后工业化、后殖民化的过程”[1]。继第二次世界大战之后，日本经历了另一场革命，把人们从传统饮食的根基里进一步抽离出来，跟上现代化发展与帝国主义灭亡的脚步。

媒体是树立民族美食概念的有力工具，如果没有现代媒体的助力，拉面不可能成为日本民族美食的一大象征。时代变迁，许多餐饮店提供的汤面大同小异，彼此类似的面汤和酱油招待着规模不断扩大的消费群体。这些店为日本各个地区的中国留学生和工薪阶层劳动者提供服务。日子一长，饥渴的日本媒体推选出了每个地区的地方菜品并同时美化一番——它们即可代表民族。虽说餐饮业的本地化转型开始起步，各个地方都希望加快当地旅游业和投资业发展，与其他同行展开竞争，慢慢地构建起了“国民饮食”这种概念。实际上，任何国民饮食都不过是人们脑海中关于一顿饭该吃什么的一连串根深蒂固的假想。日本国内各个藩地自主管理，敌对领土互不侵犯，生活在不同地区的人们没有机会在饮食习惯上达成共识，但随着江户时代进入明治时代，明治时代再进入大正时代，日本得以统一，它的饮食文化分布逐渐均匀起来。站在这种变化的风口浪尖，消费者（不论是国外还是国内）想要的不光是更多、更富有营养的食物，还有更好的口感。

对美味食物的追求，反映出了日本在19世纪末和20世纪初所经历的社会和政治变革。这些转变创造了舞台，在中日文化交流的进化过程中所发生的一系列巨大变化将永远地改写日本民族饮食。

1 阿尔君·阿帕杜莱：《如何做出一道国民美食——当代印度的食谱书》，《社会与历史的比较研究》，第30卷，第1册，1988年，第5页。

普遍来说，日本人已变得更富有，日常食物种类也更丰富，有来自世界各地的肉、油和蔬菜。大批东亚人口融入日本社会，日本变得更多民族化，劳动者和城市贫民提出了对于廉价餐饮的新的公众需求。许许多多的新商店，再加上外出就餐的新习惯和社会对于美食的极大需求，促成了这种转变。另一个原因来自日本女性在烹饪和健康膳食之中扮演的新角色，她们及其家人可以围在餐桌旁享用餐食，农村土房得以被钢筋混凝土的现代住宅所取代，使一家人能够把生活的日常需求提升到第二位。这些因素在日本饮食变革中都发挥了重要作用，并在随后的新世纪里继续发展。拉面近在咫尺，而日本人，似乎就快能品尝到它的滋味了。

第七章

日本帝国与日本饮食

20世纪初期，日本仍然是一个饥饿的国家。国家及其领导者不仅渴望着权力，也渴望食物。日本已经变得比以前更加富裕，获得了国际经济力量，但正如村井弦斋在他的畅销美食指南《食道乐》中所描写的那样，这个国家的人口正不断膨胀，人人贪求美味，立志成为美食行家。明治时代末期和大正时代的日本处于急剧转型的关键时期，这种变革不仅限于厨房。工会提升自己的话语权，努力为工人阶级谋求更高的酬劳待遇和合理的工作时间，打破传统的资本剥削模式，提高贫苦劳动者们的政治意识。

日本在日俄战争（1904－1905）中打败了沙俄帝国后，印度人，以及一心要从英国殖民统治中重获独立的人们，纷纷涌向日本。当时，殖民地居民遍布世界各地，在亚洲东南地区和远东地区尤为集中，他们把日本视为第一个打败“白色人种”民族的“有色人种”民族。在日本经历这场历史性战争期间，1905年4月发行的一期《纽约时报》刊登了一篇文章，足以用来抨击将日本视为“黄祸”这种思想的错误性，并争辩日本是亚洲现代化和西方化的表率。[1]随着20世纪拉开序幕，日本成为非白色人种民族能够实现现代化国家目标的一座启明灯塔，吸引了众多亚洲革命家。

从次大陆来的难民所带来的影响并非总局限于政治。以印度革命家拉谢·比哈里·鲍斯（Rash Behari Bose）为例，第一次世界大战期间他曾前往日本寻求庇护，受到了日本暗势力、大亚细亚主义提倡者头山满的保护，头山满集结了其他志同道合、有意共同推动“亚洲人为亚洲”理想的各方人士。头山满宣称日本应该建立亚洲的新秩序，支持帝国主义扩张。虽然鲍斯仍然是一个活跃的革命家，但他也需要维持生计，他专门迎合日本人的口味，调制一些清淡的、令人们大为好奇的咖喱酱，浇在一堆米饭上搭配食用。在20世纪20年代，鲍斯的发明掀起了咖喱饭热潮，风靡日本。[2]

1912年，在迈入大正时期的时代转型大潮中，我们看到日本国民饮食和日本人对外来食物的态度发生了更多变化。在日本，中国烹饪开始被人们视为美味，并纷纷被效仿。日本近代第一本关于中国菜烹饪的书籍出版于1886年，随后推出了 8本左右。虽然与当时已经出版了130多本烹饪书的西方相比数量少得可怜，但这是一个不争的事实——在整个明治时代，中国食物都没机会登上日本宫廷的大雅之堂。虽然日本帝国军队在中国大陆的领土上进行过几次重大战役，但在大正时代到来之前，军队一直对中国食物报以回避的态度。[3]这种突如其来的改变发生在大正时代伊始，当时的日本陆

1 《黄祸》（“Yellow Peril”）刊于 1905 年 4 月 18 日的《纽约时报》。

2 小菅桂子：《咖喱饭的诞生》，第 56－158 页。

3 田中静一：《一衣带水——中国菜的传来史》，第 182－185 页。

军主计少将丸本彰造在日本聘用中国厨师，并把中国菜纳入部队饮食。20年后，他执笔写了一本关于中国饮食的书。这也是中国菜谱第一次在日本帝国海军的烹饪书上崭露头角。[1]

时间是文明的计量器——美味的诞生

日语，如同其他语言一样，可以挑选出大量的形容词来描述一些口味极好的东西。最常用的词就是“好吃的”(美味しい)，当你去朋友家做客吃饭的时候，就应该把这个词挂在嘴边。也许女主人大多会以自谦的方式回应你说她觉得很抱歉，饭菜可能不合你的口味或者她没有发挥出自己希望的水平。听到这些话你也别担心，都不过是礼貌的场面话。如果你没有对主人家称赞饭菜“好吃”，那么就没有履行上述会话中属于你的那部分义务，并剥夺了女主人回答的机会，她没有机会说她的厨房是如何狭小，她的饭菜不过是粗茶淡饭——这些都是约定俗成的请客、做客礼仪。

要形容食物好吃还有其他表达方式，比如，“非常好吃”(すごく美味しい)，加上程度副词来强调其名副其实的美味口感。极其(大变)、超级（とても)、无与伦比的好吃（ものすごく美味しい）所表达的都是真真正正、令人赞不绝口的美味。还有一个我们经常听到的词是“美味”(うまい)，也是赞美食物味道之好，比起女性，男性更为习惯使用这个词来形容食物口感绝佳。然而，这个形容词衍生出另一个更为复杂的名词——“鲜味”(旨味)。坐落于东京的

1　田中静一：《一衣带水——中国菜的传来史》，第203页。

鲜味信息中心将“鲜味”定义为“第五味觉”，继甜、酸、咸和苦四味之后诞生的又一味觉体验。19世纪末，德国科学家推测人们味蕾接受刺激所产生的感受主要来自这4种味道，其他味道也都来自它们。许多味觉理论学家对此不置可否，例举出其他种种味道来批评这种浅薄的认知，如腐烂味、水味、碱味、涩味等。尽管如此，世间所有食物皆由四味组成的理论地位依旧坚不可摧。直到20世纪初，日本提出了“鲜”的概念，或称为咸鲜，慢慢地为人们敞开了美食世界的又一个巨大入口。

几个世纪以来，日本人烹饪食物时善用两大宝贝来提升口感——昆布和鲣鱼，这两件宝贝都富含一种被称为谷氨酸的氨基酸成分，有助于丰富食物口感，使其味道特点更鲜明，更容易被我们的味蕾辨识出来。昆布是一种海带，肉质厚实，制成薄片形状，风味独特。这种食物在本书前一章节讲述日本狂言传统剧目《卖昆布》中有所提及。人们很少直接吃昆布，一般会把它放入水里煮成高汤，用来为菜肴调味。鲣鱼的肉，则是先蒸熟或煮熟，经过日晒、烘烤或熏干脱水后变成肉干，经常被加在肉骨汤里，为食物“提鲜”，创造出更具深度的味觉层次。

解释鲜味的最佳方法就是想象四大味觉依次排列于一座味觉体系金字塔的底轴，而鲜味则位于高高的塔顶。鲜味是所有这些味觉坐标轴的巅峰或高潮——既不甜，也不咸，却又暗含着两者味道，且介于苦和酸之间。因此它正好位于三角金字塔的中间位置。鲜味，从某种意义上来说，是所有味道在一瞬间的美妙结合，从而诞生出一种无与伦比的可口味觉。

但是这种味觉本身没有自己的味道。鲜味是对食物味道的一种自然强调。[1]

味之素，意味着“味道的根本”，是日本第一家生产味精(MSG)的企业，由日本帝国大学的化学教授池田菊苗创办，其生产的食品添加剂能增加食物鲜味。味之素公司创立于1908年，不久就实现了食品添加剂的工业化生产及销售。他们持有味精的发明专利，计划把味精混合进食物以提升其天然口感。它可以加到肉汤或其他日式高汤里，或冲调成清汤，或作为汤头用，无论怎样使用都能散发出一种鲜美的味道。简单来说，味精能让食物变得更加可口，增添了口感的丰富性。与大众的普遍理解截然相反的是，味精本身没有任何味道，也没有咸味，尽管它的学术名字给人带来了极为丰富的味觉遐想。这种添加剂催生了鲜味，成为我们所说的第五类味觉。这一调味料最初并非用来制作拉面，但它的问世着实改变了日本消费者的口味。

有意思的是，人们为什么对鲜味产生渴望？池田推测“谷氨酸钠的味道与动物肉食有着紧密的联系”，由此带来的结果就是我们的身体被这种味道所吸引，因为它使大脑产生了摄入“营养食品”的感觉。[2]美国化学家和食品工业先锋们对此大为震惊。他们的测试结果显示，当食品中加入谷氨酸钠，便能刺激口腔“产生刺痛感并持续带来味觉感受”。美国研究人员补充道：“这种谷氨酸钠的味觉

1 河村洋二郎：《鲜味与饮食行为》（《うま味：味覚と食行動》），第5页。

2 池田菊苗：《新调味料》（由荻原横与二之宫裕三翻译，1990年发表于《东京化学杂志》，第30期，第820－836页），收录于《化学感觉》27期，2002年，第847－849页。另参考乔丹·杉德（Jordan Sand）的《味精简史——好科学、坏科学与味觉文化》（“A Short History of MSG：Good Science, Bad Science；and Taste Cultures”），《美食志》5，第4册，2005年，第38－49页。

感受，独立于真正的味道，已经被描述为一种‘满足感’。”[1]难以想象这项发明投入市场后引起的空前反响，以及在我们的电视美食节目和本地商店生产的食品中掀起的波澜——味精的出现无疑是食品工业历史上一个划时代的标志。食品添加剂赋予人们改变食物清淡口感的力量，使不好吃的食物变得鲜美可口起来。

池田是位伟大的化学家，像许多学术界天赋异禀的日本同行一样，他在德国完成了先进的研究，但他不是一位商人。“味之素”产品的成功要归功于池田联系上了铃木三朗助。两人联手获得了专利权，从小麦中分离谷氨酸，开始大规模生产味精。过去为了得到鲜味是如此费钱又费时——厨师自己熬汤头或高汤。但有了味精，以前要耐心苦等数小时的准备工作，现在用一小撮味精就能迅速完成，为广大家庭经营的小餐馆和家庭主妇带来了极大便利。味精在饮食界掀起了工业规模的大革命。味之素在广告宣传方面也证明了自己是一家极富远见的公司。

如今大多数人，尤其是当代日本人，都会在厨房里使用各种各样的香料和人工合成的调味料，但在20世纪早期并没有这样的烹饪习惯。日本人认为这些调味产品并非不可或缺，或者说他们不太明白该怎么使用。创业初期的味之素公司，不得不给消费者灌输人工调味料方便好用的观点，并教会他们如何使用新产品。当时有不少反对调味品销售的流言蜚语，甚至有谣言称工厂用蛇来加工调味料，

1 丹尼尔·梅尔尼克（Daniel Melnick）：《味精——天然食物味道的改良剂》（*Monosodium Glutamate-Improver of Natural Food Flavors*），《科学月刊》，第70卷，第3册，1950年3月，第202页。

因此一开始人们都对它表现出抵触情绪。[1]为了吸引顾客，1909年5月，味之素在《朝日新闻》上投放了一则广告，让一名艺妓身穿围裙担当产品模特。同时公司还印制了上千份传单，雇人在街头派发。但这些市场宣传未见成效，味之素继而转向了公开试吃，并聘请街头艺人到各个城市演出助兴，帮忙推广公司的新产品。在大正晚期至昭和初期，走在日本街头，能看到精心打扮的表演者沿街拼命吆喝，目的是让走过路过的人们对他们的产品或品牌产生兴趣。[2]种种宣传活动都有助于提高公众对于调味料的关注度，增长其销售业绩。有道是万事开头难，此话不假——调味料最初是在药店里出售的，并且用玻璃瓶装着，让它看上去像极了一瓶药。[3]一旦味之素把味精的市场定位成功巩固在调味品的位置，并使人们养成了使用它烹调的习惯之后，味精的销售额便快速增长。味之素把事业的重心放在大阪，那里的人们喜欢昆布味道够重的菜肴。早期，味精有70%的销售额来自日本关西中部地区。社会媒体对味精的神奇效力高度关注。1909年7月，有一本日本杂志高调宣称味精的问世“为我们日本料理世界带来了重磅喜讯”。[4]一种鲜美的味道同样丰富了面条的世界，19世纪前20年，小麦类食物慢慢地从中国引入日本，并迎合了日本消费者的口味。新时代的人们渴望咸鲜味，他们的呼声反映出了一个重要的市场消费需求。正因为如此，拉面问世的速度得

1 江马务：《古今食物》（《たべもの今昔》），第210页。

2 英格丽德·弗里奇（Ingrid Fritsch）：《如今的吆喝声——商业广告中的日本街头艺人》（“Chindonya Today-Japanese Street Performers in Commercial Advertising”），《亚洲风俗研究志》，第60卷，第1册，2001年，第51－54页。

3 大塚力编：《食生活近代史》，第111页。

4 《明治新闻事典》，第8卷，7月22日，1909年，第6页。

以加快，为其日后的流行奠定了广大的群众基础。

池田和铃木并不是发现人类味觉本质的第一人。早在他们之前，德国科学家卡尔·里特豪森（Karl Ritthausen）就已经设法从小麦蛋白分解物中提取出了谷氨酸，但他没能做到量产，在这一点上，日本人做到了。中国人也尝试探索鲜味的化学成分，许许多多的企业家和化学家耗费了大量时间，想了解日本的味精生产技术。众人之中，吴蕴初成功了。19世纪90年代，吴蕴初出生于上海近郊，就读的学校附属上海江南制造局。在20世纪20年代，他苦心钻研技术，想通过实验来破解日本的味精制造技艺，那时的日本味精已经在上海各大餐馆和顾客们之间有口皆碑。正是吴蕴初为该产品取了响当当的汉语名字“味精”，其意思类似于日语“味道的根本”，他同样获得了发明专利。到了20世纪20年代中期，上海以及中国其他现代化城市，居民每年的味精消费额达到近百万美元，人们深深享受着味精带来的食之鲜味。[1]与此同时，味之素状告吴蕴初商品侵权，但他据理力争，“国货味精”从未断货。在1928年，中国国内味精产量已经超过了从日本进口的总量。

味之素公司在韩国食品市场进行了缜密的调查，并在冷面餐馆里分发免费试用品，作为公司的营销手段之一。味精在韩国传统的雪浓汤里也能派上用场，它让这种用牛骨熬制而成的浓汤更是鲜美得让人直掉口水。朝鲜冷面餐馆的经营者们在首尔创办了一个协会，与味之素建立起合作关系，获得了直接的进货渠道。韩国其他

1　詹姆士·里尔登·安德森（James Reardon-Anderso）：《中国的化学工业，1860－1949》（“Chemical Industry in China, 1860－1949”），《丰收》，第二系列，第2卷，1986年，第188－189页。

城市也紧随其后，冷面协会相继成立，比如南部的釜山，北部的平壤、仁川，西部的元山。当时山梨半造出任朝鲜总督，味之素的公司总裁是他的校友，当年他是否以官方姿态支持过味之素，现已不得而知。[1]

正如日本近代著名小说家夏目漱石在其小说《后来的事》中所写的那样，日本日新月异的成长速度令还习惯于明治时代农村生活模式的老一辈瞠目结舌。但是"在现代社会的每分每秒里要按照旧时伦理来生活等同于'向自己发起战争'"，夏目漱石的文字是如此敏锐。[2]20世纪初，日本夜以继日地加快工业化发展，社会生活的需求每时每刻都在增加，劳动力猛增，因而人们对于便利和营养的消费需求也与日俱增，当然前提是价格合理。夏目漱石可能是那个时代狂潮中，敢于提醒世人小心以脱缰速度发展现代化的少数人之一，大多数日本人热衷于倡导新式和简便。最大的课题在于改变当时的生活方式。曾有一位作家在一本女性杂志中写过，日本人的日常生活需要彻头彻尾的改变才能跟上时代，人们需要"校准房间里所有的钟表时间，才能让所有人生活在同一个时刻里"。他在文章中写道，毕竟"西方人遵守时间"，其言下之意就是日本人没有做到

1 郑根植：《韩国化学品调味料的殖民现代化与社会历史》("Colonial Modernity and the Social History of Chemical Seasoning in Korea")，《韩国期刊》，第45卷，第2册，2005年夏，第32页。

2 弗雷德·诺特哈尔弗（Fred Notehelfer）：《冈仓天心的思想游走于理想主义与现实主义之间》("On Idealism and Realism in the Thought of Okakura Tenshin")，《日本研究期刊》，第16卷，第2册，1990年夏，第346页。

这点，这成了他们自身的短处。[1]新兴的大众媒体在明治和大正时期得以发展，社会上出现了更多的消费类杂志和积极刺激市场的营销广告，这些让人们对日本饮食观念和诠释发生了诸多变化。

食物与排泄物

明治末期，19世纪与20世纪之交，许多日本人第一次畅通无阻地前往中国和朝鲜地区旅行，沿途的所见所闻让他们大开眼界并为之震惊。他们不愉快的经历加深了人们对日本的敬意，而对隔海相望的亚洲兄弟国家的鄙视也越发强烈。20世纪初，日本人撰写的旅行书籍大量涌现，这些书里经常写到朝鲜社会龌龊的一面。冲田锦城写过一本书，名为《韩国的阴暗面》，不留余地地批评朝鲜人居住的小屋就像一座座猪圈，对朝鲜人的饮食也嗤之以鼻。[2]荒川五郎在他的游记《最近朝鲜事情》中以同样的方式诋毁朝鲜，他说那里所有的东西都肮脏不堪，并抱怨说朝鲜人分不清味噌和大粪。[3]

日本人对于东亚地区的食物和人们肠道运动的妄想，并没有让他们对这些国家产生普遍的负面看法。毕竟，日本依旧以农业为主，绝大多数农民把粪便（人类的排泄物）当作上等的肥料，视其为宝。此外，在各种经典名著和通俗文学作品中，有关如厕这一生理需求的话题并不少见。一份1908年的报纸刊登了一篇题为《便溺的

1　田村菊次郎:《改善生活的第一步要做什么》，第218－221页，最初发表于1920年，后由丸冈秀子和山口美代子重新编辑收录于《日本妇女问题资料合集》，第7卷，《生活篇》，第219页。

2　冲田锦城：《韩国的阴暗面》（《裏面の韓国》），第76页。

3　荒川五郎：《最近朝鲜事情》，第89页。

顾虑》的文章，批评东京的女性不再像以前那样解手了——这是城市水平下降的一个明显标志。该匿名文章描写过去女性会身子倾斜，以站姿出恭（文章并没有文字或图片来解释这一动作如何完成）。“现在，她们都是蹲着的。”匿名作家由此哀叹，认为这绝非女性应有的举止。[1] 20世纪初期有一篇关于厕所那些事的文章，字里行间透露出日本瞧不起东亚其他国家的态度，即便是屎尿，也是西方国家的更高贵。这篇文章出自一位贵族兼艺术史教授之手，文章称日本人的肠胃消化了大量不易消化的食物，所以他们经常放屁。而西方人吃的食物更容易消化，所以他们排便较少。这位教授极富诗意地描述了西方世界的排泄物：“西方人的大便就像刷道油漆一样，‘呼啦一下’，粪便长而细，头尾两端较尖，形状就像是一条绳子。”[2]

提高饮食文化软实力

官僚机构致力打造现代化日本，并使之成为亚洲最为先进的国家，如何保持厨房卫生是其中很重要的一部分。因为日本是亚洲现代化建设的先驱，它需要做出应有的样子。众多专家认为传统厨

1 1998年3月20日发行的《滑稽新闻》，收录于砾川全次重新编辑出版的《厕所与如厕的民俗学》，第36－37页。

2 岩村透：《日本大便与西洋大便》，发表于1911年12月《笑盈盈》，收录于砾川全次重新编辑出版的《厕所与如厕的民俗学》，第64－66页。另参考戴维·豪厄尔（David Howell）的《粪便那些事——日本的粪便历史绪论》（“Prolegomenon to a History of Shit in Japan”），收录于伊恩·J. 米勒（Ian J. Miller）、茱莉娅·爱德妮·托马斯（Julia Adney Thomas）及布雷特·L. 沃克（Brett L.Walker）主编《大自然边缘的日本——世界强国的环境》（*Japan at Nature's Edge：The Environment of a Global Power*）。

房的背后暗藏着一个更为深刻的国家问题。大正时代的人们痴迷于他们所谓“文化生活”，是21世纪初期美国掀起的玛莎·斯图沃特(Martha Stewart)运动的先行者。文化生活需要公共卫生和便利。

在第一次世界大战前期，大米和其他谷物混合制成的杂粮通常是日本人的主要食粮，但面包为城市化发展日益加快的社会人士提供了更为简单、快速的饮食方式。这种提倡便捷的观念对日后大部分人都无须花费太长时间来准备餐食的拉面饮食来说非常有利。如果家里没有保姆、女仆或用人，那每天早上花费2小时来煮饭、烧味噌汤等这些活儿就不得不由自己来做。此时，面包就成为节约时间的有力武器——你只需要切下一片，抹上黄油，泡杯咖啡搭配着吃，然后就能麻利地出门去工作了。1913年4月的《主妇之友》杂志刊登了一位女性的文章，写到她的厨房只有一口平底锅和一把水壶，自从吃了面包，她在厨房的时间大大减少了，因为她每天只需要烧一顿饭。[1]在没有电水壶和电饭煲的时代里，生米是用小煤炉煮熟的，饭锅里的水持续沸腾，需要人在一旁照看着以免锅里的水扑出来或烧煳。[2]如果晚上也想吃上口热饭，就得把煤炉里的煤灰清理干净后重新加煤球生火，再重复同样费时费力的煮饭过程。

女佣是19世纪至20世纪初期日本家庭中不可缺少的一分子。城市里的廉价劳动力随处都可雇得，她们花费大量时间在乱糟糟的家务活中妥善打点好所有饭菜。当时有一本日语指南书《改善厨

1 昭和女子大学食物研究室：《近代日本食物史》，第443页。

2 该书详细叙述了在社会影响下，人们煮米饭的方式发生了怎样的变化，以及家电在亚洲如何推广运用。中野嘉子、王向华：《同一口锅同一口饭——国民电饭煲如何在680万人口的香港狂销800万台》(《同じ釜の飯 ナショナル炊飯器は人口680万の香港でなぜ800万台売れたか》)。

图为《改善厨房》一书中描绘的家庭主妇与女仆讨论厨房里的家务活[1]

房》，作者在书中极其详细地解释了如何花费最少的钱让女佣做好最多的家务活。显然，以尊重的态度、平等的待遇对待用人并不在这些读者的考虑范畴之内。该书在招聘女佣面试时建议雇主直截了

1 天野诚斋：《改善厨房》（《台所改良》）。

当地问对方“是否有下厨经验”，如果她回答“没有”，书里便建议读者酌情减少其薪酬。该书还提议雇主如果碰到声称自己有经验的应聘者，可以让她们从以前的雇主那里开份书面证明来做参考，以此为标准衡量她们的时薪。[1]

方寸厨房之间，日本食物烹饪方法发生了改变，同样发生变化的还有市场上层出不穷的新烹饪工具和其他相关新产品。明治末期及大正初期，见证了日本食品科学的发展与普通科学领域的巨大进步。崭新的发明创造，比如味精的商业化生产，让大众食品的口味广受欢迎，其程度远胜于以往。充满科技含量的食品改变了东亚饮食文化的面貌。明治维新不但是日本政治的重建，也为包括科学、技术和公共认识等在内的社会结构带来了深度改革。与此同时，食品的新科学为大正时期的日本普及了不少振奋人心的新事物，诸如牛奶巧克力，一经推出就立刻风靡大街小巷，发酵的乳酸饮料（可尔必思的乳酸菌饮料）被当作滋补保健品，味道甜甜的柠檬味饮料成为众所周知的柠檬汽水，还有太妃糖、各种软糖和口香糖，不胜枚举。[2]社会大众对外来文化充满向往，大量新产品问世正满足了这样的需求，日本人最初崇尚西方世界，后来延伸到了中国以及整个东亚。日本的大众媒体在改变国民烹饪方式上起着根本作用。如

---

1 天野诚斋：《改善厨房》，第 177 页。用人是读者写给编辑信件中的一个永恒话题。1919 年一位典型的家庭主妇来函抱怨，讨教如何教育家里不配合的用人：“我不喜欢女仆，她们不好使唤。”这封信刊于 1919 年 1 月 14 日出版的《家政记事》，后又编辑收录于《商量大正时代的身边事》，第 298－299 页。

2 更多关于糖果在日本饮食文化中的增长历程可参考顾若鹏的《蜜糖与帝国——日本帝国的糖果消费》（“Sweetness and Empire：Sugar Consumption in Imperial Japan”）。

《妇人之友》这样的女性杂志从公共卫生、营养、经济、便利和新颖等视角，把当前的注意力聚焦在食品和烹饪上。[1]中国菜在餐馆里越来越流行，还慢慢地融入了日本普通家庭。百姓的饮食口味发生了根本性的改变。

厨房、公共卫生、个人健康和家庭稳定紧紧联系在一起，在第一次世界大战时期（1914－1918）成为一个国家现代、文明、进步的标志。一位男性作家在日本的女性杂志《主妇之友》上用以下方式解释了当前情况。"在眼下这场战争之中，"他写道，"德国正与许多国家为敌——有英国、美国、法国和沙俄。男人们在前线冲锋陷阵，女人们则在后方照看家庭，出门工作养家。"他解释说："家庭是一个国家、社会的核心。一个没有垃圾、干净整洁的家庭有利于维护国家安全。商业的首要任务是改善家庭经济及其结构。我们需要清理房间里不需要的东西，安装西式房门，当家中无人时能保证住宅安全。而第二大任务就是改变日本人的厨房。它们既阴暗又肮脏，我们需要真正改善这些情况。厨房就像是人们的胃袋，是一个提供营养的地方，因此是无比重要的空间。"[2]

尽管日本人自带优越感，但就这个国家大部分人口而言，他们并没有生活在乌托邦般的理想社会。谈及日本劳动阶级的工作状况，即便《工厂法》在1916年得以颁布施行，效果也不尽如人意。公司规模超过15人的用人单位，其法定工作日的工作时长为12小

1 卡塔日娜·J. 茨威塔卡：《现代日本料理——食物、力量与民族认同》，第99－100页。

2 山胁玄：《经济化经营家庭生活吧》（《家庭生活の経済的に改良せよ》），第179－181页，后由丸冈秀子和山口美代子重新编辑收录于《日本妇女问题资料合集》，第7卷，《生活篇》。

时。保证妇女和儿童每个月有2天休假，每半天劳动之后有半小时的休息。[1] 1917年，日本劳动运动领袖铃木文治描述矿场雇用了70000名妇女，“她们在地底深处干着苦力，像男人一样裸露着身体，只在腰间围着一小块兜裆布……她们看上去就像牲口，难以称之为人”[2]。1918年日本爆发了米骚动，各地相继以妇女抢米为开端，频发暴乱，“女性在经济及政治领域、资本主义社会里积压已久的挫败感和愤怒瞬间迸发，在战争时期引起了质变，改变了城市生活的一面……”[3]即使到了1921年，整个日本仅有10%的人口可以跻身中产阶级之列。

拉面登上日本舞台

日本正处于新食品科技席卷而来的时代漩涡之中，极度富有的资产阶级与饱受压迫的穷人阶级差距悬殊，拉面有望顺势进入日本饮食业，尽管还没有达到尽善尽美的状态。当时拉面没有立刻流行开来，不像现在每天供不应求地卖出成百上千碗，也谈不上日本料理的代表之作。毕竟万事开头难。拉面提供给人们的是满足的饱腹感和便宜又营养的实惠，是除了米饭之外又一种日常膳食选择。更重要的是，拉面的身影遍布全国，同其他食品一样，它不只是在东

---

1 赫伯特·H. 高尔（Herbert H. Gowery）：《日本的生活条件》，《美国政治与社会科学学院年鉴》，第22卷，《远东》，1925年11月，第161－162页。

2 同上，第162－163页。另参考岩屋沙织的《矿工的工作与生活——一名女矿工的生活史》，收录于肋田晴子、安妮·布希（Anne Bouchy）、上野千鹤子编的《性别与日本史》，第二卷《主题与表现/工作与生活》，第413－448页。

3 佐藤芭芭拉：《新日本女性》，第30页。

京或者国际化的横滨等热门城市里销售。拉面没有皇室贵族血统也不是普通人家出生，它是一种新奇的食物，没有人确定如此鲜美可口的面汤来自哪里。正如我们在前几章所看到的，推动拉面进入消费市场的诸多条件以不同形式遍布整个日本。

假名垣鲁文用笔记录下了江户末期、明治早期一个迅速变化中的日本，见证了日本在20世纪前10年的迷惘不安。日本逐渐走向强国之路，越来越多的外国人来此安家成为新日本人，随之而来的就是不同人群之间饮食喜好在变化的消费需求中相互碰撞、融合，产生了一些不同寻常的结果。

1911年，札幌的“竹家食堂”开始为店里形形色色的食客提供少量的中国食物。新建成的国立北海道大学迎来了许多学生，其中有180多名来自中国的交换生，他们是小食堂的常客。有一天，一位名叫王文采、曾在远东苏维埃工作过的中国工人到此吃饭。老板大久昌治爽快地请王文采来自己店里当厨师，把店里菜单的内容改成具有“中国菜”特色的食物。老板此举也出于一些经营上的原因，他可能听闻有些地区采用这种方法吸引顾客。王师傅做出了许多荤菜面食，一道被称为“支那荞麦面”的中式面食格外受欢迎。这道面食不同于日本人所熟悉的其他面食——不像荞麦面那么容易断，也不像乌冬面那么粗又滑。王师傅的面条很有嚼劲，充分浸在鲜美的肉骨汤里。面条这么弹牙是因为厨师在制作时用了碱水，往面团里加了一点苏打。[1]王师傅的面汤用好几种食材熬成，有鸡汤、蔬菜和咸骨头。这样的拉面立刻俘虏了食客的胃。

1　奥山忠政：《文化面类学——拉面篇》，第56页。

拉面的地理来源，以及它是如何得到“拉面”这一名称的事实真相众说纷纭，试图为之佐证的理论也很多，但最终依旧是个谜。

很多人只会称其为“中式面条”或“支那”荞麦面。二战后不久，各个城市或农村地区都有推车的小摊贩出现在下午或傍晚时分的街头，边吹着小喇叭，边用悠扬动听的声调吆喝：“中式面条！哟，就在这儿，卖中式面条了哟！”许多摊贩都是中国人，“中式面条”暗示了与普通日本面条的不同。竹家食堂的顾客很少会点什么“中式面条”，他们只管说“给我点那个鸡汤”就行。有一个观点认为，大久的妻子在看到店铺街对面的柳树时想出了一个点子，管这面食叫“柳面”（リュウメーン），“柳”取自中国汉字里柳树的柳，而面在日语中也是面食之意。在19世纪末期的横滨街头，卖面的路边摊叫作柳面排档（虽然日语写法不同，但发音一样），因此它可能是拉面北漂刚好进军北海道的标志。另一个经常被人们提到的可能性就是，当年王文采做好这道菜时，会用中文喊一声“好咧”，但他的中国东北口音听起来更像是“好啦”。王师傅的口音在日本人听来会有些刺耳，他们会把注意力集中到重音发出的“la”音上，也有可能将其误听成“ra”。同样一个“面”字，汉语为“mian”，日语为“メーン”，两者发音相似。因此一些粗野的客人可能点菜时开玩笑地说成“拉面”或“拉面条”。这个词，结合中国人确实把拉长的面条叫作“拉面”这一事实，可能是札幌那家小食堂在菜单里把它写成“ra-men”的原因。店主在菜单上用日语假名写出了汉字的读音，时间一长，来店的客人便记住了这道菜的名字。[1]由此一来，

1　奥山忠政：《文化面类学——拉面篇》，第57页。

一道新的菜品便诞生了——“拉面（ra-men）”，因为日语不区分“l”和“r”的发音。

各家理论众说纷纭

除了以上这段故事，还有很多餐馆争相抢夺拉面发源地的美名，这也许是因为各地餐馆在相近时间里以惊人的速度涌现街头，迅速遍布日本的缘故。

1910年，在日本浅草区，一家餐馆开门迎客，这家店就是“来来轩”，对店名的最佳解释就是宾客盈门的店铺。餐馆供应“中式面条”、馄饨，以及烧卖——一种日本人用自创方法包裹并蒸熟的中式猪肉点心。店里菜单上的定价很便宜，单点一个菜你就能吃饱肚子。着手经营这家餐馆的老板名叫尾崎贯一，原是横滨税务局的职员，52岁退休之后开了这家中国餐馆。[1]尾崎来自横滨市，这点很重要，因为他在那里体验过中国食物，亲身感受到中式面食在一座特别适合外国人居住的城市里是何等受人欢迎。餐馆维持经营，它的招牌一直挂到1943年，写着“营养丰富的中国菜——面条和点心只要7钱”（钱是日本货币中一个小单位，二战之后日本确定了以“円”作为货币单位，1円约等于100钱）[2]。

若干年过后，到了1925年，位于本州北部的福岛县喜多方市，另一家拉面店出现在了人们眼前。喜多方市的人口密度并不高，但

1 冈田哲：《拉面的诞生》，第91－92页。

2 同上，第93页。

目前这座城市拥有80家拉面店，是全日本人均占有拉面店数量最多的城市。喜多方是如何摘得全国拉面店数量之冠？这段故事很有意思，它阐明了民族认同和市场营销在拉面店铺爆炸式扩张过程中起到了怎样的作用，这将在后面的章节中另做解释。喜多方的成功与20世纪初的札幌和东京拉面店风生水起的起源故事有点大同小异，却又自成一派。

1925年，来自中国浙江省的一位名叫藩钦星的旅行者，来到了喜多方，并开了一家面馆。与日本商人不同的是，藩钦星自己打理着这家名为“源来轩”的餐馆，这个通俗易懂的店名，明显地表达出对东京“来来轩”餐馆的敬意。[1]他的餐馆开在火车站附近的一个角落里，生意兴隆。藩钦星的拉面店大获成功，但这并不能解释喜多方市里拉面店数量在战后成倍增长的现象。为此，诸位读者需要耐心看到战后时期，更全面地了解当地特色和食品旅游之间的交集之后再做定夺。

事实上，我们无法从某个单一的、流于表面的事实来做出解释，这些拥有相似名字的菜品几乎在同一时间出现在日本各地。

当日本城市地区实现现代化建设，东京一举成为东亚最先进的城市之一时，大多数日本人的饮食却依旧十分贫瘠。日本内务省卫生局在1918年完成了一项调查，研究人们的日常饮食结构。该调查结果表明，生活在农村地区的百姓仍然没有消费多少大米。[2]农民多食粗粮的主要原因是经济困难，在日本国内，农民种植小米自己

1 冈田哲：《拉面的诞生》，第97页。

2 濑川清子：《日本的饮食文化大系》（《日本の食文化大系》），第1卷，《饮食生活史》，第18页。

吃，出售市价较高的大米是提高收入的可靠手段。传统的日本农民在二战之前一年只能吃上几顿白米饭和年糕（糯米制成的糕团），家家户户都是如此。[1]在大正时代初期，日本政府不得不开始扩大粮食进口规模，为国民提供更充足的粮食补给；同一时期，大部分物价开始上涨。从1903年到1933年，中国台湾对日本的大米出口量几乎翻了两番，而中国大陆对日本的大米出口量更是增长了21倍。劳动者渴望价格低、分量足的美食，谋求更高的薪酬待遇，想获得更多的经济建设果实，他们的需求是城市饮食转型的一大重要因素。这并不是一场孕育成熟的政治革命，而是一场追求平等、想要提高生活水平的社会运动。

20世纪初至20年代期间，城市里做散工挣钱的工人数量急剧增长，这些人常常手头拮据。社会上有特别的餐馆欢迎穷苦劳动者的到来，那就是"一碗饭食堂（一膳飯屋）"，它们逐渐在劳动者聚集的地方流行开来。比起明治时代中期的"剩饭屋"，这些小餐馆略有改善，食物是现做现卖的。到了店里，你可以点上一碗米饭，饭上盖着蔬菜，或者加点钱换其他浇头。每逢下雨天，没有工作的人们吃不上饭，就会买几瓶廉价酒，或喝水度日——他们得找到下一份工作才能赚到钱买饭吃。这些"一碗饭食堂"与东京的历史密不可分，生活在这个城市的人向往着便宜又可口的餐食，这是推动拉面发展的基本因素。卖面的路边摊、荞麦面馆，都是便宜的好去处。[2]日本占领中国东北三省时期，生活在占领区的日本人和士兵，

1　濑川清子：《日本的饮食文化大系》，第24－26页。

2　昭和女子大学食物研究室：《近代日本食物史》，第391－392页。

不仅吃过中国大陆各种各样的食物，很多人还成了烹饪好手。回国之后，这些人大都做了餐馆老板。面摊、面馆的增加让他们可以一展身手，为大家的餐桌端上更丰富的食物。

满足口腹之欲，烟花柳巷的平民美食礼赞

越来越多的人涌入各个城市，城市生活也丰富多彩起来，娱乐场所遍地开花，面食更为流行。人力车夫、上班的工人、纨绔子弟都在夜深之后才回家，他们在越开越多的小吃摊上填饱肚子。对那些吃得起高级面食的人来说，吃吃路边摊一般都不算正餐，拉面是推杯换盏之后的一种小吃，或者回家路上的轻松一刻。对那些流落街头的人、白天拼命工作的小职员，或工厂的体力劳动者来说，拉面有时候就是正餐，如同快餐。拉面消费也同样符合学生一族的经济水平，满足了他们的营养需求。20世纪20年代，拉面渐渐成为夜生活丰富的一种象征，同时也是学生和工人朋友们的便利餐食。总之，它用处多多。

不过，是谁推着这些卖面的小推车？从宣传广告来看，许多公司从城市里的贫穷顾客、失业工人，以及被称为“苦学生”的勤工俭学的学生之中挑选雇员。“勤工俭学”是明治末期流行起来的一个词，指那些充满热情地在这个世界里前进，为社会进步付出劳动的学生。出版公司推出了许多指导丛书详细解读了学生们如何掌握成功的技巧，实现20世纪20年代的迫切目标。其中一本手册例举出能够支付学费的打工建议——经营一个卖关东煮的小摊（销售调味炖熟的蔬菜和豆腐），经营一个卖乌冬面的小摊，或当一名人力车

夫，这些都是就业赚钱的好途径。[1]

战前时期，拉面消费的快速增长表明今天速食拉面广为流行的背后有一个“面食传统”的历史积淀，时间要倒退回明治时代甚至更早以前。使拉面渗透人们日常生活的一个因素是日本的娱乐场所，即我们所知的娱乐一条街（日语为“歓楽街”）。生活在这一时期的城里人越来越多地到肉林酒池之地寻欢作乐，拉面成为他们吃饭的一大选择。随着交通工具、酒吧、妓院和电影院日益发展，拉面也越来越受人们欢迎。1925年，国际知名社会学家矶村英一，对东京人的时间进行了一次社会调查，结果发现那些从事食品行业的人（比如在餐馆工作、经营路边摊和从事食品运输），普遍从黎明一直工作到深夜。这意味着人们要有必要的交通工具，有深夜开着的营业场所。拉面馆或其他面馆在浅草随处可见，那里是东京的娱乐中心，传奇面馆来来轩的大本营。据说中式食物的香味弥漫在浅草的空气之中。中国菜，特别是“中国面食”开始在这些娱乐场所销售，从一大清早到深夜都能吃到。吃拉面本身变成了一种娱乐行为，成为夜生活的一部分。无论工作晚归还是出门看戏、看电影或看歌舞表演，回家路上吃一碗拉面成了人们为精彩夜晚画上的完美句号。

所以，在人们眼中，“支那荞麦面”拥有怎样的形象？为什么直到20世纪40年代末期才从人们嘴里听到“拉面”这种叫法？绝大部分原因在于这种面食被归类于低俗的范畴中，它是风月娱乐场所里最完美的膳食选择。对于日本年轻人来说，吃面算得上一种叛

1　近森高明：《街角的夜宵史》（《路地裏の夜食史》），收录于西村大志编的《夜宵的文化志》，第79－99页。勤工俭学现象参考岛贯兵太夫的《辛苦学报》。

逆行为，在日本战后著名小说家大冈升平的作品里曾提及这个现象。在他看来，偷偷溜到未成年人不得入内的都市成人领地里吃一碗家长不许吃的中式面条，是听话的老实孩子生活中极其刺激的一件事。[1]日本人对中国文化夹杂着优越感、虚幻的神话色彩，还有若有若无的自卑感。中国人深夜揽客的经营场所里，经常会有地痞流氓、暴徒和小年轻光顾，吃霸王餐的溜得飞快或当场寻衅斗殴，不管是面食还是餐馆本身都游离在社会主流之外，不在政府管辖的雷达搜索范围之内。[2]但是，拉面最重要的一点在于它不是在家里吃的食物，你得特地跑到外面的路边摊或餐馆，或点个外卖才能吃到。到20世纪20年代，汤面已经成为社会底层和劳动阶级的正餐，也是他们每天三顿饭的基础上增加的额外营养，可以当夜宵或其他时候的饱腹慰藉。

川本三郎在他的著作《大正幻影》中把20世纪20年代及30年代日本人对于中国文化、中国饮食爱恨交加的感情写得入木三分。在分析大正时代日本文学的流行趋势之中，通过永井荷风、谷崎润一郎与佐藤春夫（以及其他作者）的文字，川本觉察到了人们潜意识里暗藏的分裂心理。明治改革、日益增长的军事实力，以及第一次世界大战时期加入盟军阵营，日本社会的表面已经被修饰得更加自信、繁荣，但西化的外表下潜伏着焦虑的情绪。

早在日本社会接受中国食物之前，日本战前时期备受尊崇的小

---

1 右田裕规：《拉面历史要从“夜晚”开始解读——红灯区、外卖、喇叭与战前时期的日本人》（《ラーメン史を，〈夜〉から読む——盛り場·出前·チャルメラと戦前の東京人》），收录于西村大志编的《夜宵的文化志》，第127页。

2 同上，第110－160页。

说家谷崎润一郎就称赞过中国食物。在1919年《朝日新闻》刊登的一篇新闻报道中，谷崎说他从小就觉得中国菜比西餐好吃得多，他最喜欢的中国餐馆在沈阳（中国北部一座城市），他们的菜比东京任何一家餐馆做的都要好。[1]但谷崎并不是欣赏中国菜的所有方面。比如他说过："我喜欢中国食物，大蒜也能吃，但我接受不了吃完大蒜后第二天的味道，连我的小便都充满大蒜的臭味。这个有点让人头疼。"[2]即便到了20世纪20年代，生活在大正时代繁荣社会的日本人依旧保持着清淡的饮食习惯，大蒜刺鼻的味道显得格格不入。那时，许多日本知识分子开始觉察到，日本社会让大众的思想脱离了过去，迷失了真实本性。[3]这些知识分子（与消费者）试图用中国或其他国家的外来产品取代他们认为自己所失去的部分。对于20世纪20年代末至30年代初日本爆发的中国热潮来说，为什么日本消费者开始青睐并喜欢上中国主题的商品，这就是一个很好的解释。日本人对于"外来"商品的消费有所增长，它们来自南方诸多岛屿。川本把这样的社会和这样的消费现象取名为"对外国的崇拜"，吃拉面也是这种形式的一部分。在中国热潮席卷日本时，日本人对于中国歌曲、电影和服饰的兴趣更胜于以往，这是否反映出他们对于中国菜的接

1 谷崎润一郎：《支那的料理》，《谷崎润一郎全集》，第22卷，第78－83页。该报道见《朝日新闻》大阪版。

2 千叶俊二：《谷崎润一郎上海交游记》，第43页。

3 川本三郎：《大正幻影》，第175页和第196页。许多谈及明治和大正时代的代沟裂痕问题可参考J. 托马斯·赖默（J. Thomas Rimer）编的《文化与身份——战争时代的日本知识分子》（*Culture and Identity：Japanese Intellectuals during the Interwar Years*）。

受态度？[1]这个问题很难回答，但这种交融十分引人注目。

日本社会这般多元化的演变使传统习俗发生了剧烈震荡。至于混入中国元素，自然是有人欢喜有人厌恶，并由此诞生了一种兼收并蓄的风格。20世纪20年代末期这部分日本大众文化，被历史学家米里亚姆·西尔弗伯格打上了“怪诞”的标志。剧场、影院、购物商店和庙宇里那种狂欢嘉年华的气氛，如同描述东京浅草区的娱乐场所一样，到处是“食物的盛宴，走马观花看西洋镜……络绎不绝的游客‘进城’祈福，在浅草观音寺买护身符，工厂的工人们休息天去看电影。所有人，包括乞丐，在那里都能吃到不同地区的、或中式或西式的食物”[2]。

起始于江户，推广于明治，定型于大正

日本料理在江户时期奠定了基础，明治末期及大正早期这段时间吸收了中国菜元素之后，孕育出了现代日本饮食口味和餐食。这是我们如今所公认的拉面全盛时期。在这个发展过程中，有一个重要的因素就是新兴城市里的工薪阶层，他们需要高脂肪含量的食物。20世纪20年代刮起的中国菜热潮恰巧归功于城市地区工人阶级的不断壮大。民族文化相互交融，蓝领一族接受了更能体现无产阶级观念的中国食物，与传统日本料理相比，中国菜的实质大于外表。我

1　迈克尔·巴斯克特（Michael Baskett）从电影和娱乐方面讨论过这些问题，参见其作品《充满魅力的帝国——日本帝国的跨国电影文化》（*The Attractive Empire：Transnational Film Culture in Imperial Japan*），第72－84页。

2　米里亚姆·西尔弗伯格：《纵情声色，荒诞不羁——日本近代时期的大众文化》，第205页。

们应该记得，直到1915年，中国劳工成为日本外来人口中比重最大的人群。[1] 20世纪20年代，一部分日本人推崇西方食物，而更多人喜欢的是中国菜，认为中国菜与日本料理一样，搭配米饭来吃，更容易消化。女子大学教授一户伊势子是著名的食品研究学者，曾去中国的满洲里和北京调查过中国食物。在1922年，日本机关部门派出厨师长秋山德藏前往中国，向清朝朝廷学习中国烹饪。[2] 1923年，东京的餐饮企业数量达到了2万余家，其中有千余家是中国餐馆。[3] 1926年，山田政平出版了简单中式料理的烹饪书《适合新手做的中国菜》(《素人にできるシナ料理》)，一经上市就广受好评。

20世纪的东京见证了城市景观建设的三大不同时期。1923年之前的旧时代东京，在杂乱无章的大环境中崛起，脱离了江户和明治时期千篇一律的流行元素，带着近现代密集涌现、相互竞争的各种特征，直到1923年关东大地震袭来，把这座城市一夜之间夷为平地。紧接着就是1923年之后，东京努力重建，为工薪阶层和富人阶级创造了一种食物，鼓励城市里的人们做好准备，筹备1940年的奥林匹克运动会。最后是二战之后的东京，即我们现在所看到的样子。

让我们回顾1923年遭受大地震之前的东京。卖面小贩的身影不仅出现在日本一些主要城市的街头巷尾，而且在全国各个城市和

1 安德里 · 亚瓦斯特（Andrea Vasishth）：《典型的少数民族——日本的华人社区》（“A model Minority – Chinese Corunity in Japan”），收录于迈克尔·韦纳（Michael Weiner）编的《日本的少数民族——同一化的幻想》（*Japan's Minorities – The Illusion of Homogeneity*），第108页。

2 昭和女子大学食物研究室：《近代日本食物史》，第636页。

3 同上，第643页。

地区都能看到。他们大多都是中国人（或人们想当然地认为是）。他们吹着小喇叭上街吆喝自己的商品。[1]因为军队发现当他们的食堂菜单里出现中国食品时士兵们会很高兴，于是中国菜为日本人所接受的可能性变得越来越大。日本帝国同时对中国大陆文化产生兴趣，日本记者、日后成为众人皆知的享乐杂志出版人松崎天明，在1930年的日记中如实地记录着这一切。同其他城市里的知识分子一样，松崎对中国菜赞赏有加，因为“它散发出一种使东西方文化相互交融的混合特征”。[2]原清宫御厨李洪恩在紫禁城里写了一本中国菜的烹饪书，由日本军队翻译官本多清人翻译，书名为《简单中国菜》。山田政平在杂志《妇人之友》上开设的中国饮食新闻专栏，后来也被编辑成书，稳占1931年、1932年书籍热销排行榜的位置。[3]

百货公司在关东大地震的废墟上建立起了一栋栋新楼，商场里有对公共开放的餐厅，供客人们吃饭喝茶，称为大众饮食店。在这些百货商场里，你可以购物、吃饭，一站到位。从某种意义上说，1923年的大地震摧毁了东京这么多旧时代建筑，而商人和他们的商店可以借此摆脱过去，为社会重新创造出新时代的口味和消费场所。铁路运输开始大显身手，地方风味的食物不再受到地域的限制。关西风味、地道的大阪味道和京都味道，开始游走各地，并搭乘铁路轨道一路向北，到新地方闯荡，到繁荣的东京开辟新市场，创造出一个完全不同以往的、更统一的民族口味。[4]

1 米泽面业协会九十年史刊执行委员会：《米泽面业史》，第86页。牛岛英俊：《糖与卖糖的文化史》（《飴と飴売りの文化史》），第55页。

2 南博：《近代平民生活志》，第6卷，第174页。

3 昭和女子大学食物研究室：《近代日本食物史》，第782－783页。

4 同上，第771页。

引进于1925年的电视广播行业，也为饮食文化的传播添砖加瓦。1926年，名古屋地区播放了一档家庭烹饪节目，打造了一种全新的家庭形象。这些节目内容后来结集成书——《“四季烹饪”无线电视广播》。这些为了让日常生活更加卫生所做出的努力和文化推广，一部分是为了更好地进行“生活改善运动”，更为合理化及科学化地规划女性的家务劳动。对广大妇女家庭手工劳动的关注加速了方便（速食）食品的市场发展，包括速食咖喱和快速调味品味精的普及。到了20世纪20年代中后期，方便食品和调料被摆上货架。有了它们，一些家庭主妇或仆人烹饪饭菜时，就不必在炎热又昏暗的厨房里待上好几个小时。[1]

战前的昭和时代为日本社会带来的变化甚少，不足以与明治时代或战后时期相提并论。1926年，新日本帝国刚刚迈入昭和时代，许多家庭活动仍然维持原来的样子，延续过去的旧习惯。你仍然得在厨房里自己生火，盛好自己要用的水再搬过去做饭。1930年前后，只有部分家庭开始装水槽、用水龙头，日本的管道普及进度很缓慢，1935年时只有29.1%的人口在厨房安装好了管道。[2]人们也开始外出就餐，尤其是居住在扩张城市附近的人们。20世纪30年代，仅在大阪地区就已经有800家小餐馆和10000多名女招待。到了1936年，有12000名年轻女性为客人端送热乎乎的饮品。起初，这些新开的餐饮店和社交场所主要服务于中产阶级和知识分子。女性招待们穿着和服，系着围裙，服务顾客的同时也和顾客聊聊天。

1 昭和女子大学食物研究室：《近代日本食物史》，第713－715页。

2 日本食粮新闻社：《昭和与日本人的胃袋》（《昭和と日本人の胃袋》），第194－195页。

这些女性进入服务业工作，成了一个普遍的社会现象，五花八门的新闻和通俗杂志还有小说，对她们或是赞美，或是丑化。[1]女性工作大多是为了在餐馆里赚点小费，这都依赖于她们招待的男性顾客。[2]她们经常在下班后陪着男顾客去光顾甜品店和面馆。不仅仅是女性就业扩张了食品行业的规模。到了20世纪30年代，生活在城市里的人们更频繁地到餐馆或简陋的路边摊去吃饭，这些饮食店通常都是由日本帝国扩张过程中新增的社会成员们经营，他们分别来自中国大陆、台湾，以及朝鲜半岛。

当日本开始向中国发动战争时，很多中国人已在日本国内工作生活多年，日本料理已经成为不同饮食文化的混合产物。1931年9月，日本关东军栽赃嫁祸中国军队，发动“九一八事变”，炮轰东北帅府所在地沈阳城，并派出更多军队强行占了中国东北全境。不到一年，日本战机轰炸上海，日本侵略者的铁蹄四处践踏，战争全面爆发。大正时期已经为一场真正的食物革命搭建好了舞台，无奈在20世纪40年代受到了军国主义的阻碍。

直到20世纪50年代中叶，像拉面这样的杂食终于强势回归，而等在它眼前的却是多舛的命运。最让人们难过的是到处都买不到一碗好吃的汤面，且人人都有可能被征召到遥远的国家去打仗，为国牺牲。

---

1 米里亚姆·西尔弗伯格：《餐馆招待服务现代日本》，收录于史蒂芬·弗拉斯托斯（Stephen Vlastos）编的《现代化的映照——现代日本打造的传统》（*Mirror of Modernity*：*Invented Traditions of Modem Japan*），第213页。

2 同上，第221页。

第八章

二战时期的饮食——漂泊无依的世界

那时，日本还没有现在的拉面；没有柏青哥，赌博机里银光闪闪的小钢球还没相互撞击打开赌博新世界；日本历史上著名职业摔跤选手力道山尚未在日本战后举办的一场大型电视转播体育竞技赛中打败夏普兄弟（出生于加拿大，却被誉为美国最伟大的摔跤选手）；日本民众还没开始去国外度假、去关岛旅游以及在夏威夷度蜜月；日本还未经历20世纪50年代末的经济腾飞，东京还没有成功举办1964年奥林匹克运动会；日本尚未大量进口美国小麦，农产品也尚未按规定强制性分配到各个城市……那时，持续了15年之久（1931－1945）的毁灭性战争尚未结束，日本还没宣布投降。这场战争带来的经济和人口损失殃及大半个地球，欧洲殖民主义被终结，但数百万计的人民遭受奴役之苦，血腥杀戮更是无以计数。那时的日本，面包、食用油还未普及，没有成堆的猪肉、牛肉或咖喱；在东京，还没有广告灯箱霓虹闪烁的便利店，货柜上还没有摆满新鲜饭团、盒饭、汤面、乌冬面、苏打汽水、冰镇或加热的罐装咖啡。

在所有这些东西问世之前，战争时期的日本，饿殍遍野。

◇

多年前，我经朋友介绍参加了一个佛教信徒集会，前往永平寺参加一年一度的秋季祭祀活动。这座寺庙位于日本福井县吉田郡，是日本曹洞宗的主要寺院之一。永平寺始建于13世纪，同许多寺院一样，至今保留着苦修的传统和庄严的氛围。禅修往往需要数小时废寝忘食般地沉浸于冥想里。因为我的这位友人是村里的大官司（神宫），我想以实际行动来了解他献身佛门的精神境界，于是开始参加佛教早课。当你在佛教寺院里说“清晨”这个时间，确切地讲，应该是凌晨时分。凌晨3点45分就要意志坚定地离开松软舒适的被窝，端坐在一片漆黑之中，这才称得上是合格的佛教信徒。幸运的是，我去的时候正好是初秋时节，气温还没低到冰冷刺骨。佛堂大殿没有配备空调或地暖，所以你能切身感受到周围的自然环境。出席早课的佛门子弟坚定地相信精神信仰的力量，至少克服气候环境因素不在话下。清晨通常都比较冷，而且四周黑漆漆的，整个人还没彻底醒来。年纪轻轻还在受训阶段的小僧侣护送参拜者们进入大殿内的房间，身披黑色袈裟的高级僧侣们已经在那里正襟危坐，摒除一切杂念进入忘我的冥想状态。我们这些参拜者被带到寺庙尽头的一间侧室，允许以放松的姿势坐下，或保持一会儿盘腿坐姿。在场的大官司身穿华丽的红色绸缎长袍，因为年事已高，我们聊天时，他能坐在一把小椅子上休息一会儿。他向我们解释说，早课的主旨应当是“充实”，感恩自己生活中所拥有的一切。究其本质，其潜在的意义就是“不要过分觊觎他人之物，这样生活会更加轻松”。接着，他给我们讲述了一段他的童年往事来点题，故事大约发生在二战末期。

正如许多同时代的人一样，这位大官司的父母没有能力让他吃饱穿暖，于是他被一家寺院所收养，在那里长大。寺院把他养育成人。作为回报，他承担寺院里的杂活累活，并协助住持侍从工作。等到了上小学的年纪，他开始意识到自己的等级在战前日本戒律森严的寺院体制内是如此卑微。一天，当时寺院大官司的妻子煮了一锅白米饭，邀请侍从到家里来吃饭。“我简直不敢相信自己这么幸运。”他对我们说。当时的他高兴极了，因为白米饭是无与伦比的美味——在战争年代，尤其是这种严格配给的食物，一般人得不到，只有做梦才能看到。师母把盖着盖子的饭桶放在榻榻米上，紧挨着吃饭的矮桌，然后说她去去就回，便转身到厨房去。眼前的大官司和我们分享了这段温暖的回忆。在传统的日式矮桌上，大家安静地坐着，等待着按照老幼尊卑顺序来盛饭的时刻。

那时，坐在那里的小和尚仍然不相信眼前竟有如此好事。“突然，正蹒跚学步的大官司的孩子摇摇晃晃地走过来，全身只裹着尿布。小孩拿起勺子，翻掉饭桶的盖子，用勺子打圈搅起了米饭。”他娴熟地讲着故事，好像以前就已经讲过似的，“我不确定当时是否应该把小孩手里的勺子拿走，但在我做出反应之前，小孩似乎觉得把饭勺塞进尿布会很好玩。于是他把饭勺塞进尿布里转了一圈，接着又把它扔回了饭桶里，然后走开了。”

这位老官司堪比说书人般的专业讲故事水平把我们逗乐了。然后他问道：“如果你们是我会怎么做？一家人能承受得起一顿白米饭的浪费吗？当然不能。如果把这件事说出去会伤害到谁吗？会有什么好处吗？”他提出了一连串问题，我们却从未想过这个家庭是否吃掉了那顿饭。正如许多佛教故事一样，答案没有对错之分。

饥饿的日本与富饶的美国

上文的这个故事揭示了战争时期日本生活的两方面，并告诉我们佛教僧人习惯用幽默风趣的故事来转播宗教思想。[1]首先，为了集中力量发展技术和军事力量，战争时期的日本掏空了整个社会的物质和经济基础。其次，从1931年到1941年的10年时间里，日本人民沉浸在战事捷报频传的胜利喜悦中。但好景不长，当1941年盟军开辟欧洲第二战场之后，战争形势陡转，1943年大部分人都处于一种营养不良的饮食生活状态之中。极其微薄的收入几乎难以维持普通工人阶级的日常生活，更不用说情况越发恶劣的战争时期了。当时的日本，同英国，还有欧洲及世界上绝大多数地区一样食物匮乏，但美国不一样。日本政府和军队敦促国民勒紧裤腰带，开垦自家院子里的土地种植马铃薯和其他蔬菜，省下大米留给出征的士兵。当局政府制定了一句口号："奢侈是敌人！"把勤俭节约的讯息传达给家乡父老。

外出就餐在如今繁荣富裕的社会里并不稀奇，一天任意时间出门都有种类丰富的食物可供选择。而对于绝大多数战争时期的消费者来说，食物是奢侈品。残酷的战争引发了两大剧烈变化，为日本

1 某种程度上，国家雇用执行者和其他工作者担任一场全国性运动的成员，向国家百姓传播神道教思想。详情参考海伦·哈达克（Helen Hardacre）的《创造国教神道教——伟大的宗教传播与新宗教》（"Creating State Shinto：The Great Promulgation Campaign and the New Religions"），《日本研究期刊》，第12期，1986年冬，第29－64页。

饮食的重大变革孕育了温床。一是引起了战后经济灾难，迫使人们寻找其他食物代替长久以来一直作为主食的大米。二是消除了许多战前日本社会对于阶级的划分，创造了美国人定义的由普通群众组成的一类消费群体。军队是一种有效的社会平衡机制，它继续着社会战前就已经开始的事业——把百姓从农村带到城市，并让他们熟悉城市里的新事物，其中包括面条类菜肴。

在军事基地的食堂里，士兵们可以喝点廉价的啤酒来补充他们贫乏的膳食，此外还能吃到荞麦面、乌冬面这类面食，在他们眼里这些都是美味的小吃。有时候，甚至中式面条（“支那”荞麦面）的销路也不错。[1]在战争结束以后，士兵们带着这些味觉感受和吃饭的回忆重返故乡。

战争之路

如同第一次世界大战时期的德国一样，二战时期的日本面临着层出不穷的后勤补给难题，不得不探寻其他途径和办法来补充士兵们身体所需摄入的热量。[2]日本的营养学家提出了一种论调，声称日本精神即大和之魂，能切实帮助人们克服身体缺陷和食物匮乏的窘境。许多学者和知识分子都相信这种幻想，而事实上，人类的大脑根本无法承受身体营养和热量的严重短缺。在1945年之前，大多数日本家庭很少在奢侈品上花费个人积蓄。当时，食品消费占据日

1 益田丰：《从军与战中、战后》（《従軍と戦中 · 戦後》），第33－38页。

2 莉齐 · 克林汉姆（Lizzie Collingham）：《战争的味道：二战与食物之争》（*The Taste of War-World War II and the Battle for Food*）。

本普通劳动者收入的30%之多，而在美国这一比重仅为20%。普通农村家庭生活更为糟糕，将近60%的收入都用来支付生活费用。不论城市还是乡村，各个地区普遍贫困落后。到20世纪30年代，日本男性的平均寿命竟然只能达到43岁！[1]战争并没有改善这些官方统计的数字。日本家庭重男轻女的思想依然严重。

对社会底层阶级和农村百姓来说，吃饭，即便是家里的粗茶淡饭，摄入更多的食物为身体补充热量所带来的快乐远胜于一切。1933年，在日本正北部山形县里长大的一位妇女，在回忆录里详细记述了她童年时期吃的饭菜没有任何值得一提的东西："我们的日常饮食，早、中、晚，一日三餐没有太多变化。"主食通常都是淀粉类食物，如大米混着一些其他杂粮谷物，配着味噌汤和腌制的酱菜。有时候晚上会吃一些蔬菜，有时候则会有一些炖菜。"鱼肉，一般每周吃一次。"[2]食品数量少、品种少。日本传统农村房屋中间搭建有火炕，一家人吃饭时围坐在火炕边，屈膝正姿跪坐。只有一家之主才能相对轻松地盘腿坐着。家族成员以老幼为顺序围成小圈，每个人从一家之主的手里分到一些餐食，份量受到严格的控制。"在座的成年人偶尔会谈论一些乡间田野的事情，此外大家吃饭时几乎没有对话，每个人都安静地吃。如果小孩们开始聊天，我父亲就会立刻大喊一声：'你们在干什么！'"这些日常琐事深深地留在了她的记忆里。[3]当悄然无声的用餐时间快结束时，每个人都会往自己的碗里倒些热水，就着一片腌萝卜把碗刮干净。然后，各自用手帕把碗筷擦

1　加里·阿林森（Gary Allinson）：《日本战后史》（*Japan's Postwar History*），第16页。

2　石毛直道等人著：《昭和食物》，第11－12页。

3　同上，第11－12页。

干净，放回碗橱里（一般一个月会用水和肥皂彻底清洗碗筷一次[1]）。这种静默的家庭饮食氛围，与国际宴会和明治政府为了提高日本国际外交地位而举办的舞会相差甚远，与德川时期在长崎举行的、席间充满欢歌笑语的传统中国宴会，更是无法相提并论。

战争时期的饮食与民族

在日本持续侵略亚洲诸国的15年里，日本的爱国主义者赞美日本饮食，视其为民族自豪和日本人民拥有过人健康体魄的源泉。这种信念似乎有点道理——但最好不要苟同，事实上日本人称不上特别健康。日本在发动战争时，国民粮食富足，到了20世纪30年代末，国家已经施行定额配给，以此供应大部分人的日常需要。

每个日本人都吃米饭，喝味噌汤，以此证明自己是日本人。在自我扩张的进程中，这样的饮食习惯成为区分占领区居民和日本人的鲜明标志。在漫长的战争时期，“国民饮食”被赋予了不同的意义，它不再意味“在日本吃到的食物”这样普通的含义，而是类似于“人民的民族饮食”。一份有关营养学方面的国家期刊在1941年对“国民饮食”做出了这样的解释：

> 我们的身体并不为我们个人的生命所有。我们必须使用自己的身躯来支援国家。避免暴饮暴食，免受疾病侵害，不克扣日常膳食，保证我们的身体摄入足够并且有效的能

1　石毛直道等人著：《昭和食物》，第12页。

量，这是忠诚于国家的表现。我们必须制定相关政策，以促进合理的国民饮食发展。

该文章指出，“这个‘国民饮食’应该与国民的年龄和劳动程度相应”。[1]中国饮食，与自称更为“精致、健康”的日本国民饮食之间的区别，让日本人在战前、战后不同时期，对占领区的饮食文化的态度也受到了影响。这种态度经过20世纪30年代一场“中国热潮”的洗礼之后，才有了轻微的改善，日本开始对中国主题的电影、歌曲，中国风格的服饰和其他商品产生浓厚兴趣。战争末期，日本帝国占领了许多不同地区，有朝鲜、中国台湾和大陆、波利尼西亚、冲绳和中南半岛地区，所有地区的饮食都不可避免地影响到了当地侨民，他们归国返乡时把这种影响也一并带回。即使战争结束，这种影响仍在持续，走出国境的外来食物得以推广普及。所以在当今日本，我们看到饺子、汤面、大阪烧（鸡蛋和面条做成的杂菜煎饼）、炸猪排、蛋包饭和啤酒都已不再是外来食品，而是真正的日本风味。

在战争年代，大米保持着饮食生活中的核心地位，但找到替代食物亦是必要之举。担任日本陆军大将以及日本企划院总裁的铃木贞一（后被判为甲级战犯）在偷袭珍珠港之前，即1941年11月5日召开的御前会议上发表言论称：

我认为有必要考虑替代性食物，比如大豆、小米和红

1 《国民饮食与和大和民族》（《国民食と和》），《营养与料理》，第7卷，第4册，1941年，第4页。

> 薯等。我们还有必要对粮食施行一定程度的管控，以防万一。我们计划从泰国和法国殖民统治的中南半岛等地进口大米，呼吁执行粮食补给计划，应对1942年南方地区因战事导致大米年产量降低的问题。[1]

军方可能已经意识到了战败的潜在可能。但是，即使做出牺牲，考虑了维持膳食营养的代替食品，日本还是尽可能征收大米粮食。这种类似于把头埋进沙子里的“鸵鸟心理”，表明帝国主义野心从一开始就注定会失败。

日本士兵与食物

一部名为《拜见天皇陛下》的日本战后喜剧电影很受欢迎，影片主角是日本著名演员渥美清（广受好评的《寅次郎的故事》系列片由他主演），饰演一个享受部队生活的农民，因为在那里他一天三顿都能吃上白米饭。[2]影片以一种戏谑的方式讲述了在日本许多贫苦农民眼里，从军实际上是一种逃避农活、逃避贫困生活的选择。在部队里，他们能领到衣服、鞋子，吃到有营养的饭菜。

这种吃着白米饭的军人形象，美国导演弗兰克·卡普拉（Frank Capra）在日本战时拍摄的系列战争纪录片《我们为何而战》（*Why*

1 戴维·刘（David Lu）：《日本——一部记录史》（*Japan*：*A Documentary History*），第429页。

2 影片名称为《拜见天皇陛下》（《拝啓天皇陛下様》），松竹电影制作公司，1963年。该影片续集上映于1964年。

一幅美国二战时期的海报，宣传了战争时期美国人要注意吃些什么，与当时日本政府下令国民节衣缩食形成巨大反差。这份饮食指南上建议人们每天摄入畜肉、水果、马铃薯、鸡蛋和面包，这一切对于战时的日本国民来说简直是天方夜谭

We Fight）中也有写实记录。其中一部名为《认识你的敌人：日本》（*Know Your Enemy: Japan*）的影片中有一幕场景是日本士兵们正坐着吃饭。一个声音洪亮的旁白向屏幕前的观众解释："他们正在吃米饭，有时候配有一些鱼肉，但大部分都是白米饭。"[1]接着导演把镜头切到了食堂里放满了盛着精白大米饭的金属饭盒。讽刺的是，美国和日本战争时期的纪录片延续着一个相同的神话——说起日本人就说到他们吃白米饭。战前日本社会对于肉脂和食用油的消费需求量已经处于一种极低水平，只占有人均总热量摄入的2%左右。根据一份战后评估数据，日本人的总热量摄入"远远低于美国、加拿大等西方国家的人均水平，但这是意料之中的结果，特别是日本成年人体格普遍比较矮小，婴幼儿在总人口数量中占有很高比例"。[2]在战争时期和战后时期，粮食短缺的严峻现实致使人们极度重视大米，这也是面条重新占据了饮食行业某些优势的原因之一。为了弥补身体每天所需能量，人们找代替食物的行为被社会大众所接受。

日本为什么要在世界各地挑起战火，这个问题从各个方面都能讨论，但当我们从日本紧张的粮食形势和政治局势评估的角度来看，却发现这个问题之宽泛远远超乎想象。日本帝国，如同大英帝国一样，出于各种原因脱离了原本以战养战的计划，以失败告终。日本帝国主义是机会主义，因此社会内部混乱不堪且充满矛盾。

到1942年，受日本统治的人口数量增长到3.5亿人左右，从阿

---

1 该电影从未在影院公开放映，可通过市面上发行的DVD观看该片，埃尔斯特里·希尔娱乐传媒（Elstree Hill Entertainment），2004年。

2 布鲁斯·约翰斯顿（Bruce Johnston）：《日本二战时期的粮食管控》（*Japanese Food Management in World War II*），第90页。

留申群岛一直延伸到印度，是法国和荷兰帝国的人口总数的五六倍，国土面积约为大英帝国全盛时期的3/4，但所用的时间却比他们短得多。

食物与胜利

食物对战后日本饮食转型具有极为重要的战略意义。抵抗盟军的战争开始之后，关于战争与食物之间存在紧密关系的知识并没有突然出现。实际上，日本军方和当局已经就此问题谈论了数十年之久。战前日本军事家和评论员们充分意识到了军队和国家补给不足的危险性。在20世纪20年代至30年代，日本花费宝贵的财政资源，组成专家团队，对德国和英国全方面分析第一次世界大战的资料进行翻译解读。在二战开始之前，日本政府一直关心着国家百姓健康问题以及饮食内容。就在一战结束之后，日本首相官邸于1919年8月28日提议设立国民营养研究所。此举意图宣布日本社会“需要调查食物营养，学习如何提高并保持人民健康水平”。[1]1919年12月16日，日本首相原敬执笔写了一份备忘录：《关于提升国家实力、公共营养和代替性食物的问题》。这份计划建议国家致力公共健康和国家实力的建设工作，要求各地尽快派出政府官员开展会谈，并调查该地区民众的健康水平现状。认真讨论代替性食物，并鼓励人们消费，“这是我们解决粮食供应危机最重要的途径。”该报告如是总

1 日本首相于1919年8月28日提议成立国民营养研究所（纂01462－100，卷034700），（国家档案馆，东京，日本）。

结道。[1]政府的工作热度一直持续到20世纪40年代，处于危机时期的日本对于军事物资供应线、营养学和粮食短缺对于国家人口的影响知之甚少。

1942年出版的一部日语书，以《应急粮食》为名，但是建立在这方面的知识同样坚持了错误的信念，即日本精神，认为人们可以通过纯粹的精神力量战胜身体需求。这部巨作巨细靡遗地介绍了日本应对饥荒和农业灾害的历史。它援引了德国在第一次世界大战时的经历——同时战胜五国强敌，却最终战败，就是因为国家忽视了内部基础设施的布控从而引发了粮食补给问题。另一位战争时期的日本作家描述了处境和现状之间的重重困难："当前，ABCD四国（即美国、英国、中国与荷兰）的封锁政策对我们而言都是一样的，他们试图扼杀我们的祖国。我们的士兵正要取得伟大的胜利，但我们没有理想的气候和粮食作物，所以我们能有什么办法呢？"[2]寻求代替性食物的声音在政府大厅里此起彼伏。日本农林省大臣井野硕哉在一份备忘录中指出，1941年10月21日他向大阪贸易协会建议，从满洲里进口黄豆，以此来代替水稻和小麦。这一举措是否可行，将会对酱油、味噌酱和农业肥料产业带来怎样的影响，成为当时极为重要的争论话题。[3]

还有一个有趣的问题引起了军事规划者的关注——一份1936—1937年关于营养学和军事学的研究表明，日本人的口味偏好并非大

1 《关于民力涵养以及混食替代食品奖励制度》（单02247－100，卷020400），（国家档案馆，东京，日本）。

2 东方筹：《非常时期粮食研究》（《非常食糧の研究》），第1－2页。

3 备忘录内容出自农林省大臣井野硕哉，1941年10月21日致大阪贸易协会（纂02657－100，卷070900），（国家档案馆，东京，日本）。

部分人所想的那样统一。今天，我们对于日本种类丰富的拉面早已习以为常，不同风味反映了当地人的口味喜好、就地取材的原料和地方烹饪的历史。这种饮食模式似乎使战争时期的日本军方大为惊讶。军队营养师指出，每一位士兵都参与了问卷调查或不同形式的询问，关于如何煮饭，味噌应该是咸的还是甜的，以及其他关于日本菜烹饪的方方面面，所有人都有根深蒂固的观点，这显然有悖于他们自己相信日本人吃的都一样的信仰。日本著名军事学家、陆军少将川岛四郎开始思考这些问题。川岛四郎于20世纪30年代最初就任于东京陆军粮草总厂，对日本士兵便携式粮食开展研究之后于1942年获得东京帝国大学（东京大学的前身）农业博士学位。他的评论反映出了一个更为深刻的国家问题——关西 (西日本) 与关东 (东日本)，两大地区之间存在着严重的饮食口味喜好差异，其范围已大大超出了城市中心的范围。生活在明治时期的大多数日本人早已接受了这个事实，饮食喜好取决于生活在哪个地区。日本军国主义不得不仔细划分地区来重新定义士兵和社会，使人们相信国家确实比想象的更为民主平等，这种动力源泉反映在为部队武装提供的军事计划之中。然而讽刺的是，引进西方和中国混合食物并运用到军队食谱中的决定是一种政治策略，旨在阻止士兵们心里的不满，因为很少有人能克服先入为主的观念——这些饭菜对每个人来说都是陌生的外来口味，不妨以此作为有效手段，来创造更大范围内的“民族口味”。[1]否则，结局就会像明治时代早期那样，“日本的部队饮食菜单加强了全国人民对于饭菜的理想化认识，让人们坚信大米是绝

1　卡塔日娜·J. 茨威塔卡：《现代日本料理—食物、力量与民族认同》，第82－83页。

对的主食，而酱油是不可或缺的调味剂”[1]。

随着日本社会的军事化进程，日本的饮食也随之改变，在许多重要方面，拉面是这种转型的直接产物。在1940年到1945年这段时间里，日本帝国军队征收的大米总量从161000吨开始不断增长，战争结束时提高到了744000吨。在整个战争年代，军队吃着民膏民脂。当军队赋予士兵特权可以不用工作就能获取食物时，往往也培养了他们黑市交易的技能。[2]显然，这就要求后方百姓变本加厉地节衣缩食，省下物资补给军队，才能支撑住前线部队过度且频繁的征收。有些矛盾的是，这种情况迫使百姓和政府寻求代替品，于是为面条类餐食创造了机会，像拉面、荞麦面都在日本战时的百姓菜谱上找到了生存空间。[3]星制药株式会社发明了一种添加有海洛因的药丸，能促进消化，广告宣称它是一种有效的催化剂，能改善食物的味道。[4]寻找代替性食物谈何容易，因为日本人深深迷恋着大米，把米饭当作每顿饭的绝对核心以及国民饮食中的主要组成部分。1942年颁布的食品管理条例把这种理论变成了政策，宣称所有日本人都应该把大米作为主食，尽管现实生活中无法实现这一点。

不论军方怎样重视物资和后勤，由于军事计划的严重缺陷，仍然有超过半数以上的日本士兵死于饥饿和疾病。根据日本帝国政府的官方统计和战后调查，死亡的士兵里有一大部分人甚至从未见过

1 卡塔日娜 · J. 茨威塔卡：《现代日本料理——食物、力量与民族认同》，第84页。
2 田村真八郎：《战后——平成时代的饮食》（《戦後 · 平成の食》），《语言》（月刊），第23卷，第1册，1994年，第81页。
3 卡塔日娜 · J. 茨威塔卡：《现代日本料理——食物、力量与民族认同》，第129页。
4 同上，第131－132页。

战场。这是一个充满悲剧意味的讽刺，“战争时期的经历为战后日本动员全社会创造健全的营养政策，打造国民健康体魄奠定了基础”，因为日本宣告投降之前没能感受到其后果。[1]

简而言之，军队、政府当局甚至是知识分子串通一气，说服广大人民群众凭借精神力量就能生存。川岛四郎竭尽全力让日本民众相信他们没有真正体验到食物短缺的困境。他的书搬弄是非，却写得振振有词。他在1943年发行的《决战下的日本粮食》一书中解释说，日本实际上正如书名章节中所写的那样，“并没有发生粮食短缺问题”“米饭必须成为我们饮食的核心”，以及“酒应该留到我们赢得战争胜利之后再来享用”。书中序言里称日本根本没有被剥夺粮食供应的能力。川岛指责日本西部地区和朝鲜农业歉收，粮食明显不足，并拒绝报告日本食品问题，因为将此事对外宣传会有损日本帝国的威望。[2]显然，川岛及当局政府严重误导了日本民众及其自身。政府，更重要的是军队本身，毫不关心食物短缺问题。这是一个极其严重的疏忽，不论战中还是战后时期，都造成了后果极其严重的军事和社会影响。

日本民族身份与大米

根据当时的逻辑，大米对于一个人口众多的小岛国来说算是完美无缺的粮食。据推测，没有其他粮食作物能适应日本的环境条件。

1 卡塔日娜·J. 茨威塔卡：《现代日本料理——食物、力量与民族认同》，第135页。
2 川岛四郎：《决战下的日本粮食》，第32－33页。

川岛四郎洋洋洒洒地撰文详细分析水稻是如何适合日本的地理和气候。大米是理想的经济作物，因为它不需要研磨成粉末状，收割后即可食用。[1]

这种说法完全忽略了稻谷需要经过脱壳、抛光的加工之后才能生产出色泽洁白如玉的大米，但是川岛的目的在于传播他的观念。

川岛高喊日本食物的品质与营养政策，借1936年的柏林奥运会证明他们的精神论。在那场沦为纳粹工具的奥运会上，日本运动员孙基祯夺得了马拉松冠军，紧跟的另一名日本选手获得了第三。这场比赛没有电视转播，比赛结果通过报纸头版头条公布于世，向整个日本帝国以及全世界证明日本在体育界和国际赛事中逐渐崛起的地位。对于日本当局来说，这枚金牌是日本强有力的亮相，在国际舞台上是不容小觑的存在。问题在于孙基祯——他穿着印有日本国旗的战袍参加了奥运会，后来被东京的一所大学录取，可孙基祯并不是日本人，与获得第三名的选手一样，都是朝鲜人。[2]尽管如此，他被描述成拥有日本国籍的日本公民，受到了国际社会的认可。另一方面，朝鲜人民为孙基祯的成功感到高兴，并相信他夺得金牌证明了朝鲜在体格上还没有完全被日本征服。当时朝鲜的一份主流报纸《东亚日报》刊登了孙基祯的得奖照片，身穿的 T 恤上没有日本

---

1 川岛四郎：《决战下的日本粮食》，第 27 页。

2 孙基祯，后来他的名字改用韩语拼写，写作 Sohn Kee-chung。他在 1988 年韩国汉城奥运会上担当奥运火炬手参加了开幕仪式。见威廉姆·筒井（William Tsutsui）、迈克尔·巴斯克特著作《东亚奥林匹克运动会，1934−2008：日本、韩国及中国铸造肉体与民族》（*The East Asian Olympiads, 1934-2008：Building Bodies and Nations in Japan, Korea, and China*）中《引言》一节，第 7 页。

国旗。这一举动激怒了日本驻朝鲜总督，该报社被勒令停刊6个月。[1]

作为军队营养顾问的川岛，也许没有意识到事情的真实一面，为日本运动健儿在纳粹奥运会中夺得金、铜两牌而欣喜若狂。军事学家把奥运会马拉松比赛的第一、第三名好成绩归功于日本饮食，认为两名获奖运动员都是依靠大米为主食的饮食方式，帮助他们更好地补充血糖来维持身体长时间的能量消耗。[2]川岛承认这种单一化饮食的唯一弊端在于如果气候条件不尽如人意，比如庄稼没有足够的雨水，或者天气太冷，田里收成就会不好。[3]在战争时期，所有明治时期关于饮食、文明和吃肉与否的争论似乎都烟消云散了。取而代之的是，基于军国主义白日梦所说的营养理论方面的一派胡言，扰乱视听。举例来说，在战争的最后时刻，川岛通过国内广播建议全国百姓应该吃掉鸡蛋壳，以获取食物能给予他们的全部营养。宫内省总厨师长秋山德藏联系了川岛，因为战况日下，他担心天皇的身体安危。秋山忧心忡忡，因为他觉得日本皇室可能要吃草，他想知道对于天皇一家川岛有没有什么营养建议。[4]

---

1 泽木耕太郎：《纳粹奥林匹克》(《ナチスのオリンピック》)，《文艺春秋》，1976年8月，第244页。作者还提到1936年，当外国人向他索要签名时，孙基祯用韩语写下了他的名字。更多关于战争时期日本奥林匹克激情与体育战争联系的内容参考徐国齐的《奥运梦想：中国和体育，1895–2008》，桑德拉·柯林斯（Sandra Collins）的《1940年东京奥运会——消失的奥林匹克——日本，亚洲奥运会与奥林匹克运动》(*The 1940 Tokyo Games*：*The Missing Olympics*：*Japan, the Asian Olympics and the Olympic Movement*)，以及顾若鹏的《向金牌冲刺——现代日本对于健康与体育的追求》(*Going for the Gold-Health and Sports in Japan's Quest for Modernity*)。

2 川岛四郎：《决战下的日本粮食》，第32－33页。

3 同上，第33－34页。

4 山下民城：《川岛四郎——90岁高龄的快活青年》，第18页。

当然，并不是所有战争时期的营养师都满嘴胡言，我们仍然可以理解为什么川岛的权威性受到了社会公众的认可。他的另一项营养和科学方面的研究是关于战斗飞行员的健康。战前和战争时期的战斗机座舱没有加压，飞行到高空时，机舱里只有标准海平面1/4的大气压力，为了对抗美国B-29超级空中堡垒轰炸机，日本飞行员驾驶战机飞得极高。在低气压环境中，飞行员的胃里充满了空气，胃肠胀气能平衡身体内外气压不均。同样膨胀的还有膀胱，随着飞机上升，承受着巨大压力的膀胱不断充盈。营养师川岛四郎记得他曾目睹飞行员结束任务从战斗机上下来时裤裆全湿——为了适应环境而产生的不适感，飞行员身不由己地尿湿自己。于是川岛想出了一个办法来缓解这个问题。在飞机起飞前，他给飞行员喝了少量的盐水。人类肠道吸收了盐分后，释放到血液中，提高了血管里的盐含量，接着大脑告诉身体哪个区域需要输送更多的水分来稀释盐分。喝盐水让人感到口干舌燥，机舱里又喝不到足够的水分，于是身体自动调动其他部位的水分到有需要的地方来稀释血液，调整内部状态，减少了尿液的产生。由此帮助飞行员缓解低压环境下的身体不适，不再尿湿飞行制服。[1]

虽然政府官员可能找到一个解决方案，让飞行员不再弄湿制服，然而在其他饮食营养问题上，日本军方一如既往有违法律地无视军队补给的难题。结果就是，军事策划者们一门心思专注于侵略，从未考虑过物资分配和运送的问题。[2]日本军方经历了中日战争，也经

1　山下民城：《川岛四郎——90岁高龄的快活青年》，第22页。

2　藤原彰：《饿死的英灵们》（《餓死した英霊たち》），第143页。

历了东亚北部地区之间的战争。然而当1941年12月盟军拉开一条全新的战线时，他们却对南太平洋战争的战场环境一无所知。军事规划专家和战略专家（如果我们可以这么尊称他们）没有进行任何哪怕是草率的调查来为这些战区准备战事报告。[1]内心的精神信仰高于物质，“唯心论高于唯物论”，导致了日本的最终失败。日本的战争战略是让所有穷人从一开始就轻信未经证实的精神信仰而不是切实可靠的军事情报，此外，粮食也是一个决定性因素。政府命令士兵们不要畏惧死亡，因为他们的死是为崇高事业献身，而这些其实都称不上行之有效的军事策略。[2]

战区与战俘

在日本帝国主义扩张过程中，军人们以各种方式经历了艰难险阻，但不论是冲锋前线还是被拘留在战俘营里，亲历者个人体会的痛苦都令人恐惧不已。一位从瓜达尔卡纳尔岛回来的日本幸存者回忆起当时经历的饥饿和营养不良之苦。他会把自己的饭团反复烧煮4次，然后只喝水。其他幸存者则回忆说蛆虫啃食着奄奄一息的士兵躯体，营养不良的男人们身体极其虚弱，打败他们的是肉体的腐

1 藤原彰：《饿死的英灵们》，第155页。

2 爱德华·J. 德瑞（Edward J. Drea）详细介绍了美国军事策略如何优越于日本，并且如何影响战争局势的转变，详见其著作《效忠于帝国——论述日本帝国主义军队》（*In the Service of the Emperor*：*Essays on the Imperial Japanese Army*）。另参见藤原彰的《饿死的英灵们》，第178页。

烂、呼吸困难和坐以待毙，死亡就在眼前。[1]在15年的战争里，不论身处国内还是国外，日本人的饮食水平大幅落后，人们对于食物的迷恋敌不过频繁腹泻带来的痛苦。福岛菊次郎在日记中描述军队生活如何残酷时写道："极其严重的腹泻不止，吃下去的食物，排出来还是它原来的形状。在训练时，我忍不住只好把屎拉在了裤子里。"他还透露体型不合格的士兵在营连里经常受到更严厉的毒打。[2]胡桃泽耕史是战争时期被送到蒙古的集中营的一名战俘，在他的回忆里，集中营的粮食供给也严重短缺。那时所有的战俘做梦都想着食物。胡桃泽说当时他甚至一边想着先前在日本所吃过的好饭菜，一边手淫。[3]

很少有分析战时军队饥荒问题的日语书籍，为数不多的著作结合理论与实践，揭露了日本帝国主义扩张背后的模糊价值。可以肯定的是，日本在战争中增强了实力，但实际上只是相对于弱国而言。藤原彰的分析指出，二战时期日本士兵的饥荒率需要人们头脑冷静地加以认识，因为他得出的数据有助于揭穿日本"解放大东亚"的战争谎言。如果日本开战的理由是出于解放亚洲的目的，为什么这么多人会活活挨饿？[4]藤原的研究工作应该让日本人感到恼羞不已。

---

1 西蒙 · 帕特纳（Simon Partner）：《淑惠——20 世纪的一段日本农村生活往事》（*Toshié*：*A Story of Village Life in Twentieth-Century Japan*），第 95 页。

2 五十岚惠邦：《身体的记忆——战后日本文化里的战争物语，1945 – 1970》（*Bodies of Memory*：*Narratives of War in Postwar Japanese Culture*, 1945 – 1970），第 51 页。

3 同上，第 55 页。

4 这个问题虽然极为重要，在此却不能完全解决，但对于造成饥荒的原因日本已有所察觉，并在别处得到了检验。参考裴明勇的《1944 – 1945 年日本在越南饥荒中扮演的角色》（"Japan's Role in the Vietnamese Starvation of 1944 – 1945"），《现代亚洲研究》，第 23 卷，第 3 册，1995 年 7 月，第 573 – 618 页。

这场战争并非个案，“算了，要阻止它为时已晚，我们不妨放手一搏”，日本有个惯用句“无奈之下不得不（仕方がない）……”，表达了这种逆来顺受的心理，但现实是“我们根本不关心自己士兵的死活”，彻底的漠不关心。这种漠视怎么能够帮助他们赢得战争呢？

二战时期，日本创造出了一个普世观念，告诉人们大和精神战无不胜，它能使日本人克服一切局限，打败比自己更先进的技术，从精神上无视西方。藤原仔细研究食品和补给问题，以证明战争盲目且缺乏计划，这不仅限于本土作战，在太平洋战场——瓜达尔卡纳尔岛、莫尔兹比港、新几内亚岛和威克岛也存在相同的问题。在中国、印度东部及泰国的前线战场，军队缺少食品和军需用品。军队整体没有任何规划。藤原的结论令人震惊：“死于战争的人数中，超过一半是被饿死的。”他给出了详尽说明：“这不是在战斗中英勇杀敌的高贵牺牲，而是在极度虚弱和饥饿的状态下，躺在丛林密布的地方隐忍着泪水，任由身体一天比一天瘦弱直到咽下最后一口气的徒劳之死。他们就是这样白白送命的。”[1]

20世纪40年代初，一国之军已经饿得溃不成军，大规模投降再次加剧了本就已经十分紧张的粮食供应危机，为盟军战俘提供粮食成了一大问题。国内对待日本食物的态度很快恢复到了由森欧外及明治时期知识分子们倡导的传统“营养”餐食上——米饭、味噌汤和鱼肉，代替大正时期对于日本饮食更为宽泛的定义，那时还包括肉汤、咖喱和中式食物。几乎所有盟军战俘都吃到了这种糟糕的、

1 藤原彰：《饿死的英灵们》，第142页。同时参考鹿野政直的《身为一名军人——动员与从军的精神史》（《兵士であること—動員と従軍の精神史》），第230－233页。

“鱼腥味”十足的饭菜，大多数人根本不喜欢吃。

被捕入狱的一位美国士兵是名营养学家，他小心谨慎地在战后记录下了当时的情况。他统计出牢狱里的战俘平均每人每天摄入2000卡路里的热量，远远低于一名体重70公斤、做着重体力活的士兵每天3000卡路里热量需求的参考值。日本基本上一直维持着比西方国家低得多的人体平均每日消耗热量标准。在战争结束后，盟军战俘每天的摄入热量甚至比之更少。[1]一位名叫长尾五一的日本军医，在20世纪40年代初期考察研究了国家的战俘营，罗列出诸多营养问题。他的一份报告复印件在战后被保留了下来。长尾曾多次被横滨军事法庭传召，作为饥荒和虐待问题的目击者为战争罪审判出庭做证。

1943年，军方十分担心盟军战俘的死亡率居高不下，长尾被派往战俘营调查情况。他建议战俘的膳食中增加动物软骨和内脏，因为他意识到他们需要吃到更多的肉类，这是他们身体所发出的呐喊。不幸的是，鉴于当时日本的市场惨景和经济水平，这一建议难以实现。[2]盟军战俘和长尾都提到了战俘患上的一种常见疾病，这种病被称为“米痒”。战俘们只吃大米，没有他们身体一直以来习惯的脂肪摄入，这让他们的皮肤干燥起皮，干痒难耐。[3]

在一些战俘营中，例如四国岛建造的第一批营地里，指挥该营的日本军官看到战俘被强制食用小麦，以此来代替白米饭，这是他

1 中尾知代：《以文化角度考察文化战争俘虏问题的比较问题（下)》(《戦争捕虜問題の比較文化的考察［下]》(中尾知代就此论题发表过三篇文章),《战争责任研究季刊》, 第23期，冬季刊，1999年，第77－78页。

2 同上，第80页。

3 同上，第81页。

们所认为的低营养膳食。如同1936年纳粹奥运会证明的那样，日本人认为白米饭是胜利者的美食——它，让身体更健康；也是它，解释了为什么西方盟军早就纷纷投降的原因。战俘们为什么会吃这种食物，日本军事当局难道不知道吗？居住在占领区的白人是一种展示，为日本人劳作的白人战俘是对外宣传的一种方式，表达反对一切西方崇拜的态度。[1]由于日本政府不断鼓励群众吃国民饮食，向公众展示出战俘们正吃着传统日本食物并在辛苦劳作的照片就显得尤为重要，鼓励他们自愿效仿。食物成了国家宣传的一种形式手段，不仅因为它是“人民的民族饮食”，还因为它表达了在日本政权控制下人们应该如何进行日常生活。实际上，日本没有能力为盟军战俘提供西方饮食，但政府及军方不想将此现状公之于众。

1945年5月，一名英国战俘与瑞士外交部代表见面，向他抱怨了自己在横滨战俘营里的恶劣处境，强调所有战俘被迫吃下的食物是何等糟糕透顶。[2]盟军战俘需要的床、牛奶、黄油、面包，件件东西似乎都是西方人的基本需要（从美国人的一些宣传海报里能看到什么叫吃饱吃好），但在日本人看来是奢侈浪费。这些所谓生活必备品可以在一所西式装潢的外国酒店里觅得踪迹，但战俘营可不是豪华酒店。不可否认，身陷日本军营对外国战俘来说是件残忍至极的事情。但是西方物资是当时稀缺的奢侈品，对于一个正在建立国内文明体系的国家来说绝非必要之物。当新加坡沦陷时，投降的英国陆军总司令白思华（Arthur Percival）提出他手下近80000名士兵

1 中尾知代：《以文化角度考察文化战争俘虏问题的比较问题（下）》，《战争责任研究季刊》，第23期，春季刊，1999年，第32页。

2 同上，第33页。

要求更多的面包和黄油，此言一出立刻激怒了接管当地的日本官员。“他有什么资格提出这些要求?”他们不禁质问，“他就是个该死的战犯！特别是当前我们也束手无策的时候，他竟敢如此傲慢!”[1]

战争时期，日本社会结构被破坏，导致其在处理外国战俘与后方问题时显得心有余而力不足。有些时候，虽然在某种意义上情况变好了，但仅仅是针对地方水平而言。1944年春天，政府承担了制作学校午餐的义务。提供的伙食是少量的，只有米饭和味噌汤，但这总聊胜于无。当然，日本并不是唯一一个遭遇粮食短缺问题的国家。1945年，英格兰和威尔士地区40%的学生也在吃着可怜的校餐，饥渴的小嘴巴每天只能摄入1000卡路里的热量。自世纪之交以来，战争已经成为诱发这类问题的催化剂。[2]

食物与战时后方

日本军方并不是唯一关心战争时期日本饮食问题的组织。诸多女性杂志刊登出数百份新食谱，以成百上千页的篇幅为日本主妇和众多家庭在战争时期维持生计提出建议。绝大多数问题在形势严峻的1942年之后变得越发严重，然而早在战前，日本就已经体会到了农村与城市生活的巨大差距。城里人能吃到咖喱饭、炸肉饼、烤

1　中尾知代：《以文化角度考察文化战争俘虏问题的比较问题（下)》，《战争责任研究季刊》，第23期，春季刊，1999年，第34页。

2　约翰·伯内特（John Burnett)：《1860–1990，英国校餐的兴衰》(*The Rise and Decline of School Meals in Britain*，*1860-1990*)；约翰·伯内特、德里克·J.奥迪（Derek J.Oddy）编：《欧洲食品政策的起源与发展》(*The Origins and Development of Food Policies in Europe*)，第55–56页。

牛肉和姜汁烧猪肉，农村地区只有糙米、腌软了的蔬菜和温热的味噌汤。杂志打造了一种“理想的家庭料理”，并倡导味道“表达了一种母爱”的观念。[1]随着日本膳食营养不良的人口数量增多，日本扩大了饮食范围，这些女性杂志提供的食谱将占领区的饮食文化与日本风味结合了起来。这些菜谱名字通常带有战争胜利或大男子主义的色彩，比如“铁盔马铃薯泥”“海军驱逐舰色拉”等，类似于20世纪早期打败俄罗斯庆祝胜利时推出的菜肴。[2]当时，受到公众媒体引导的读者倾向于选择满洲菜，想以这种方式证明傀儡政权的存在。饺子、春卷（可以说是中国人的主食）的烹饪食谱当时也包括在内，生活在本岛的人们学会了如何制作它们。由此，这些来自各领区的菜肴成为日本菜的一部分。[3] 1940年，作为响应国家号召运动的一个环节，政府下达指示，每个日本人都减少自身20%的大米消费量。战争时期，百姓菜单的另一个关键特征在于替代大米的其他种类粮食，有蘑菇、栗子等。这也是英国战时饮食的特色，人们学会了如何“延缓”每一餐饭。人们经常建议少吃些被当作主食的米饭，多食用面包、面条。1940年《妇女俱乐部》期刊发表了一篇题为《振兴亚洲面包》的文章，建议日本在落后的现状中奋起振兴亚洲。这份面包食谱的原料包括小麦面粉，文章鼓励人们每周或每月吃一次来替换大米。[4]

战争进入尾声时，所有关注聚焦在了应急食物上。1944年，妇

1　齐藤美奈子：《战火中的食谱——了解太平洋战争时期的饮食》，第31－32页。

2　同上，第41页。

3　同上，第45页。

4　同上，第56－57页。

女杂志出版了详细的图表和说明，告诉人们如何在避难所里烹饪食物。残酷无情的美国炸弹投向日本列岛，美军飞机到处狂轰滥炸，许多城里人被迫逃到农村生活，或躲进防空洞或地下避难。因为当时许多人的住宅已被夷为平地，当时的文章就指导人们不使用厨房灶台的烹饪方法，在空地上就能做饭。[1] 1944年，在帝国议会召开之时，城市建筑（包括被炸毁的地区）才开始重建。当局政府认为马铃薯可以种植并用作燃料，以弥补天然气和石油供应的减少。“保护国家经济农作物马铃薯”成为食物品种的新尝试，同时还有许多其他食物也是如此。[2]

战争彻底摧毁了日本人民的生活水平。直到1950年，日本人均摄入热量才恢复到战前水平。对于广大日本民众来说，战争及其影响持续了整整20年。一旦人们又能吃饱了，他们便痛快地大口吃饭，大米消费量在1962年达到了战后顶峰，每人每年能吃掉117公斤。此后，大米消费量有所降低，并持续下跌。1986年，其数字已经减少到每人每年71公斤。[3]人们选择吃更多的面包，当然还有更多的汤面。拉面已经是第二次登台亮相在日本百姓面前，人们在战前就已经尝到了它的美味，不再有令人激动的新鲜感。大米逐渐被其他食物所取代，人们可以吃面或者其他面粉制品。日本人在殖民扩张时期，比过去任何时候都更加积极尝试占领区的美食。

1 齐藤美奈子：《战火中的食谱——了解太平洋战争时期的饮食》，第153页。

2 同上，第137页。

3 石毛直道等人著：《昭和食物》，第23页。

投降与帝国饮食的崩塌

1945年日本宣告投降，帝国主义食物的形象轰然倒塌，永远地改变了日本饮食文化。战后日本拉面店的井喷式发展与战争时期的饥荒有着直接关系。为了填饱肚子而进行的研究刺激了速食拉面的发明。战争打破了日本人享受中国食物的所有阻碍——或是濒临饥荒时的本能选择，或是日本长期殖民统治和帝国主义对于合理饮食的观念转变。历史上曾经有一段时间，日本征服了东亚，但是帝国主义的食材和他们的饮食习惯最终让他们尝到了苦头。拉面正是这种相互作用下不可思议的产物。拉面让未来的日本人能独自用餐。从农村和现代化程度较低的偏远地区代代相传的固有习惯里解放出来，小小的面馆能如此兴盛并不令人意外。随着战后城市发展，拉面行业持续繁荣，为离开家庭独自生活的人们提供了健康的用餐条件。

日本料理历史学家卡塔日娜 · J. 茨威塔卡称，虽然日本料理的观念“充满永恒感和真实感”，但现实显然截然不同。[1]战争创造并毁灭了什么？它提升了大米的核心饮食地位，促进人均大米消费量在战后达到了前所未有的历史峰值。这场战争也彻底根除了吃肉等于现代文明的观念，恢复了日本国民以素食为本的饮食结构，打破了不同地区饮食喜好的分界。虽然与战争时期人们的生活方式截然相反，但由此产生的新思想为战后日本人提供了更为健康的生活方式。战争时期人们认为非同源者不同食，因为彼此吃的不一样，所以通过饮食可以从文化和民族上判断一个人。产生这种想法的理由

1 卡塔日娜 · J. 茨威塔卡：《现代日本料理——食物、力量与民族认同》，第 175 页。

很简单——西方人吃面包，日本人吃米饭。这使得所有西方人都归属于同一类人，并让日本人在以米饭为生的群体里占有优势地位。但这在战后立刻出现了一个难题，因为缺乏大米、蔬菜等，日本人所说的这些食物难以吃到嘴里，所以他们不得不去吃其他食物，比如面条。最后，拉面得到机会重新问世。不论从文化还是社会角度，面条取代大米都为人们所接受，并得到了家庭主妇杂志的拥护，发表了众多食谱。日本的主妇和母亲们一直忙于创造中式菜肴，并相信它们是地道的日本菜。占领区的菜肴已经潜移默化地改变了战争时期以及现代日本人的饮食，这些菜在德川时代甚至更早时期的传统式样在某种程度上已经被彻底改变，但它们仍然被称为日本菜。日本人吃更多的面包，当然，还有更多的汤面。他们如何制作肉汤，汤面为何变得如此受人欢迎，这些问题将会是下一章节的讨论主题。

第九章

餐桌上的历史——战后时期的速食拉面

1945年10月11日，日本迎来了战后的第一部电影《微风》(《そよかぜ》)，由人气女星并木路子领衔主演。电影大放异彩，影片主题曲《苹果之歌》(《リンゴの唄》) 几乎一夜之间家喻户晓，以食物为寄托的作品夺得销量冠军真是前所未闻。不过，在这现象的背后也隐藏着一些不同寻常的意义，它预示着日本女性在某种程度上对成熟和纯真的向往。一位年轻女性拿着苹果唱着歌，这一经典场景毫无疑问打动了所有人。“苹果不能言语 / 但此刻我懂它的心情，”影片中女主角饱含感情地唱道，“苹果真可爱！苹果真可爱！ / 那女孩是个好姑娘 / 她天性善良如苹果 / 她是个可爱的姑娘。”红彤彤的苹果仿佛是15年漫长的硝烟战火过后新生的萌芽，让广大民众看到了内心满怀的希望。

战后的日本政府非常关注食物。其手段比古罗马贵族用来笼络

战后时期，歌曲《苹果之歌》海报

人心的“面包与马戏”[1]还要复杂一点，但未必高明许多。所有没能为战败国的百姓实施健全粮食补给计划的领导班子最终都难以稳固局势。

1 “面包与马戏”的典故出自公元2世纪初古罗马著名讽刺诗人尤维纳利斯(Juvenalis)的一句著名警句：“市民只热衷两件事，面包和马戏。”讽刺当时的贵族用免费的面包笼络人心，用流行的娱乐活动（斗兽表演）来消磨人民斗志。寓意平民百姓胸无大志，苟且度日，低级娱乐。

而在另一方面颇具讽刺意味的是，一些消费者会用自己辛苦赚来的血汗钱去买水果，比起真正吃水果，他们更享受这首歌带来的快乐，对食物的幻想与自身肠胃消化的过程一样美好，特别是在那个食物稀缺的年代。

二战结束后的头些年里（1945－1955），人们对国民饮食产生了新的思考，以及对日本在国际大环境中所处的身份地位也产生了新的想法。日本饮食文化发生了什么变化，让拉面在战后初期焕然发展，就此问题我们从关键的三方面来阐明：1. 美味与营养兼备的食物能给民众心理上带来一个崭新、强大的国家印象，并由此产生自豪感，多少缓解一些战败造成的心灵和政治创伤；2. 日本开始积极主动地把中国的饮食元素融入日本饮食中，相比之下，在封建统治时期，日本群众和当权者都曾经极力削弱甚至诋毁中国带来的这些影响；3. 日本通过促进和发展这些新兴食物来增加国民认同感。

最初，包括拉面及其他菜肴在内的所有面食，都以低廉的价格出售给战后生活贫困潦倒的百姓。没人能预料到面食日后会取得长期成功，并对世界美食文化带来深远的国际影响。这些新兴食物在日本重返国际市场时，成为这个国家新的代言词，留下的贸易成绩直到今天都依然有持久的影响力。

战后初期的日本，人民生活可以说是大不如前，曾经的家园被无情的战火烧为灰烬，遍地废墟。建筑物早已夷为平地，城市人口数量锐减，许许多多的城里人躲到乡下避难，直到20世纪50年代早期才大批地回归城市。战争结束之后，东京人口数量从700万一下跌至300万，大阪人口也从300万减少到100万。这种大规模的人口减少对国家经济实力造成了极其重大的损失。做着行商小买卖的妇女们，双肩挑着货物从一个市场走到另一个，因为那时交通工具极其匮乏，她们便取代了货车和骡子到处运输货物。[1]战后初期的日本生产制造业聚集不到足够的劳动力，因为工人们频繁地申请“农忙假期”去下乡种田和乞食生活，旷工现象严重。[2]

日本著名小说家志贺直哉在他1945年出版的短篇小说集《灰色的月亮》中，描写了日本帝国的轰然崩塌，一个个失败沮丧的人物形象跃然纸上。志贺直哉的故事里有这么一个场景：一个男人忽然跌倒在拥挤的列车车厢里，但车上所有乘客都熟视无睹，没人伸出援手，他们认为他不过是喝多了的醉汉。直到故事结尾，我们才知道这个人是因为极度营养不良而猝死的。[3]这并不是凭空虚构的故事。战争结束后最初几年，平均每天有20人死在东京和上野火车站。在大阪，平均每月有60人死于饥饿。[4]1945年8月，当日本宣布无条件投降时，国内的粮食供给过度地依靠大米，只能达到战前水平的60%。粮食紧缺的问题持续恶化到1946年。日本战后发行的首本女性杂志高声呼吁广大读者培养新的饮食习惯，刊登的文章多以“怎么吃橡子”或者“让我们一起抓蚱蜢”为主题，想来这些食物在战争之前就已成为人们的盘中餐。[5]当时，限量分配的粮食非常紧俏，

---

1 格雷·阿林森（Gray Allinson）：《日本的战后历史》（*Japan's Postwar History*），第49页。

2 史蒂芬·约瑟夫·福克斯（Steven Joseph Fuchs）：《喂饱日本人——麦克阿瑟与华盛顿通过粮食外交政策重建日本》（“Feeding the Japanese：MacArthur, Washington and the Rebuilding of Japan through Food Policy”），纽约大学斯托尼布鲁克分校博士学位论文，2002年，第79页。

3 史蒂芬·W. 科尔（Stephen W. Kohl）：《志贺直哉和现实文学》（“Shiga Naoya and the Literature of Experience”），《日本记录》第32卷，第2册，夏季刊，1977年，第211－224页。

4 原田信男：《和食与日本文化论》，第201页。

5 约翰·道尔（John Dower）：《拥抱战败》（*Embracing Defeat*），第94页。

黑市价格竟有政府价格的25倍之高。巨大的价格差距是众多百姓带着家当赶去乡下采购食物的主要原因之一。[1]

日本人不仅相互之间以物换物，还会与占领军频繁地交换物资。根据报道战后情况的美国记者罗伯特·怀汀所述，当时美国占领当局的武装部队里贪污腐败的犯罪比例急剧增加。在占领开始不到一年的时间里，“武装部队里的士兵们打回美国的每月汇款金额约有800万美金，远远超过了整个军事工程中的工资总额”[2]。战后登上银幕的电影作品经常刻画出美国大兵衣装下隐藏的丑陋人性。例如1961年的电影《猪与战舰》(《豚と軍艦》)，影片聚焦在态度傲慢的美国服务兵之间的纠葛，以及他们欲壑难填的胃口（性与食物），而生活在社会底层的日本拾荒者们听命于他们，任其摆布。1973年又一部日本电影《非仁义的战斗》(《仁義なき戦い》)，为视听者们打开了另一幕场景——一伙日本黑社会奋力驱赶美国大兵，以维护黑市秩序。

不仅仅是日本把自己的战后补给经费消耗殆尽，这个国家在1945年摆脱了占领控制之后，发现全国正处于生活愈发艰难的边缘，萧条的世界食品市场带来了前所未有的威胁，迫在眉睫的人类灾难远远超出了亚洲范围。[3]1948年，超过70%的英国民众认为他们的生活比上一年更艰难，更入不敷出；直到20世纪50年代中期

1 鹿野政直等人编：《岩波讲座：日本通史》，第21卷，第240页。

2 罗伯特·怀汀（Robert Whiting）：《日本黑社会：一美国黑帮在日本的快速发展与艰难生活》(*Tokyo Underworld: The Fast Times and Hard Life of an American Gangster in Japan*)，第15页。

3 克斯利多夫·德赖弗（Christopher Driver）：《餐桌上的英国人，1940－1980》(*The British at Table, 1940－1980*)，第17页。

过后，英国人的消费模式才恢复到战前水平。[1]二战结束后，英国的肉铺老板们几乎一周有5天时间都处于关门歇业状态，因为店里没肉可卖。英国食品部找寻一般畜肉的代替品，尝试过鲸鱼肉、杖鱼肉，甚至还有梭鱼肉。[2]到了1947年秋天，鲸鱼肉做成的鱼排在英国伦敦的一家店里每天能卖出600多份。由于商业捕捞船的再度复苏，人们对于这种补充蛋白质摄入替代品的热情逐渐减弱，4000吨肉脂肥厚的鲸鱼尸体腐烂在英国纽卡斯尔东北地区的太恩港。[3]但命运并不会只带来厄运和悲伤，人们的饮食状况在某些方面确实得到了改善。1946年12月31日，自二战开战以来时隔6年时间，第一批船运的香蕉终于抵达英国。但人们仍然为了生活不断地耗费大量体力。1951年春季在英国伦敦城郊地区进行的一次调查显示，大部分英国主妇每天要花费10－11个小时来做家务，甚至周日也要花上8小时。做饭、清洗等占据了其中大部分时间，一名妇女几乎白天所有清醒着的时间，都在做这些事情。[4]而二战期间或战后初期的日本家庭主妇也过着与英国主妇类似的生活。[5]

---

1 艾娜·兹韦尼格尔-巴尔吉罗斯卡（Ina Zweiniger-Bargielowska）：《拮据的生活：1939－1955年英国的定额配给、控制与消费》（*Austerity in Britain, Rationing, Controls and Consumption, 1939－1955*），第85页。

2 克斯利多夫·德赖弗：《餐桌上的英国人，1940－1980》，第38－40页。

3 同上，第44页。

4 艾娜·兹韦尼格尔-巴尔吉罗斯卡：《拮据的生活：1939－1955年英国的定额配给、控制与消费》，第108页。

5 戴维·埃尔哈特（David Earhart）：《必将胜利——日本媒体镜头下的二战影像》（*Certain Victory：Images of World War II in the Japanese Media*），第176页，发现于1945年1月《女性伴侣》杂志刊登的工作作息表。妇女们每天清晨5点开始干活直至晚上9点。主妇们负责家中所有烹饪和清洁的家务活，同时还要去工厂或农场干活。

戛然而止的战争

1945年8月，日本军国主义宣布无条件投降。也许日本民众丧失了爱国情绪的来源，他们突然对民族特色美食没了兴趣。战争时期曾无上赞美与推广日本饮食是如何优秀、如何远超西方与中国，现在却来了个180度的转变。

川岛四郎长久以来致力发挥日本高品质食物的作用，帮助日本运动健儿在1936年奥林匹克运动会夺得奖牌；尾崎行雄是评论日本文化的战后政治家兼作家。从两人的观点来看，尾崎含蓄地表示，日本文化已经落后于时代，无法充分满足时代的需求。传统和服很漂亮，但只适合于某些特定场合，以端正的坐姿入席时穿。日本人的服饰，他强调说，当你想着到处走动的时候，并不觉得方便。日本人的食物，“能让眼睛饱餐一顿，但似乎没有考虑嘴巴的感受，忽视了口感”[1]。

1945年12月中旬，日本投降后没几个月，石黑忠笃在上议院组建的粮食内阁中发表言论，表达了日本当前处于一个无法想象的局势，国力衰弱，国家粮食危机令人忧心忡忡。石黑大臣的声明证实了军国主义思想仍然落后于新时代，也就是说日本不能再背靠扩张殖民这棵大树了。“就通过进口外国食品来缓解国内粮食供应不足的难题而言，我已经听闻我们的邻邦韩国难得地有了好收成，但我们能无偿地把他们的粮食带到日本，能享受到这等优待，要归功于

1　川岛四郎：《决战下的日本粮食》，第32–33页。尾崎行雄：《衣食住的改善》，《尾崎咢堂全集》，第10卷，第223页。

我国目前所处的地位。这就是我们解决国内粮食问题的前提条件。"他对抱有同样忧虑的同僚们这么说道。[1]主要负责调查战争时期日本食物管理政策的战后美国调查员指出，日本人惯于掠夺他们占领区的粮食。在军国主义时期，日本军方一直保持着本地生存的殖民政策："在朝鲜，在中国大陆和台湾的入侵部队，都从当地掠夺大米以维持物资需求。"[2]显然石黑大臣的言语透露出一种信息，那就是日本面临着新局势下的新困境，彻底告别过去的殖民统治和疯狂掠夺。他的客观描述使人们不禁为今后担忧，现在举国上下不得不面对战败国所要承担的沉重后果——自1895年以来，日本第一次自力更生地生产粮食。[3]这种不安并不仅仅是资源匮乏，更是一种恐惧——害怕吃不饱，害怕被饿死，害怕知识慢慢变得匮乏。也许还担心日本已经被自己打败了。石黑大臣极富技巧的言辞巧妙地避开了日本战败原因的雷区，他的政治评论把这一结果解释得好像天意一般自然。"今天，"石黑大臣开始了演说，"因为这样的恐惧威胁到了我们人民的三餐，我们内心充满了对明天未知命运的可怕幻想……如果我们不用尽所有办法团结起来共同努力，我们就无法在一片混乱之中守

1 石黑忠笃，"无所属俱乐部"（無所属倶楽部），上议院粮食问题演讲，1945年12月14日，（［001/058］8－贵－本议会－11号［回］）。美国当局也意识到战争时期日本严重依赖殖民地的食物供给。同样参考罗纳德·L. 麦克格罗斯伦（Ronald L. McGlothlen）的《控制波动—迪安·艾奇逊与美国对亚洲的外交政策》（*Controlling the Waves: Dean Acheson and U.S. Foreign Policy in Asia*），第24－26页。

2 布鲁斯·约翰斯顿：《日本二战时期的粮食管控》，第153页。

3 1895年，中日甲午战争以中国战败告终，中国割让台湾，于是台湾成为日本历史上第一个占领区。此后台湾不断为日本提供糖、大米、各种水果直至二战结束。

护家园，从而最终走向灭亡。”[1]

战后的日本饥肠辘辘，负责东亚安全问题的美国军事指挥官们没有忽视这一问题背后的隐患。美国派出的占领区官员们非常明白，刚被打败的日本人民如果饱受饥饿的折磨，或将成为政治问题的导火索。战后日本经济分析学者布鲁斯·约翰斯顿在1949年写道：

> 如果日本新上台的民主主义政府恰逢一个长期经济不稳定的时期，眼前面临重重困难，若想赢得日本人民群众由衷的拥戴，那必须克服前所未有的阻碍。粮食供应将成为最基本的考验……[2]

约翰斯顿指出日本能够生产足够粮食的唯一办法就是对外进行一些出口贸易，使用外汇贸易中获取的硬通货来进口食物。这说起来容易做起来难，因为日本的经济和产业结构十几年来早已与国际贸易网络切断了联系。投降前期，美军士兵们抢劫、强奸等丑陋行径被日本人大肆宣传，煽起了普遍的社会焦虑情绪。投降后，一位日本史专家说过：“对于美国人的畏惧心理继而转移到了食物上。”[3]

1 石黑忠笃，“无所属俱乐部”，上议院粮食问题演讲，1945 年 12 月 14 日，（[001/058] 89 －贵－本议会－ 11 号 [回]）。

2 布鲁斯·约翰斯顿：《日本——食物与人口之间的赛跑》（“Japan：The Race between Food and Population”），《农业经济杂志》，第 31 卷，第 2 册，1949 年 5 月，第 279 页。

3 西蒙·帕特纳：《淑惠——20 世纪的一段日本农村生活往事》，第 105 页。木村卓滋：《复原——战后社会对军人的包容》（《復員——軍人の戦後社会への包摂》），收录于吉田裕主编的《日本的现代历史》，第 26 卷，《战后改革与经济民主化政策》，第 92 页。

不论占领区原本的条款和条件有多严厉，驻日盟军总司令（以下简称SCAP）的领导者——道格拉斯·麦克阿瑟将军对日本握有占领管制实权，他坚持认为美国不应为日本战后重建提供经济援助。1945年11月，麦克阿瑟将军下达了一份明确的内部指示："你们不必为日本经济的复苏和日本经济的强盛承担任何责任。"[1]但是，日本人的疏于管理，军队储备以及收集分发大米和其他食品所用的墨守成规的方式，都导致日本政府毫无能力养活自己的国民，并迫使SCAP改变了占领计划。虽然麦克阿瑟将军公开表示过美国政府将不会为复苏日本经济提供资金援助，但粮食问题另当别论。

没有食物的地方

在二战末期，根据美国政府的调查显示，日本政府分配给军队的军饷已超出国家预算。其造成的结果就是物价暴涨，并且持续飙升。自1947年起，美国占领局采取应对措施，将提供给战败国的食物补给总量翻了一倍，以维持社会稳定。[2]1946年3月15日，麦克阿瑟将军声称美国军队"多余出"将近700万磅[3]小麦粉，并命令美国占领局将它们移交给日本方面。[4]也许是命运的捉弄，这批面粉

---

1 布鲁斯·约翰斯顿：《日本——迟来的和平引发诸多问题》（"Japan：Problems of Deferred Peace"），《远东观察》，第18卷，第19册，1949年9月，第221—225页。

2 T. A. 毕森（T. A. Bisson）：《日本的恢复与改革》（"Reparation and Reform in Japan"），《远东观察》，第16卷，第21册，1947年12月，第214－247页；R. P. 多莱（R. P. Dore）：《日本的土地改革》（*Land reform in Japan*）。

3 英美制重量单位，1磅≈0.45369公斤。——编者注

4 《日本从面粉援助中得到了面包》（"Japan Gets Bread Form Allied Flour"），《纽约时报》，1946年3月15日。

恰巧是日本投降之前，美国准备送到菲律宾计划发动盟军攻占日本本岛的军粮。没想到计划赶不上变化，军粮尚未运送，日本却已无条件投降。于是“无处可用”的军粮成了日本战后物资援助的福利。

日本人对美国占领局援助的谢意表现得有些动荡起伏。1946年8月，日本举国庆祝盂兰盆节（一个纪念自己祖先的传统佛教节日）时，人们簇拥着表演了一段“感谢您！麦克阿瑟将军”的舞蹈，以表达对美国帮助日本百姓渡过东京夏季粮食危机的感恩心情。[1]可就在几个月之前的5月19日，百姓曾上街游行质问SCAP能否管理这个国家得看人民温饱问题怎么解决，超过20万的示威者举着“食物短缺的劳动节”的牌子，聚集在皇宫隔壁的美国占领局总指挥部门口。五一劳动节不仅是庆祝一种社会主义理想，对于许多日本人来说，它也关乎民生温饱。五一游行的示威者们举着许多写有诸如“宪法之前，食物优先”口号的牌子，明确地传达出了不满的信号，认为美国当局把注意力集中在修改日本法律宪章，而忽视了百姓正饿着肚子。到了1947年，占领当局已经采取强硬措施重新调整了政府官员的薪酬，并重新设定了物价。不幸的是，通货膨胀日益严重，只有SCAP的干预才能镇压罢工浪潮。据美国媒体报道记录，在被美国占领后最初3年时间里，日本城市居民食不果腹，而农村里的农民却蓄意囤积或把大米拿到黑市上卖更高的价钱。[2]1949年秋天，美国的新闻报道中引用了占领军前秘书肯尼斯·罗亚尔（Kenneth

1 大串润儿：《战后的大众文化》（《戦後の大衆文化》）。吉田裕主编：《日本的现代历史》，第26卷，《战后改革与经济民主化政策》，第199页。

2 杰罗姆·B. 科恩：《倒退的日本经济》（“Japan’s Economy on the Road Back”），《太平洋事务》，第21卷，第3册，1948年9月，第264－279页。

Royall）的一番话，他说自己为填饱800万日本人口的肚子而感到忧虑，并担心如果日本共产党在1949年1月选举中拿下更多的议员席位，将会加剧社会问题。[1]

整个占领期间，美国将小麦出口到日本，由此鼓励日本人食用更多不同种类的谷物粮食，减轻大米短缺的负担。其援助手段带来的结果远不止经济意义这么简单。战后日本粮食确实严重紧缺，很难指责SCAP的措施有何不妥，但随之造成的影响（并不是失去国家领导人）在于日本饮食文化天翻地覆的转型。[2]日本农林水产省的赤城宗德大臣在1952年一次名为“和平时期食物”的晚宴中发表演讲，他感叹美国的人道主义援助最终改变了所有日本人的饮食方式：“运载着美国食品的货船停靠进我们的港口，帮助我们压制住了饥荒革命。与此同时，另一种完全不同的革命正影响着日本，就是饮食习惯的变革。几个世纪以来，我们的主食以大米为主。现在我发现城市甚至农村，人人都在吃面包……而大米消费量持续下跌。”[3]日本各地的面包消费量显著增长，连学校的伙食都用面包来代替米饭，

---

1 布鲁斯·约翰斯顿：《日本——食物与人口之间的赛跑》，《农业经济杂志》，第276－292页。为研究日本战后初期日本共产主义的相关问题，参阅了罗伯特·斯卡拉皮诺（Robert Scalapino）的《1920－1966年的日本共产主义运动》（T*he Japanese Communist Movement, 1920－1966*）。

2 哈里特·弗里德曼（Harriet Friedmann）：《粮食的政治经济学——战后国际粮食秩序的兴衰》（“The Political Economy of Food：The Rise and Fall of the Postwar International Food Orde”），《美国社会学杂志》，第88卷；《补给——马克思主义的探究：劳动、阶级与国家研究》（*Supplement：Marxist Inquiries：Studies of Labor, Class and States*），1982年，第254页。

3 达雷尔·基因·摩恩（Darrell Gene Moen）：《战后日本农业的崩溃》（“The Postwar Japanese Agricultural Debacle”），《一桥社会研究期刊》31期，1999年，第36页。

这一情形一直持续到20世纪70年代初期。

伴随着1952年清算战败，日本与美国签署了和平条约，作为《旧金山对日和平条约》的一部分，食品采购是美日两国之间战后重新调整的对象之一。1951年美国制定的《共同安全法》中规定，允许美国保留在日本所建立的军事基地，允许日本为美国制造军事武器，在朝鲜战争时期（1950－1953）美国帮助日本复兴经济。这项协议为日本带来了急需的货币资金，用以购买美国富余的农产品。过剩面粉带动了拉面消费量的增长。

遣返与食物

法国早期人口迁徙时获得的烹饪方式，反映了过去居住在北非的法国人在废除殖民统治之后不得不回到法国南部的这段生活经历。移居印度的英国人回国时把他们爱吃的咖喱也一起带回了家，英式咖喱已经完全烙上了英国的独特风味。在荷兰，即使是女王餐桌上恒久不变的荷兰菜，也在20世纪60年代荷兰结束了对印尼的殖民掠夺之后，有了一些改变。中式印尼菜作为新诞生的外来美食借此找到了立足之地。[1]许许多多的日本人从海外撤回日本，从韩国，从中国台湾和大陆等各个地方回来的归国者，有没有对战后日本饮食口味或内容产生什么影响？位于日本枥木县的宇都宫市，是分析此课题的一个很好的起点。

1 凯瑟琳·萨尔兹曼（Catherine Salzman）：《1945－1975年间尼德兰王国烹饪历史的传承与变化》（“Continuity and Change in the Culinary History of the Netherlands, 1945－1975”），《当代史杂志》，第21卷，第4册，1986年10月，第605－628页。

宇都宫市是许多面点店的家乡，饺子店的数量位居全国所有城市之首。城市人口约有45万的宇都宫市有83家面点餐厅。[1]要论比例，宇都宫市的饺子店数量与城市人口之比，相比于喜多方市的拉面店还逊色几分。但这不影响宇都宫市成为人们想到日本面点时便能想起的饺子第一城。日本著名作家草野心平相信，日语中“面点”这个和制汉语不是一种军事发明，而是曾经漂泊海外、生活在中国东北三省的日本家庭主妇们相互交流学习而来的菜肴。[2]自二战结束后，饺子作为拉面的一种配菜逐渐普及起来。

从前至今，宇都宫市最具特色的饮食，便是当地市民把这些面食当成一顿正餐而不是配菜——真可谓中国传统的饮食方式。饺子就是正餐，或主食，折射出了日本人对于食物的一种现代理解。在日本人当下的思想观念里，吃饭应该以淀粉类食物为主，就如同德川时代一样。主食可以是米饭，如果是经济不富裕的人，则可以吃小米或者其他五谷杂粮。围绕着淀粉类主食，日本人会搭配一些小菜。这种传统日本料理的饮食结构，或许也能够用来解释为什么日本人的菜通常偏咸，或偏好用大豆酱油调出的酱油口味。在东京的烟草与盐博物馆里，尾川义彦馆长向我介绍说，人们选择咸味食物作为配菜，是因为身体需要从大量的米饭中摄取足够的维生素来保持健康。[3]而加点咸味在饭里，能更下饭，让人们在吃下1.5磅米饭的时候，不会觉得寡淡无味。否则，人们便无法日复一日地就一些

---

1 如果我们把这个数字与东部沿海城市静冈县所拥有的70万人口对比，无疑令人吃惊。人口总数占全国总人口40%的静冈县内仅有62家饺子店。

2 草野心平 :《蒙古料理》，收录于《草野心平全集》，第10卷，1982年，第54页。

3 采访于日本东京涉谷区的烟草与盐博物馆，2006年8月22日。

大米混着其他谷物的杂粮来填饱肚子。

1895年，日本发动甲午战争，打败了清政府。几年后日俄战争爆发，1905年俄国战败，日军在中部地区驻扎了更多的陆军营队，驻营地中也包括宇都宫市。作为军事力量整体扩张中的一部分，宇都宫地区积聚着一股沉寂已久的力量，蓄势待发。1927年，旧日本帝国陆军第十四师团进驻宇都宫地区，随后被调往中国。1932年，多支部队再次受命前往中国，这次目的是去上海平息日本进攻中国大陆后引发的地方动乱。为了支撑战局，日军持续不断地往中国部署陆军部队，无数日本士兵在中国度过了他们的青春年华。有一种观点认为，因为陆军第十四师团驻防在中国，是士兵们带回了中式面点的制作知识，或者至少还有味道什么的。然而，这种观点恰巧表明了人们对于当时日军与中国大陆百姓之间真实关系的不甚了解。大部分日本兵干着繁重的体力活，服从部队管理，没有机会与中国人直接接触，更不要说吃到正宗的中国菜了。可能性比较大的是来自日本的移居者与中国百姓在日常生活交流上彼此分享信息，比如互传食谱之类。但当时有没有这样的日本人到了中国之后又遣返回宇都宫，真相早已无从得知。

战争结束之后，许多遣返回家的人受尽了国人的嘲讽，因为他们是活生生的例子，时刻提醒着人们旧日本帝国主义狼子野心彻底失败的现实结果。[1]在这里，与大家分享一个漂泊在中国的日本家庭熬到战争结束，在中国东北摆摊养家的感人故事。服部纯子，一位

1 罗利 · 瓦特（Lori Watt）：《游子回家——战后日本民众的遣返与回归》（*When Empire Comes Home*：*Repatriation and Reintegration in Postwar Japan*）。

努力从中国大连回到日本的平凡母亲，在给遣返协会杂志的信里坦言，她能在战后得以生存并养活自己的3个孩子，完全有赖当地两位中国商人的无私帮助：

> 在如此恶劣的环境下，我看清了自己的真实想法，我年幼的孩子们是日本的未来，是我那生死未卜的丈夫留下的最后宝物。我现在最大的责任便是想方设法把孩子们抚养长大，平平安安地回到祖国母亲的怀抱。但是，我身无分文，我绞尽脑汁地想接下来要怎么办……突然出现了两名素不相识的中国商人，向我伸出了援手。他们给我钱和食物，不求回报。在他们的帮助下，我和孩子们在中央广场的西侧开了一个小吃摊。最终，我们得以维持生计并设法遣返。然而，当我们回国之后，已再无机会回报中国人民的这份善良……

显然，这位母亲的苦难以及她没有机会把借款归还给中国恩人的懊恼令人动容，于是媒体将她真挚的谢意公开发表了出来：

> 我希望每个人都能知道，是这两位神奇的中国人帮助了我。我执笔写下此信，每天由衷地祈祷日中关系能得以改善。[1]

1 《大连新闻》，1950 年 10 月，第 13 页。另参考《遣返者生活恳谈会》（《引揚者生活懇談会》），《妇人之友》，第 39 刊，12 期，后由丸冈秀子和山口美代子重新编辑收录于《日本妇女问题资料合集》第 7 卷，《生活篇》，1980 年，第 595－599 页。

日本入侵中国的军事策略，以及由此产生的大规模社会动荡，深刻影响了日本和中国的国民饮食，但战后的粮食政策同样也是转变的关键。[1]宇都宫饺子协会合作社创始成员之一的上马茂一认为，种植小麦自古以来都是宇都宫最擅长的，但战后良田变废土，小麦全部依靠美国进口。于是当时每个人心里都在疑惑："这下好了，我们现在要用美国给我们的面粉做什么?"美国补给的小麦粉、一些中餐的烹饪天赋，以及品尝国际化风味的欲望膨胀（也许是来自日本帝国主义扩张和军民在中国的生活经验所得），三者相互结合，正好迎合了新市场——战后大批日军和百姓从亚洲大陆遣返回国的人口大迁徙。[2]从中国回来的返乡者经营起了第一批的路边摊或大排档，众多的学生和辛勤工作的劳动者蜂拥来吃这些廉价的、富含油脂、让人长胖长壮的美食，例如拉面与饺子面点。从某种意义上来说，这些食客促进了战后经济的发展。

日本人现在对口味丰富、方便食用的食物充满了渴望，战后的两大发明在日本掀起了热潮。20世纪50年代中期，日本经济基础得以再度巩固，广大劳动者集中全力、铆足干劲重建国家基础设施。1953年，一篇刊登于妇女杂志上的文章指出，生活在日本农村的人们大部分吃的都是原汁原味的食物，极少有烹煮加工的菜肴。多数时候都是由母亲来准备饭菜。在一次关于母亲的讨论会上，孩子们说："我们长大以后不想当母亲。妈妈每天都很早起床，煮饭，然后

1 上马茂一：《宇都宫饺子的黎明到来之前》(《宇都宮餃子の夜明け前》)，宇都宫饺子协会合作社，出版信息不明。

2 采访于宇都宫市，栃木县和饺子联合协会成员，2006年8月11日。

清洁，但爸爸只会坐在壁炉旁抽烟。”[1]家庭中的性别分工观念变得越来越根深蒂固，但此时外出吃饭也变得普遍起来，就像战前的生活一样。1954年，《生活手账》(《暮しの手帖》）的创刊编辑花森安治先生，在一篇名为《札幌——拉面之城》的文章里提过这种日益流行的现象。文章描述拉面店数量在周边城市急速增加，为在外吃饭的人们提供了更多好去处。拉面并不是唯一吸引消费者的新事物，金枪鱼的鱼腩，日语称为toro（トロ），过去被人们直接扔掉的一小块肉，现在却开始被人们视为至上美味。多数人一周工作6天，人民群众加班加点以求尽快振兴、重建他们的家园，实现国家改革。新兴的餐饮行业为努力建设的人们提供身体燃料。

战后时期的市场上还没有速食食品和方便食品的踪迹，但它们似乎就要破壳而出。女性杂志《主妇之友》做过读者调查，记录下她们每天如何生活。读者的普遍回答是她们每天分出3个半小时来准备饭菜。吃饭时间相对较短，每天大约2小时10分钟。每天睡眠时间不到7小时。整理衣物、清洁和缝补一般也会用上2个多小时。文章指出，现在市面上能买到小麦粉和玉米粉，如果做成面包当“主菜”或“主食”，可以帮助家庭主妇们节约下做家务耗费的一部分时间。文章同时说明，一些商店现在能根据顾客的需要，把他们带来的面粉和谷物加工成面包或粗乌冬面等面食。在文章结尾处，作者写道：日本的发展若要走向世界，这个国家需要提高其食品技术，以美国为例，百姓们倒上热水就能冲泡的麦片，打开罐头就能喝到

1 熊谷元一：《农村妇女生活》(《村の婦人生活》)，部分转载于1953年，由丸冈秀子和山口美代子重新编辑收录于《日本妇女问题资料合集》第7卷，第635页。

的番茄汁等等，丰富的方便食品满足了日常饮食需要。[1]

战后的日本家庭主妇们作为政治变革的一大推动力量，发挥了极其重要的作用。在众多社会群体中最具影响力、形成消费群体改变国家的正是日本的“主妇联合会”。消费人群，主要是家庭主妇，批评战后政府肆意妄为，缺乏执行力，对粮食配给以及糖、马铃薯、大米、煤油和其他日常生活必需品的物价调控形同虚设。该组织随后成长为“捍卫生活方式运动”分支机构之一，其标志就是饭勺，或把米饭从锅里盛出来时所用的平勺（战后日本的消费主义最初也与大米有关）。[2]在整个战后时期，传递日本对于民主主义和政治解放概念的，不是哲学论文，也不是冗长的政治演说，而是统治厨房的广大妇女，家家户户对于食物的需求与一种再度概念化的日本料理。

作为全国“营养改善计划”内容之一，提高国家公众营养意识的运动在战争前和战争期间就已开展，1952年日本政府在厚生劳动省的支持下通过了一项法律，帮助民众提高对健康营养重要性的认识。[3]自民党议员和众议院代表吉田万次大臣，进一步将公共营养与政治稳定紧密联系起来，他在1954年8月举行的国会辩论中发表讲话称：

> 其次，为了预防疾病，促进健康，我们要改善营养。

---

1 《主妇的1天24小时如何度过？》（《主婦は24時間おどう暮らしているか》），《主妇之友》，第40刊，10期，由丸冈秀子和山口美代子重新编辑收录于《日本妇女问题资料合集》，第7卷，《生活篇》，1980年，第599－608页。

2 帕特里夏·麦克拉克伦（Patricia Maclachlan）：《战后日本的消费政治策略》（*Consumer Politics in Postwar Japan*），第63－64页。

3 原田信男：《和食与日本文化论》，第204页我们需要提高对于营养的认识，并认真学习，切实落实到食品烹饪中去，保证双手清洁，保证厨具清洁，学会怎么咀嚼，改进烹饪方法。然后，我们还要改变营养不均衡的饮食习惯，改善厨房卫生状况，传播民主主义思想，改善农村饮食，引导社会关系更为顺畅地发展……[1]

在战前“国民饮食”观念的直观比较之下，川岛四郎关于日本饮食的言论显得空洞无味，而吉田大臣巧妙地将政治哲学与国民饮食和饮食习惯联系了起来，演讲中间还穿插着他如何做出一顿好饭菜的方法。他的演说是一个关于食物与烹饪的新政治思想的有趣例子。日本迫切需要改变它的饮食文化来重建国家。

一个梦想变成现实——速食拉面

尽管汤面或拉面的市场根基从古至今早已广泛又牢固地遍布中国和日本两国，速食拉面却问世于战后时期的日本制造。战后的日本社会没有封建等级之分，众人平等，拉面属于一道面向普罗大众的美食。速食拉面毫无疑问是战后若干社会现象综合影响下诞生的产物，例如进口小麦的普及；在中国的生活经历改变了一部分人的食物需求；国内其他地方城市建设扩张，那里为数众多的办公室职员和工厂工人想要填饱肚子却又不想只吃米饭过活。不论是午餐、晚餐或夜宵，人们想吃到一种新的味道。随着人民生活逐渐富裕起

1 日本国会辩论，1954 年 8 月 19 日（[033/077]19 －参－日本文部省学校伙食法案）。

来，街上的俱乐部、酒吧和其他娱乐场所又恢复了战前的热闹场景。食客们希望自己的饭菜能很快做好，过去瞧不起中餐的态度也随之改变。肉香四溢，仍然保持着日本风格的味道。筋道的面条浮在香浓的汤汁里，非常讨食客的欢心，正如战前拉面刚开始风靡日本时一样。拉面正满足了这些人的所有需求。

随着日本重建，并逐渐恢复国际地位，1958年一位曾经破产的发明家在距离日本大阪市不远的地方，终于成功捕捉到了一闪而过的灵感，创造出了一种跨时代的新食品——速食拉面，长久以来人们对它梦寐以求。它在完全保密的情况下横空出世。它第一次出现在市场上，是用轻薄的透明塑料袋密封的。拆开袋子，把干燥的面饼放到碗里，倒入开水，盖上碗盖，耐心等待3分钟即可。然后你可以按自己的口味添加调料包，快瞧瞧，热腾腾又管饱的一碗汤面就做好了。包装干净卫生，配料方便易操作，而且味道不错，又有营养，填得饱肚子。这种新食品的问世显然激起人们的纷纷议论。在日本，越来越多的家庭和办公室开始使用电力，电气化设备使家庭主妇的家务活变得更加轻松，妇女重返职场（一般为兼职的小时工）。越来越多的人投入工作、兴趣爱好或者其他需要走出家门的户外活动。[1]日清是一家把这引人注目的新食品投入市场的日本公司，它不仅把速食拉面推广成为新一代快速便捷的餐食，更重要的是，它强调速食拉面能提供足够的身体热量。日本人打出的广告语是："只要加点热水，你就能迅速品尝到'速食拉面'，轻松准备一碗营

1　森枝卓：《速食拉面是如何被国际接受的》（《インスタントラーメンはいかにして、国際的に受け入れられたか》），《国际交流杂志》，1998年4月，第39页。

养又极其美味的热饭。”[1]

有名的厨师一般没有什么劣迹斑斑的前科，但速食拉面的发明者安藤百福，曾被捕入狱2次。1943年，日本宪兵把安藤关押入狱。1948年美军占领期间，他又被美军逮捕入狱。第二次刑满出狱后，安藤（他名字中“百福”两字意为“巨大的财富”）发现自己身无分文。安藤后来在回忆录里向世人讲述了这段人生中最黑暗的时期——由他担任理事长的信用社倒闭，他倾尽财产还债。这时，他“满脑子都在想食物”。是的，他写的是食物。在二战接近尾声的那几年，说起日本的食物，只能用可怕来形容——常常令人难以下咽。特别是日本监狱的牢饭，都是腐败变质的食物。战争时期关押在监狱里的安藤，在45天左右的服刑期满后，重获自由时几乎不能走路。长期营养不良造成身体极度虚弱，安藤被朋友和家人送去医院接受治疗。在日本投降后，安藤发现自己又锒铛入狱了，这次的罪名是涉嫌逃税。但令他大吃一惊的是，牢饭由美军提供，居然好吃又有营养。在臭名昭著的巢鸭拘留所里，还同时羁押着嫌疑战犯和已被定罪的甲级战犯。“每个人吃的都一样，”他回忆道，“甚至连警卫都一视同仁。”前后两次牢狱之灾的待遇差别犹如天堂与地狱。安藤在他的自传《魔法拉面的发明传奇》里记录下了这段往事。[2]

与20世纪初许多日本年轻一代一样，安藤成长于日本本岛以外的地方，那就是时为日本占领区的中国台湾。他自幼失去双亲，

1 日清食品株式会社：《创食为世——日清食品创立40周年纪念本》（《食創為世：日清食品·創立40周年記念誌》），第27页。公司取此名字，是为了表达对日本与中国邦交关系的敬重。日语汉字写作“日清”二字，分别代表着“日本”和“中国”，而取一“清”字是象征着中国清朝。

2 安藤百福：《魔法拉面的发明传奇》（《魔法のラーメン：発明物語》），第51页。

年迈的祖父母把他接到台南一个安静闭塞的村庄里生活，在台湾最南端的优美田园风光里度过了童年时光。20世纪30年代早期，安藤回到日本，投身服装纺织行业打拼，挣取财富。好景不长，1941年12月，他出差回台湾，听到了日本偷袭珍珠港的新闻。对于安藤来说，战争年代生活异常艰难，美军占领初期，整个国家和经济都陷入混乱中，他天天挨饿。最后，安藤回到了他唯一仅存的归处——位于大阪附近的池田市的房子里，躲进自家院子的小棚里埋头工作。

1958年，当安藤第一次公开发表自己的新发明时，消费者蜂拥而至，想索要更多。大批饥饿的商人和学生不仅把自己辛苦赚来的钱拿来买这些新商品，还以写信、写文章给各大新闻媒体和报刊，上街宣传等实实在在的方式表达出自己由衷的支持。速食拉面的流行热潮来势汹汹，许多不法分子也想以盗版或假冒产品伺机敛财。1966年4月25日，一家公司被发现计划以市价一半的价格倾销35万包假冒包装的速食拉面。[1]安藤的发明触发了当代的拉面热潮，时至今日仍能够活跃在日本流行文化之中。然而，速食拉面并不是像神的干预凭空而来。整体而言，速食拉面的历史与拉面、与日本历史紧密相连。这段过往见证了一个世纪以来人们对饮食口味、传统和态度的转变，还包括改变了日本社会的两次世界大战。经历了这一系列进化过程，速食拉面成为当时最流行的餐食或小吃，不论学生、上班族、家庭主妇还是小孩，不论何时何地都能吃到的美味。

1 《朝日新闻》（东京，晚报版），1966年4月25日。

初次问世的第一代速食拉面，销售包装如图所示，是鸡肉风味。当时并未用英语“instant”转化为日语片假名，而是用更符合日本传统的和制汉语“即食”来命名

为什么发明速食拉面?

安藤发明了速食拉面，是为了解决日本战后食物紧缺问题，是为城市居民提供一种快速方便的美餐，是奋力抵抗贫穷、动乱、恐惧和饥饿所带来的新一轮斗争。他耗费了10年的心血，克服了一切艰难险阻，不断尝试，不断失败，最终实现了自己的梦想，创造出了这样一道面食——味道可口，又比较有营养，只需加入热水就能快速地准备好。

安藤在他的自传中提到，当时厚生省营养课的有本邦太郎先生，一直鼓励他并帮忙出主意——想想美国补给的小麦面粉怎么用。于是占领时期里，安藤作为政府机关的顾问，关注着以面粉为原料制作而成的新食物，作为公共项目的一部分，为上学读书的孩子们提供学校午餐。根据安藤所述，他和有本先生有着相同的担忧，诚如有本先生所坦言："面包……将使我们的生活方式彻底西化。"但显而易见的是，有本先生也相信："在悠久的东方文化中，面食的传统存在已久。日本人喜欢吃面，那么，为什么我们不鼓励大家用这些面粉来制作面条呢？"[1]受到鼓励和经济支持的安藤接受了这项挑战。

占领盟军方面的官员已经尝试鼓励日本民众用面粉来烤制面包，但这样的尝试几乎都以失败告终——日本家庭的厨房里基本没有烤箱，他们根本没办法在家烤面包，但很少有美国官员在一开始就意识到这么实际的问题。

占领军刚来时，要让日本民众把面包当作新的主食，这可真是令人头疼的难题。驻日盟军总司令越来越担心面粉补给见效甚微，主动调查起了日本人对面包所持的态度。于是根据各大食品公司、价格与分销机构、经济与科学部门的要求制作完成了一份面粉消费的调查报告，为1949年至1950年期间访问日本的美国小麦使用代表团提供了研究数据。该调查表明："日本人民没有全心全意地接受食用面包，更倾向于把它视作眼下的权宜之计，不会长期地把面包当作主食的一部分。"就此问题，100名生活在东京的家庭主妇接受了采访。代表团查明原因后发现，其核心问题在于日本食物紧缺，所以民众不得不需求其他粮食代替大米。主妇们的回答显示，日本战后时期的面包品质不佳，吃起来十分粗糙，还带有酸味。40%的东京主妇会把面团放进锅子里蒸熟（可以说这种面包更具中国特色，

1　安藤百福：《魔法拉面的发明传奇》，第16－17页。

类似于馒头）；只有2%的主妇家里拥有西式烤箱。占领当局的总体目标在于，在梳理完日本人对于面包的喜好厌恶之情后，以此鼓励广大主妇尽可能有效利用配给面粉。

面包民意调查结果表明，在所有受访主妇中，仅有7%的少数人希望在主食中多吃到些面包。42%的人则希望少吃一些，33%的人认为目前的面包食用量刚好合适。报告总结道："如果人们有条件自由选择食物，每10个人中就有3个人完全不吃面包，剩余的其他人也只会'偶尔'吃一点。"也就是说，表示愿意吃更多面包的调查对象仅占日本总人口的一小部分。尽管人们相信转变战后日本人民的饮食模式是出于日本自身经济和政治利益的考量，但美国占领当局与企业仍然面临着一个严峻的挑战。报告指出，广大主妇以及她们的家人都坚定地相信大米作为营养源泉，其优点不言而喻。一位85岁高龄的老妇人接受采访时说："我丈夫是做木工活的，人人都喜欢他。他觉得只吃面包人就觉得累，我想这是因为面包缺少营养价值。我们长久以来都靠吃大米为生，所以我们吃不惯太多面包，它填不饱我们的肚子。"[1]不论战前还是战争时期，即便日本向美国无条件投降，人们心中关于民族饮食和"人民百姓的国民食物"的信念也不会轻易消失。

1954年到1964年间，日本接受了来自美国4.45亿美金的"食物援助"。运输的食品以面粉为主，出口到日本，然后作为日本厚生劳动省面粉推广计划的一部分进入市场流通。这个政府项目为日本学校的午餐提供牛奶和面包，是国民营养改善活动的一个重要组

1 摘自1950年盟军占领期的一则新闻报道《日本民众的面包和面粉利用调查》。

一幅漫画，摘自1950年盟军占领期间的一则新闻报道，题为“日本民众的面包和面粉利用调查”。该图以卡通形象表现了当面包成为日本人新的主食后，人们却完全不知道怎么吃[1]

成部分。铃木猛夫认为强迫日本向美国购买西方食物源于一种政治阴谋，以此让日本民众的日常饮食也受控于美国经济的统治。[2]他辩驳道：把日本人的主食从米饭变成面包，还有什么办法比这更有效吗？铃木指出美国政府提供资金和食物，计划帮助日本重新自食其

1 《日本民众的面包和面粉利用调查》，该图画由社会舆论与社会学研究机构绘制，GHQ，SCAP，CIE 部门，1950 年 1 月 15 日（单片缩影胶片 -CIE[D]-05320，箱号 5872，国立国会图书馆，东京）

2 铃木猛夫：《“美国小麦粉战略”与日本人的饮食生活》（《「アメリカ小麦戦略」と日本人の食生活》），第 20 页。

力，尤其照顾学校午餐配给，这一美好景象的背后其实危机四伏。铃木认为，美国慷慨的举动犹如饮食界的帝国主义侵略，因为孩子们正处于形成饮食习惯的阶段，在今后的生活中他们会去购买这些年少时期吃到的东西。“也就是说，一个人永远不会忘记他小时候品尝到的味道。”他这么写道。[1]铃木看到美国饮食文化渗透所带来的日本餐桌变化，大野和兴则提出了另一种更为利弊相衡的不同观点。大野表示，日本食品补给和日常饮食习惯，在战后所发生的实际变化在于，部分遏制了日本农业在战后时期的起步，尽管农业部门对处境危险的警告已有耳闻。[2]虽然新兴的美国小麦面粉的进口贸易对日本农业产生了重要影响，美国的计划在于以它自己经济增长的老路来重建日本饮食，事实证明日本仿效成功的偶然性微乎其微，毕竟美国卖给日本的不过是他们的过剩物资。小麦面粉销量增长的结果之一，就是拉动了面条的销量，这些肉香味美的汤面当然在百姓生活中得以广泛普及。

战后日本所面临的课题是吃什么，其文化和经济影响直接透露出战后日本社会如何看待自己的真实内心。厚生省营养研究所的高级官员大礒敏雄，在战后就公共营养和健康问题写了不少文章，描写了这些吃米饭的人是“活着与吃饭”，而这些吃面粉的人是“吃饭

1 铃木猛夫：《“美国小麦粉战略”与日本人的饮食生活》，第 25 页。日本放送协会（简称 NHK）在 1978 年制作了一部纪录片，名为《餐桌上的星条旗——大米与小麦的战后历史》（《食卓のかげの星条旗～米と麦の戦後史》），影片中详细拍摄了美国和小麦对日本战后国民饮食文化，以及日本经济和国际地位的深远影响。

2 大野和兴：《农业与饮食的政治经济学》（《農と食の政治経済学》），第 27 页。在杰罗姆 · M. 斯塔姆（Jerome M. Stam）的作品中同样能看到这类描述，见《公法 480 对加拿大小麦出口的影响》（“The Effects of Public Law 480 on Canadian Wheat Exports”），《农业经济杂志》，第 46 卷，第 4 册，1964 年，第 805－819 页。

才因此活着”。在他的分析中，吃米饭的人更为被动，而吃面粉的人更为积极进取。尽管大礒先生的这番推理缺乏科学依据加以验证，但他为战后焦虑彷徨的日本人提出了一个充满说服力的形而上学的论点，那就是吃米饭满足人们内在的驱动力，而面粉无法让人感到满足。所造成的结果就是，吃面粉的人永远在找寻更美味的东西，这使他们变得更加积极主动。[1] 这样的理论在某些方面可以追溯到19世纪末期，福泽谕吉与森欧外两人关于日本人是否该吃米饭展开了辩论。战后意见不合的支持者仍然各执一词，受到全国媒体热议，这同样意味着日本人所吃的食物造就了日本人的性格。

真实世界里发生过黄油换枪的故事——美国迫使日本停止发展自身的农业经济实力，要求他们从美国购买并使用美国过剩产品来重建日本。美国的第二个目标是让日本慢慢改革，作为美方的一个堡垒对抗东亚地区的共产主义传播。在20世纪50年代，虽然面包消费市场的负面报道不断，但是包括医务人员、营养学家在内的众多群众，在全国范围内开展了一场声势浩大的运动，鼓励日本民众使用面粉制作面包，让面粉取代大米。1955年美国小麦协会甚至配备了“厨房巴士”，行驶在街头向广大日本家庭主妇演示如何用进口的白面粉，并教她们用这个陌生的原材料制作出一款新食品。[2]

汤面重出江湖，速食拉面在市面上闪亮登场，都恰巧发生在面粉制品被尽力热捧以取代大米的时间点上。速食拉面的实际生产过程其实很简单，短短几个步骤却耗费了近10年的心血才得以完善。

1 铃木猛夫：《“美国小麦粉战略”与日本人的饮食生活》，第64页。

2 达雷尔·基因·摩恩：《战后日本农业的崩溃》，《一桥社会研究期刊》31期，1999年，第35页。

農村を走る台所
…大阪の『キッチン・カー』同乗記…
道端で料理講習
出動すでに一千回越す
家庭
写真はキッチン・カーの現地指導
—大阪東住吉区桑津小学校付近で

一辆四处宣传的“厨房巴士”停靠在路边，指导者把烹饪食品的新方法教授给家庭主妇[1]

安藤百福在小麦面粉里混入碱水，来提升面条筋道的口感，就像他在日本帝国对外殖民统治时所吃到的中国面条一样。一般面条由生面团制作而成，用热水煮熟后滤水，盛入碗里伴着熬好的汤头就能食用，这是你在吃新鲜的面条时所需要进行的步骤。但如何使面条经得起长期保存，并承受住物流运输的过程，发往全国各地？面条进行怎样的包装才能保持住自身的新鲜度和形状？这是最后，也是最重要的一个步骤。为解决这个问题，安藤苦苦思考了很长时间。

经过多年锲而不舍的反复试验，安藤终于从天妇罗的制作方法

1 《朝日新闻》(晚报版)，1952 年 7 月 28 日。

中找到了问题的答案。秘诀就是快速充分地油炸面条，使用的油锅温度一定要足够高，经过油炸脱水后，生面条便成了硬邦邦的面饼。因为它们经过高温快速油炸，再次加入热水后便能使其“软化”，变回原来的样子。因为面团中含有碱水，面条能保持本身的弹性，不会散开，也不会黏糊得像块面包。保留住面条的筋道口感，做成完整的一块面饼是成功制作速食拉面的关键。在推广速食拉面的最初几年，安藤为它取了个普通的名字——用日语汉字命名为“即食”(日语中意为“立刻”)。之后，销售模式发生转变，听起来更欧美化的商品名称卖得更好。20世纪60年代日本经济繁荣时期，也许是为了努力开拓日本的新国际主义，由安藤创造的这款全新的面食产品，让战前时期已广为流行的汤拉面重获新生，名称也由原来的日语汉字“即食拉面”改为“インスタントラーメン”，其日式发音及日语片假名来自速食拉面的英文单词“instant ramen”。通过这一项伟大发明，安藤永远地改变了现代日本人的饮食生活。

日本与速食拉面

速食拉面的问世促使日本爆发了第三次食物革命。第一次革命开始于德川幕府统治的江户时期，白米市场的兴起与贵族阶级的崛起。第二次始于明治维新时期，伴随着皇室宴会的风格转变而来。第三次则关系到战后转型。二战之前的日本教育，只局限于部分社会阶层，但战后社会逐渐拓展出了更多发展道路，培训班、夜校也随之兴起。战后，日本社会上能看到越来越多的学生，他们的求学生涯变得更长远，上得了高中，甚至还能上大学。这些准考生，渴望吃到快速又简单的饭菜，不占用他们埋头苦读的宝贵时间。而上班族们则想进一步发展自己的职业生涯，花更多的时间在办公室或工厂里努力工作，因此他们也一样饥渴地吃空了一箱箱堆积如山的速食拉面。当时核心家庭（一对夫妻带着孩子）的结构模式越来越普遍，随着城市人口越来越密集，生活成本逐渐增加，许多公司把男性职员派遣到城市周边地区，去捕捉经济快速增长所孕育的商机。于是这些拥有家庭的男性职员暂别了自己原本的生活，变成了临时单身汉。他们通常都会前往偏远城市，工作日独自生活，周末再回家享受家庭生活。这个社会现象催生了一个新日语“单身赴任”(即只身一人赴外地工作）。农村的年轻一代也开始陆续离开家乡，到新兴的中心城市去打拼事业。20世纪六七十年代，这些在外地工作的人独自生活，每天很晚才回家，然后一个人吃着廉价的泡面，看着漫画书。[1]

新一代的食物随处可见。如同大正时代一样，战后日本正处于工业化发展和社会新建的重要时期，但较之过去，社会已经变得更加平等，这个国家似乎下定决心不再让战争的悲剧重演。与此同时，日本人的食物也开始变得不一样，生活也与过去大不相同。在日语中被称为“团地”的小型居民住宅区，如雨后春笋般建造了起来，加速了农村地区大家族同居、几代同堂的家庭居住方式的消亡。战后，比起租房，城市居民更多的是选择买房，一部分原因在于新政

1　日本食粮新闻社：《昭和与日本人的胃袋》，第421页。

府推动发展拥有资产的中产阶级。[1]一切都焕然一新，独栋住宅与局促而干净的公寓住宅，各个房间把原本公共生活的区域按面积分隔成狭小的私密空间，配备有独立卫生间，铺设有整套管道系统，厨房通有自来水和电。战后城市建筑的改变和家庭生活空间的减少，使人们需要走出家门到外面吃饭，或在商店里事先买好加工过的食品。所有供人回家睡一觉的城郊住宅区几乎密布于城市的边缘地带，随着城市规模不断迅猛扩张，农村土地被大量吞噬，人们每天耗费在上班路上的时间越来越长，平均时间长达1个半小时。[2]

拉面热潮

在日本有望实现经济增长的大好前景下，社会公众对于速食拉面的热情让拉面餐饮业重燃生命力。一家名为“来来轩”的拉面店，原先开业于东京浅草地区，1943年关门。1954年，战后重新开张的店铺搬到东京车站附近，一直开门迎客到1976年。这家店的重生标志着汤面的回归。

1 拉·内策尔（Laura Neitzel）:《现代生活——住宅小区》（*Living Modern*：*Danchi Housing and Postwar Japan*），哥伦比亚大学博士论文，2003年。另可参考乔丹·桑德（Jordan Sand）的《现代日本的房屋与家庭——建筑艺术、内部空间与资产阶级文化，1880－1930》（*House and Home in Modern Japan*：*Architecture*，*Domestic Space and Bourgeois Culture*，*1880－1930*），2003年。文中叙述了明治时代末期与大正时代早期的日本住房条件和建筑风格。

2 战后城市规划对于食品消费的影响，以及猛然增长的便利店文化，是嘉文·汉密尔顿·怀特洛（Gavin Hamilton Whitelaw）的重点探讨对象，参见其作品《身处当代日本的便利店——便利店的现代化服务、本土亲切感与全球化变革》（*At Your Konbini in Contemporary Japan*：*Modern Service, Local Familiarity and the Global Transformation of the Convenience Store*），耶鲁大学博士学位论文，2007年。

与此同时，一个名为“家乡”的主题专栏开始出现在主流新闻报纸上，文章内容以点评菜单、西式服装和其他流行事物为主，同时也会刊登女性读者的来信。

在20世纪50年代中期，日本媒体谈论食物的角度也发生了转变，从填饱肚子的基本生存需求，到积极讨论包括中式菜在内的各种美食追求，体现出民众对高油脂食物充满了渴求。在日常生活中，不论在家还是外出就餐，他们都有丰富的选择。日本人再次热切地探讨如何欣赏并享用食物。[1]如同历史上较为富裕的明治时期，当时人们对于大米口感非常挑剔。战后的日本，特别是1956年，政府《经济白皮书》正式宣布“日本已经告别战后时代”，新时期倡导新式菜肴，口味和内容相较于战争时期都有了一大突破。在这样的时代，拉面完美出场——早在战前它就已完善自身，打下了坚实的消费群体基础，而当前食品原材料较之战前也更加充分。

著名食品历史学家和科学家瑞秋·劳丹告诉我们，不应该为膳食的改变而感到担忧，也不应该畏怯于加工食品。显而易见，日本人在战后并没有表现出这方面的抗拒。新鲜又天然，是日本人信赖并奉为传统的饮食观念，劳丹则对此避之不及。“新鲜与天然，”她写道，“将会吓到我们的祖先。”她解释其中缘由在于，新鲜意味着存储之后容易变酸、腐败或很快就不能食用，而“自然则意味着难以消化”。如今的人们相信烹饪食物是为了“预先消化它们”，只有

1 生川浩了：《从报纸的家庭栏目中观察战后家庭生活变化（《新聞の家庭欄からみた戦後の家庭生活の変化》），《关城学院大学论文集》，第8册，1968年，第27–33页。

穷人或笨蛋才会追求未加工食品。[1]劳丹总结了为什么加工食品不是祸害我们生命的洪水猛兽，相反，它可能是我们成功的根源。现代主义烹饪已经提供了所有我们需要的东西，经过加工的食物，便于保存、蕴含工业科技、新兴、快速，人人都能以合理的价格买到高品质的食物。当现代食品唾手可得，现代人口数量增长，体质变强，更少得病，寿命增长。"除了繁重的农业劳动，男人们有更多的职业选择；女人们也不再需要每天跪坐……5小时。"[2]我们遗忘了珍藏于烹饪书的传统食物，昔日仆人成群的生活方式，在当今众多国家可能都因违背法律而不复存在。在劳丹的描述中，无论一般拉面还是速食拉面，它的味道、速度、方便性和营养价值，都很大程度地满足了战后日本社会和政治需要。

因此，拉面代表着某一种新意识的诞生，同时人口增长以及社会结构的改变也推动其发展。日本饮食真正发生最具颠覆性变化的，是在20世纪60年代之后。日本政府的官方统计数据显示，1955年，日本年人均牛肉食用量为1.1公斤，猪肉0.8公斤，鸡肉0.3公斤，还有1.1公斤其他肉类。此外，每年人均3.4公斤鸡蛋，而大米竟能达到110.7公斤。到了1965年，年人均的食物消耗量略微有所上升，数字分布上也发生了变化。日本年人均牛肉食用量增加到了1.5公斤，猪肉3公斤，鸡肉1.9公斤，鸡蛋11.6公斤，大米111.7公斤。又过了十多年，在1978年迎来了巨大变化。当时人民生活富

1 瑞秋·劳丹（Rachel Laudan）：《为现代烹饪申辩——为什么我们要爱上全新、快速、加工过的食品》（"A Plea for Culinary Modernism：Why We Should Love New, Fast, Processed Food"），《美食志》，2001年2月，第37页。

2 同上，第40页。

裕，年人均猪肉消费量达到8.7公斤，鸡蛋14.9公斤，此时大米消耗量明显下降，年人均跌至81公斤。[1]肉类消费水平上涨的同时伴随着大米消费水平的下跌，日本的国民经济收入快速增长。在内阁总理大臣池田勇人的带领下，日本人民的收入翻了一番，争相购买“三大件”。在20世纪60年代，人们眼里的三件宝已经豪华升级成了一辆轿车、一台空调和一台彩色电视机。[2]

由此，我将日本在战后取得的经济成功视为第四次主要的食物革命标志——日本国民食物供应品种繁多、数量庞大，传统饮食模式随之弱化。二战结束后，日本仅用20年，便成为一个“孤独吃饭者”的国度——人们独自一人吃饭，而本书介绍中所提及的拉面消费者便是最好的例证。[3]

拉面与美食旅游

为了了解拉面如何在战后日本社会卷土重来，我们需要简单地回顾一下，20世纪60年代末到70年代初，喜多方市和它的拉面热潮。在那里，我们可以看到历史、旅游、货运物流和当地美食之间相互扶持的亲密关系，它帮助拉面东山再起，一举成为日本战后饮食成功发展的一大标志。喜多方市战前不是拉面店铺的中心聚集区，

1 唯是康彦、齐藤优：《世界的粮食问题与日本农业》(《世界の食糧問題と日本農業》)，第161页。

2 西蒙·帕特纳：《日本制造——电子产品和日本消费者的培养》(*Assembled in Japan-Electrical goods and the Making of Japanese Consumer*)，第233页。

3 乔恩·D.霍尔兹曼(Jon D.Holtzman)：《食品与回忆》(“Food and Memory”)，《人类学趣味年鉴》，第35册，2006年，第36–78页。

也不是其他任何食物的重要核心地区，在日本地图上也不处于中央位置。喜多方市得以繁荣发展拉面行业，除了汤面自身所具有的特色，更多要归功于旅游业和偶然性。战火的硝烟散去多年后，当地一位摄影师川田稔，以战后幸存下来的大型仓库，或零星散落在城镇里的储存间为对象，拍摄了气势恢宏的摄影作品。他出版翻新的摄影集，帮助日本人再度发现了一座曾经被遗忘，在战后时期、20世六七十年代经济繁荣的宝藏。川田的摄影作品在日本NHK电视台的节目中一经播出，便让喜多方市在一夜之间引起了全国人民的兴趣。根据导游志愿者小野寺三夫的说法，在上电视之前，喜多方市不过是座默默无名的日本小城市罢了。“那时喜多方有10家左右的拉面店，并不是以拉面而闻名的地方。”当我到访这里时，在一个昏昏欲睡的午后，他向我讲述了这段往事。[1]小野寺先生说话时带着独特的地方口音，“s”的发音略有些含糊不清，而“e”的发音容易变成“ɑi”。他对当地的历史了然于心，于是我向他询问20世纪20年代，中国不法商贩的到来让这里发生了什么样的变化。

小野寺先生停顿了一下，看着我回答说：“喜多方对其他周边藩地来说是一个商业中心、供应中心。大批大批的人（武士或官吏）驻扎于会津藩中心四周，拥有数量可观的土地。”他解释说，拉面在喜多方的兴起要感谢历史条件带来了非同寻常的天作之合。首先，德川时期喜多方地区的生活水平达到整体富裕水平，明治时期和大正时期呈现一片欣欣向荣的景象。大正时期，这座城市在中国移民眼中充满了吸引力，他们冒险投钱经商，在火车站旁边开起了面条摊。

1 采访于2007年8月8日。

喜多方火车站月台上悬挂着的刀旗宣传广告。深红色的帆布上写着喜多方市是“满街粮仓的城市”，右侧的一串小字则写着这里有“日本首屈一指的拉面、米、酒、水”

其次，喜多方在战前就已经开始生产味噌、酒和大米，并适应了农产品商品化的过程，食品市场需求已经表现得非常强烈。但最关键的是战后的媒体宣传，迫使日本民众去寻找事实的真相，失去的历史似乎在战后格外受到人们的珍惜。许多日本人和外国人心里都有一个遗憾，那就是现代化的战后日本，似乎掩盖了暗藏于腹地内陆一些地方中传统、真实的一面。这一面等待着人们再次发现，再次学习。对于喜多方这座城市来说，我们普遍相信，从这里的食物和味道中可以找到真正的日本。对于日本的偏远地区来说，“真正的”日本可以被该地区当作一个促进旅游和食品销售的卖点加以利用，这是战后媒体驱动的一大现象。

正如同小野寺和城市历史学家小山佳子解释的那样，受到摄影作品和电视节目刺激，游客们纷至沓来，都为目睹喜多方仍在使用的老仓库，体会那厚重的历史感，因为在日本许多地方，这样的老房子早已损坏或破烂不堪。来到喜多方四处观光的游客们需要一个地方坐下来吃饭。当地的一日游通常只需要几个小时就能逛完，这些从东京或其他富裕城市赶来的人，不过在此稍作停留，逛逛景点，吃吃饭——子弹头列车，也就是新干线列车，能够让人们快速地移动于不同地区之间。真正的拉面热潮席卷而来，是因为综合了上述所有因素——快速的交通工具，百姓身上有闲钱、探索“真正”日本的旅行渴望以及闲暇时间。高速交通工具和国民可支配收入实际诞生于1964年之后，也就是新干线列车投入实际运营的第一年。喜多方是一些拉面店铺的故乡，但战后企业家们才看到真正的商机。根据我的两位历史讲解志愿者的叙述，地方政府官员意识到来喜多方观光游客人数日渐增多，于是不断扩增拉面店的数量以满足游客需求。

如今，来到喜多方的游客们稍微改变了他们的一些喜好——来到这里享用并游览数量众多的拉面店铺，其乐趣就如同参观旧仓库一样。但拉面依旧需要美味的口感来拉拢爱好者，小野寺先生相信是喜多方的良好水质让拉面如此美味。他说市政厅偶尔会收到一些来自游客的投诉，说他们喜欢喜多方的拉面，但把当地出售的包装食材买回家后，却无法还原出当地的味道。[1]现在喜多方还销售由当地水灌装而成的瓶装水，他还拿出两瓶样品给我看。

打响本地名气

推广本地口味进行市场营销，卖出本地品牌知名度，这样的商业手段早已不是什么新闻，号称面点之都的宇都宫市与拉面之都的喜多方市，都将本地产品的销售额做出了行业新高度。战后的日本，强大的国家职权集中于东京的中央政府，“猪肉桶”[2]政策表现出了地方对于中央的依赖，许多地区失去了曾经的特色。艾利克斯·科尔（Alex Kerr）为无法阻止的文化遗失现象深表悲痛，在他的著作《狗与恶魔——不为人知的日本故事》（*Dogs and Demons*：*Tales from the Dark Side of Japan*）中，对此流露出了一种伤感和忧虑——现代化的日本，该如何兼容并顾及其内在传统的灵魂？许多批评家指出，科尔的沉痛惋惜，是为了一个正与他的幻想如出一辙，却从未真实存

---

1 采访于 2007 年 8 月 8 日。

2 猪肉桶 (pork-barrel)，原指美国南北战争前，南方种植园主家里都有几个大木桶，把日后要分给奴隶的一块块猪肉腌在里面。“猪肉桶”喻指人人都有一块。现作为美国政界的常用术语，指议员们在国会制定拨款法案时通过附加条款把资金拨给自己所在选区或自己特别热心的某个具体项目的分肥做法。

在过的日本，现实生活没有他梦想那样充满诗情画意。尽管如此，科尔的观点无可厚非。那些没有生活在京都、大阪或东京的日本人都充满着相同的渴望。我们应该怎么办？那些地方的人们为这个问题愁得人憔悴——我们无法与那些拥有旅游观光景点的主要城市相互竞争，我们也没什么设施和传统特色能让本地在主流文化中展现出与众不同的吸引力。战争时期的狂轰滥炸，让许多日本城市的特色建筑变成废墟，战后的城市规划政策更是让这些地方特色流于千篇一律。战后的日本，满目疮痍，开拓地方特色的呼声日益强烈，政府也极力鼓励发展旅游行业。一时间，日本各地争相打响本地口味的名气，开发地方特色的拉面制作技艺。自从国家经济腾飞，数以百万的人涌入城市寻求机遇和工作，经济相对不发达的腹地地区人口数量锐减。20世纪80年代早期，许多本地商业协会和贸易团体走到一起，主要是以特色美食和国内活动来推广当地风味，为本地注入新鲜活力。临时举办的各种旅游展销活动以“回到心灵之地”为理念，在短时间内四处推广运作。如今到了日本，你几乎可以乘坐新干线在半天时间里横穿日本四大岛屿。便捷的交通工具带人们走遍日本各地，轻松连接起各地的语言和文化交流，这在过去人们想不都敢想。但外界交流同时也侵蚀了当地特色。饮食是从古时留存下来的一种文化源泉，它让各个地区保存了独具特色的一面，这也正好说明了拉面经久不衰的流行魅力所在。

拉面跨国寻出路——第一站去美国

第一款速食拉面的外包装是薄薄的密封塑料袋。这种包装至今仍在使用，其凝聚了许多的聪明才智，能满足世界各地消费者的需求。速食杯面的成功进化，是拉面进化史上迈出的崭新一步，塑料袋包装被聚苯乙烯泡沫塑料杯（之后开发出了碗形）和密封纸盖的全新组合所取代，这个成功进化的发明过程和机缘巧合的背后，有一段神奇的故事。

20世纪60年代末，安藤百福前往美国，为了把速食拉面这个全新的食物介绍给美国消费者——速食拉面食用方法极其简单便捷，却能满足他们对充满异国风情的“东方”风味的好奇心。但安藤开始意识到，美国与日本两国的饮食文化有着天壤之别，而且美国消费者吃饭时用的餐具也与日本不尽相同。在美国，他看到人们把面条放到一次性的泡沫塑料杯里，因为那时候大部分美国人家里都没有日本人那样的圆口深碗，可以用来盛放单人份的米饭或带汤面食。美国人对于泡沫塑料杯的偏爱启发了安藤。他飞回日本的早期航行线路中，一般会途经夏威夷。通常，他坐在靠近飞机尾部的后排位置上，吃着夏威夷果。坚果当时装在一个塑料罐子里，盖子还可以反复盖牢。他百无聊赖地把坚果罐头的盖子打开又合上，开开合合之间，他突然灵光一闪找到了速食拉面包装的解决办法。在一次采访中，安藤说当时他情不自禁地用日语大声高喊“哦就是它！”“问题是我们不得不发明这样的容器。”安藤明白他不可能把日本销售的袋装速食拉面原封不动地卖到海外。每个国家的用餐习惯和餐具都太不一样了。日清公司的产品需要有自己特色的运输包装，能将每一份速食拉面装在合适的容器里送到每一位顾客手中。[1]

杯装拉面作为一种销售概念看似平淡无奇，但作为一种理想的

1 安藤百福：《魔法拉面的发明传奇》，第95－96页。

容器，在经受得起机械化包装和高温加热的实用功能里却暗藏玄机。如何保证易碎的干燥面饼在运输途中完整无损，并且一旦打开包装后能随时倒入滚烫的开水，这得归功于一个重大发现——面饼必须腾空卡在杯子中层。在运输途中，杯子的居中空间能降低旅途颠簸时的碰撞风险，从而保持面饼的完整。当杯子里倒入热水后，热水流到杯底，热量自下而上传递，泡熟干燥的面饼，使其恢复到可以食用的状态。[1]如果面饼没有卡在杯子中层以保持其完整性，那么倒进热水时会发现面饼早已碎成小块，难免让人倒了胃口。

人如其食？也许未必

20世纪60年代初，日本人的拉面消费量大幅增长，各式拉面形态各异，风味也各不相同，在60年代末，速食拉面陆续出口远征海外市场。与此同时，日本也已经成为众多国际快餐食品连锁店争相进驻的目标市场之一，知名品牌有美仕唐纳滋和麦当劳等。这些转变说明，日本人的饮食发生了一个重要但鲜为人知的变化。琳达·S.沃吉坦（Linda S. Wojtan），身为美日研究所所属全美学生信息中心咨询部主席与高级顾问，在某个契机下撰文叙述了大米在日本人日常饮食中的重要性，以及有目共睹的紧密依赖关系。“一种语言为重要的观念和价值提供了研究线索。”她在文章中写道，“这就是日本文化的真实面貌。大米作为主要粮食，在日本语言中有诸多表达。米饭（ご飯）意为煮熟的大米，也代表着餐食。”沃吉坦坚持着自己

1 石毛直道：《面谈食物志》（《面談たべもの誌》），第111页。

的观点："这些多元化的词语表象，意味着在大多数日本人的思维里每顿饭都离不开大米。"[1]沃吉坦表达的可能是想象而不是"思维"，因为古时候多数日本人只有做梦才能吃到满满一碗白米饭。而如今，尽管拉面的成分里不含大米，一粒米都没有，但数以百万的日本人都认为，一顿单纯由拉面构成的餐食是日本文化的一个缩影。

像这种被日本饮食文化所接受的中式烹饪方式，是否改变了人们关于本土文化或外来文化的争论？可以肯定的是，大米是所有日本饮食观念（并非实践）的核心，但我们必须记住这是最近才兴起的现象。在过去很长一段历里，都没有确切的定论说米饭是日本饮食文化的核心。若以局部的观点看待现代日本食物，就会产生疑惑：什么时候日本料理开始走向国际化？大米的统治地位是否持续至今？鉴于欧美快餐食品连锁企业抢占日本市场，像拉面和速食拉面这类方便食品普及度提高，至少就战后时期来说，在日本人观念里，占据核心地位的米饭可能只存在于昔日神话，而不是实际生活里了。

日本饮食生活的这个大转变，引发了人们对于国民健康风险的强烈担心。在当代，日本一直是世界平均寿命最长的国家，批评人士担心现代的加工食品会对人体产生危害。不过，当我就"吃速食拉面是否有害身体健康"这个问题，询问位于大阪市外的速食拉面纪念馆武雄丰馆长时，他回答我说："安藤百福已94岁高龄（采访时还在世），并且从1958年开始他每天中午都吃鸡肉风味的速食拉面。这其实是个膳食营养平衡的问题。"[2]我们应该再补充一点，那就

1 http ://www.indiana.edu/-japan/digest6.html（查阅于 2005 年 6 月 27 日）。

2 2004 年 7 月 29 日，采访于日本池田市。

是速食拉面的发明者，他的午餐除了速食拉面以外，并没有吃太多。显然，保持卡路里的低摄入量也是长寿的原因之一。安藤老先生在96岁时迎来了人生的终点，离开了人世。武雄馆长的回答令我回想起凡士林的发明者罗伯特·切森堡（Robert Chesebrough），他也幸福地活到了90多岁，并说自己长寿的原因在于每天坚持服用一勺凡士林油。我更愿意相信安藤百福是个幸运的消费者。

日清食品国际部的筐原研主任为速食拉面辩明正身，并避免任何批评损害其社会利益。他告诉我："速食拉面足以提供给人们更多享受闲暇自由的时间，或许更重要的是造福于家庭主妇。"[1]

"为争得胃里的一席之地而战"

当被问及日本的拉面时，筐原研主任就速食拉面和一般食品的看法提出了有趣的见解。

他说："把关注点放在面条上会误入歧途。汤才是拉面文化的宝库。"筐原先生的这番评论，让我想起了纽约日式拉面店"Minca"的老板镰田成人先生对我讲述拉面故事时候的情景。镰田先生是一位爵士音乐家兼餐厅老板，他发现："每一个人都能把自己独特的个性融入汤里，让他这碗面里留下自己的印记。如果你把它想象成西餐的形式，那就如同一款新的意大利面酱汁或其他调料一样。"[2]西方的快餐食品往往强调个性的整齐划一。因为产品生产要遵循标准化

---

1 2004年8月6日，采访于日本东京市。

2 2005年7月4日，采访于纽约。

流程，消费者不管到世界任何地方都大可放心——英国、美国、中国或是墨西哥，他们所到之处的用餐体验都符合快餐连锁店的统一标准。

笹原先生承认，随着日本人口日趋老龄化，老一代人吃的速食拉面没有年轻一代那么多，所以日清食品将会更加注重未来市场并积极研发营养均衡的新产品。从二战结束一直到20世纪70年代，被剥夺一切军事权力之后的几十年，日本人渴望高脂肪含量的食物，能把卡路里储存在肚子里，燃烧成热量温暖身体。现代日本消费者的个子越来越高大，当时相扑运动员的平均体重引起了社会媒体的关注。尽管日本还没有体会过欧美国家上升至灾难性高度的肥胖症难题，但百姓健康问题仍然值得重视。日本相扑协会诊疗所前任所长林盈六医师的统计数据表明，100年前日本相扑运动员的平均身高为5英尺5英寸，平均体重230磅；如今，该级别的相扑选手平均身高可达6英尺，平均体重达340磅。自从拉面汤面在战后重新占得市场，并于1958年诞生了它的嫡亲速食拉面，这股饮食热潮从未停息。现在，拉面已经成为数百万日本男女老少的午餐、晚餐、夜宵首选。在速食拉面的生产流水线建成后，许许多多工厂的总计产量达到了1300万包。2010年统计显示，全世界现在每年购买的速食拉面数量超过950亿包，日本并未占据消费排行榜首位。[1]速食拉面的选择范围也极其宽广。起初，它只有鸡肉风味。现在，大大小小的拉面店遍布日本列岛，拉面口味千变万化各具特色，速食拉面也可以演变出千百种口味。

1 http：//instantnoodles.org/noodles/expanding-market.html。

拉面是日本美食的一部分吗？

战后日本深受不同饮食、文化的影响，如同明治时代早期，中国买办人和西欧商人在日本往来热络，他们互相博采众长，彼此兼收并蓄。对于饮食，法国人在他们的味觉盛宴里享受着至高荣耀；美国人仔细思考他们国家的美食；英国人更不用说了，民族特色美食为提高其国际地位作出了贡献。而日本对此做出的反应却与这些国家恰恰相反。拉面风靡世界各地，也令日本略感到不安。曾经，日本人眼中独具特色的饮食，赋予了他们全世界最长的寿命。如今，他们是否因拉面的流行而感觉寿命及寿命地位受到了威胁？法国有着悠久的美食传统，然而法国政府并不担心法国食物正逐步走向世界，任何人都能做出一顿丰盛的法国三明治，用自己喜欢的名字去称呼它。爱尔兰政府似乎过于担心酒吧数量的增长会过度消费其自身的历史底蕴，相比于法国人，他们关心的是他们实行原产地保护的奶酪和香槟如何避免被其他国家盗版仿造。以此看来，似乎日本领导人更担心的是国家形象，而不仅仅是考虑赚钱（他们的法国伙伴则大多以此为目标）。

近几年，日本的政治家认为，日本料理正海纳百川地包容外国文化。“虽然过去经历的战后物资紧缺的恐惧至今仍令人心有余悸，但我认为，我们再也不会回到19世纪40年代国家接受外国物资援助、采取物资配给时期的国民饮食概念。”[1]许多日本人相信，一种神圣不可侵犯的日本料理不会全盘接受国外的影响，特别不能接受日

1 《国民饮食与大和民族》，《营养与料理》，第7卷，第4册，1941年，第4页。

本人以外的外国人来制作它。

据日本农林水产省2005－2007年的报告来看，在日本饮食文化大热的这几年里，政府正努力调整策略，以提高供应海外市场的日本料理的质量。[1]这些讨论很有意思，其中有如何从法律上按人们固有认识中的传统方式来定义日本料理的论题。例如，报告称：

> 我国饮食的特点在于我们以米饭为主，搭配小菜和汤。摄入大量植物营养，达到营养均衡。我国饮食反映出了农产、林牧和水产的新鲜和富饶，以及从中国、西方国家和我们自己实践所得的先进烹饪技术。此外，为了适应我们日新月异的生活方式，日本人每天基本饮食的整体选择已经大大增多。[2]

该报告在这有意思的观察中得出结论："通过这样的方式，我们国家的食物伴随着国家的历史和文化，同步进行着转变，因此对于'日本料理'目前尚未有确切定义。"[3]

日本政府深知，对比于美国和一些欧洲国家饮食带给人们餐食过量、不健康的形象，走向国际化的日本料理，其可圈可点之处在于"健康""优美""安全"和"优质"。政府部门坚信这种形象极其重要，有利于提高日本饮食的地位和国家的国际知名度。不过，这样的成功也引起了人们的焦虑——如果餐厅没有实际贯彻这样的高

1 http：//www.maff.go.jp/gaisyoku/kaigai/conference/01/index.html。

2 同上。

3 同上。

标准严要求，卖出的日本料理低于应有水平该怎么办？2006年11月2日，日本政府宣布拟定一套制度规范，针对日本政治家所认为“值得信赖的，拥有资质的”日本餐厅施行标准化授权管理，以区分市场上那些“与日本毫无关系”的假冒日本料理。[1]政府公文中，有些内容的翻译略显生硬，但明白表述了新成立的咨询委员会全力应对当下新形势。官方网站做出如下解释：

> 在日本列岛之外的许多地区和国家，提供日本菜的餐厅数量正在持续增加，它们远离了传统的日本烹饪方式。例如，这些餐厅使用了不适用于日本的原材料、不尊崇日本的烹调方法，却一直打着日式餐厅的幌子营业。出于此因，政府将会成立一个咨询委员会……对日本以外的地区经营的日式餐厅实行认证管理制度，目的在于增强消费者对日式餐厅的信心，并促进日本农产品和海鲜产品的出口贸易，同时推广日本的饮食文化，进一步扩大日本在海外市场的食品产业规模。[2]

授权管理可以规避问题，促进优质日本产品的海外销售。只要登录交互式网站，任何食客都能在网站上上传他们的用餐体验，为“日式”品质打分，帮助政府部门收集消费者数据。[3]但到底什么才

1 《朝日新闻》（东京都版），2006年11月3日。

2 http：//www.maff.go.jp/gaisyoku/kaigai/english.html。

3 http：//www.voice.maff.go.jp/maff-interactive/people/ShowWebFormAction.do?FORM_NO-59。

是“日式”品质，至今尚无定论，没人能做出明确规定。

政府报告指出，泰国政府推广正宗的泰国菜，意大利餐厅协会努力嘉奖正宗的意大利菜，可见全世界并非只有日本在努力维持国家标准。日本贸易振兴会（简称 JETRO）是对法国的日本餐厅进行认证许可的管理机构。法国的日本菜认证体系，名为“日本菜认证 2007”，由“日本菜改革委员会”建立。为了在法国获得日本餐厅认证而需要实施的举措发人深省。在众多必须满足的审核条件中，有“餐厅中至少有一名员工可以进行日语交流，员工应该彬彬有礼、尊重拥有日本饮食习惯的客人”，这些规定暧昧不清，令人啼笑皆非。[1]餐厅员工如何才能完美表现出对拥有日本饮食习惯客人的尊重态度？餐厅供应拉面吗？是不是顾客认可的正宗味道？如果是的话，基于什么标准？最后一个条件是对配料、味道和美感的既有规定，即“菜品的摆盘应该具有平衡感，令人赏心悦目”，任何一家店都立志于树立餐厅的良好口碑，而不应该挂着授权连锁餐厅的名号坐享其成。对此持反驳意见的人则会问，整个日本本岛上有多少家餐厅满足上述这些标准？是不是所有日本国民经营的餐厅都会因为厨师的国籍身份而获得正宗餐厅名号审查的赦免？政策最终被置之不顾了，也许是执行的可能性太过渺茫的缘故。但政策背后的主动精神带出了一个更大的争议——关于食物、民族特点和战后日本对于国民美食的概念。

1　完整说明可参阅网站和指南：http：//www.cecj.fr/。

拉面属于日本

如今进入21世纪，久远的明治时代，甚至战后早期的标准美食已经退出了日本人的餐桌，始于明治时代的小麦与大米之间的争论，也已让人提不起兴趣。中国和其他国家带来的影响遍及日本各地，新一代汹涌而来的便利店食物又进一步改变了日本的国民美食。[1]从战后的转型和拉面的重生，到作为副产品的速食拉面的惊人发展，饮食变化在整个日本社会以及整个世界范围内都留下了不可磨灭的印记。通过2000份调查问卷，我们询问了大阪地区20岁及以上的成年人："日本制造的哪些东西已经在世界各地广为流行？日本文化中哪些方面现在已经广泛普及？日本技术或工业制造的哪些产品值得日本人引以为豪？"回答五花八门，有精灵宝可梦、索尼随身听和卡拉OK，而以压倒性优势占据问卷调查榜首的就是速食拉面。[2]

拉面（普通和速食）几乎渗透了当代日本生活的方方面面。2004年进行的一次生活方式调查结果显示，绝大多数日本人在所有面类食品中最爱的是拉面。比起荞麦面、乌冬面或意大利面，48.5%的人更爱拉面，比起德川时期荞麦面店铺遍地开花的景象，如今一切都发生了改变，在东京尤为明显。在参与调查的所有男女中，大约有50%的人承认自己每个月会吃1到3次速食拉面。有一半受访者表示，他们把速食拉面当作午餐，64.7%的人说比起低廉

1　嘉文·汉密尔顿·怀特洛：《身处当代日本的便利店——便利店的现代化服务，本土亲切感与全球化变革》，耶鲁大学博士学位论文，2007年。

2　《读卖日报》（东京版），2000年12月12日。

的价格，他们考虑更多的是味道。这是一个有意思的转变，因为如今的速食拉面与普通拉面在质量上展开了激烈的竞争，它不仅仅是单纯的方便食品了。

日本的“软实力”，我们试图用这个抽象的指标，衡量出这个国家的流行文化在国际社会中产生的影响力。这包括了诸多方面，例如电子产品、电影、动画和漫画作品等。此外起到同样影响作用的，别无其他，唯有日本美食，尤其是拉面。分门别类的拉面料理是世界各地消费量最大的食物之一，并且它的吸引力似乎没有减少过半分。它长期保持流行地位的原因之一在于，它不同于已在国外流行开来的寿司、寿喜烧、烤鸡肉和其他日本料理，而是深深嵌入了战后日本文化之中。我们从古代日本的面条起源开始，一路探索至今，经历了德川时期荞麦面风靡的盛世，也看到了中国人做的肉汤混搭口感筋道的面条在明治时代和大正时代受到推广普及。这些汤面都在日常生活的餐单上保留下了一小部分。今天的拉面已经演变成更多的东西——成为日本大众生活中的食品文化，特别是日本饮食的一种象征。当代拉面会有怎样的自我表现，这一部分内容将在下一章有关流行文化和结论中加以详述。

第十章

拉面流行文化

回忆起我第一次与拉面的不经意邂逅，如本书一开始的介绍中所写，因为语言不通受到了些阻碍。刚到日本第一年，我既不会说又不会写日语。我曾在岩手县东北部的一个小渔村里当了几个月的英语助教，那时每天下班后会步行穿过一条狭窄的单行道，逛逛商店和景点，当时并不十分明白视线所及的商店招牌上的字是什么意思。更糟糕的是，当时我脑子里记着几句带有浓重方言口音的话，却自以为是地把它们当成了“日语”，结果镇上的居民完全听不懂我在说什么。若要举例说明我当时面临的一大难题，那无疑是为了确保日常伙食，不惜花时间辛苦地到处奔走寻找合自己胃口的餐馆。我向一位能说英语的同事倾诉了这一窘况，他充满好意地提出了解决办法：“注意找挂着门帘的店门口。蓝色的帘布，高挂在门梁上——这样的门帘意味着这是一家正在开门营业的餐馆。”

记着这个简单建议，我开始找寻那些我曾经认为不存在的餐馆。觅食活动进行得非常顺利，直到我发现并不是所有挂着蓝色门帘的店都是“餐厅”。某天晚上，我找到一家外表看上去很有意思的食肆，注意到了它的蓝色门帘，挂在一家传统风格的老式建筑门口。于是伸手拉开滑门，走了进去。我在玄关脱掉鞋子，沿着长廊步入房间。看到这家人家清洗干净的衣物正挂在走廊上，我也没有多想，因为这在小村庄的餐厅里十分常见，人们并不介意那些干毛巾、围裙和手绢什么的挂在店里。诱人的食物香味勾引我走到走廊一端的一个房间里，随后却惊愕地止住了脚步。眼前看到的是一家五口正坐在餐桌前开心地吃着晚餐，而我这突然出现的陌生人打断了他们的进餐。惊吓来得太过突然，我挪动脚步慢慢后退，这家人目瞪口呆的表情同我一样。那晚给了我一个不小的教训。那时我刚开始摸索着去欣赏日本食物，单纯地想找一个吃饭的地方，虽然对蓝色门帘的意义有了新的认识，但残酷的事实证明下馆子这件事比我想象的要难上加难。

怎么吃拉面——哧溜吸一口！

正如每一位拉面专家都会告诉你的那样，拉面一定要趁热吃，吃得热气腾腾的。所有优秀的拉面店老板都知道，拉面需要完美的时机，面条煮熟之后迅速盛入已经舀好面汤的碗里端到顾客面前。一碗好吃的拉面在任何情况下都不会是温吞吞的，它必须是刚做好，新鲜烫嘴。简而言之，做一碗好拉面所付出的是大量的劳动和时间。到四国岛中部一家新建的烹饪学院去看看，在那里可以学到如何制作最新鲜的面条和美味的汤底，从艰苦的课业内容里就能知道烹饪拉面是何等费力的一种劳动。

这所学院名为“大和制作所”，由藤井熏校长管理，是旨在“不断提升拉面制作技艺”的高等教学，学期为一周，从早上8点到下午6点，有时还开设夜间课程，通过系统学习让一个门外汉掌握完美拉面最基本的烹饪技能。这所学校揭秘了厨房里不为人知的过程——如何煮面，如何炖出必不可少的肉汤，哪里能买到优质的食材，以及在店铺资本运营中如何管理财务并吸引更多的投资。藤井校长的目标在于教授高品质拉面背后蕴藏着的可观产值，以及如何经营好餐厅以提升日本国内面食类餐饮的平均水平，为此他不屈不挠地追求着。某天清晨，在无休止的商务会议席卷而来之前，他简要地向我解释了自己的美食哲学：“这世上不存在任何阻止人们吃到美味拉面的限制，而我们的使命就是去追求更优质更可口的产品。拉面正在慢慢地进攻这个世界，所有人都能看到我们学习体制的成长。我们每年接待的学生人数超过300名，他们来自世界各地，有美国、泰国、澳大利亚、韩国等各个国家。”[1]

话又说回来，面在眼前，你怎么吃？自古以来，食客们是尽可能快速地吸完面条，然后端起面碗，把汤喝完。这种快速吃法似乎早已成为日本饮食文化的主要方式。9世纪末10世纪初，日本古代宫廷女官清少纳言以独特的视角将自己对宫廷生活的观察记录在了随笔集《枕草子》一书中，对于普通百姓吃饭的样子，她这么描述：

> 几个工人并排坐在那儿吃东西，我便坐在东边观看。
>
> 先是，东西一拿来，他们就迫不及待地马上把汤喝光。那陶碗嘛，随便地搁在那儿。

1 采访于2009年7月27日。

接着，又把菜肴也都一扫而光，所以我还以为他们不要吃饭了。可是没想到，饭也立刻都不见了。[1]

这种“狂吸”式的吃法留存至今，大多数拉面店和快餐店的食客早就习以为常，吸面声响贯穿古今，与过去相比，现在可能稍显轻柔了一点。每个吃面的派别在所属门派里都有自己的秘密武器，其手段涵盖了网络、书籍和随着岁月积累的大量文学作品，正确品尝拉面的方法正是通过这些媒介得以传达给众人。铺天盖地的资讯证明不止一条大路通罗马。方法许许多多，而人们穷其方法，都只是为了唯一的一个关注点：吃拉面。人们注重吃面的速度、喝汤的频率、吸食面条的力度（用力吸进嘴里，但也不要太快），并品尝其味道。今天的日本，吃拉面在某种程度上算是区分老饕与新手的饮食方式。一些食客对于自己持之以恒的吃法抱有狂热的执念，当然，他们大多都是拉面爱好者、夜猫子和喝醉了的人。去一家高级拉面店，你将能目睹到一些行家正在吃面，不急不慢地精确品出味道。他们是拉面万事通或鉴赏家。事实上，关于吃拉面的正确礼仪，拉面食客相互之间存在着严重分歧，就像彼此攻击的音乐评论家一样为最正确的解释争论不休。许多人相信这顿饭应该慢慢地吃，就像优雅品味一杯上好的红酒；更多的批评者认为拉面吃起来就应该快，这才能正确地表达赞美。但所有吃拉面的人，不论速度是慢是快，也不论是细嚼慢品还是风卷残云，无一不是“吸”。

1 伊凡·莫里斯（Ivan Morris）：《天之骄子的世界》（*The World of the Shining Prince*），第86页。

喜剧与拉面

不管舆论导向何去何从，没有任何一位拉面爱好者能够忽略一个事实，那就是拉面已经完全渗透日本现代文化的方方面面，也许其中一个原因归功于二战后它取得的惊人成功。受到人们欢迎的艺人相继创造了自己品牌的拉面。美食顾问不断发布饮食指南和杂志来帮助普罗大众吃遍不断推陈出新的拉面店，促进行业发展，并详细地教导人们吃拉面的复杂步骤。日本著名落语大师林家木久扇的段子，就是很好的例子。如今，许多落语表演艺术家活跃于各大电视喜剧节目，并将表演节目收录在CD或DVD光盘里上架销售。木久扇大师同许多喜剧演员一样，也为产品做代言。他不但因此进一步提升了自己的知名度，而且毫无疑问他深爱拉面，冠以他名字销售或评论的菜品已组成一系列成功产品。其他一些日本传统喜剧演员也有自己的拉面产线，以自己家乡味道为基础打造自有品牌特色。这些产品会出售给粉丝，或汤料包和面饼配套组合成特色纪念品销售。木久扇大师突然发现自己是享受美食懂得生活的人，是真正的拉面行家。他解释了正确的拉面食用方式，也许为了喜剧效果，其中疑似有夸张的表现。他在文章《啊……拉面》中写道：

> 假想这个盛着拉面的汤碗是一部希腊戏剧的舞台，充满神圣光辉的景象正等待着你。撒上胡椒粉，为开场奏响序曲。把一次性筷子掰开，想象面条是撑起全场的男主角，面汤则是女主角。先尝一口汤，然后夹起一筷子面条，就着嘴里还留着的一口汤把面条吸进嘴里。接着，别犹豫，夹起一块鸣门卷（鱼卷）和竹笋片扔进嘴里。使劲

咀嚼的时候，举起汤匙喝口汤，别忘了吃片叉烧肉。夹一筷面条，一口接着一口，直到吃得干干净净，碗里没有留下任何东西。最后，喝完最后一滴汤时，你能清晰地看到碗底的花纹。[1]

为了理解为什么日本传统曲艺的喜剧演员如此挚爱拉面，并由此创造出了许多围绕吃面题材的表演节目，我跟踪采访了林家木久扇本尊。在8月下旬酷热难耐的一天，我们相约在东京市台东区上野公园附近一家以茶和甜点闻名的饮茶店见面。这家店叫“风月堂”，开业至今已有近百年的历史，店堂内络绎不绝的顾客都自顾自地享用美食，一位正喝着冰咖啡的日本著名喜剧大师和一位瘦长的美国人都穿着休闲短袖衫，坐在大庭广众中似乎并没有引起太多关注。木久扇先生是日本家喻户晓的落语表演大师，演艺生涯已有40余载，在日本电视台有他的固定节目落语表演秀《笑点》，每周日下午播出。他还撰写并出版了各种主题的书籍，总数超过50本。他现在打理着自己的艺人事务所，经营高品质拉面产品、速食拉面和贺卡等产业。他还曾经尝试把这份对于拉面的热情带到世界其他地方，想在欧洲开出连锁拉面店。

我对此非常感兴趣，这样的大明星为什么会想要推出自己的拉面——为什么是大家习以为常的拉面，而不是其他或许更能赚钱的

1　该段落引用自拉面网，http：//homepage1.nifty.com/momikucha/j/tabekata/index.htm，原出处来自木久扇大师执笔撰写的《原来如此这就是拉面》（《なるほどザ·ラーメン》）一书，SABOTEN BOOKS，1981年，书中叙述了如何吃拉面，该书现已绝版。

笔者与著名落语大师林家木久扇合影于东京

菜品？木久扇大师给出了答案。作为一个演员，他辗转于国内各地，很多时候在外面吃饭。他非常喜欢拉面，并发现了它方便又美味的优点，所以经常吃。木久扇大师通过表演的方式，在舞台上诙谐幽默地解释吃，或惟妙惟肖模仿吃饭的动作，他的表演博得满堂笑声。他说，以前日本人吃得很差，所以“设身处地地想象人们没能吃上一顿美味饭菜时的样子一点都不困难”。大师解释说登台表演模仿类喜剧也是一种很好的增进理解的方式。

自古以来，如果你说着一口江户方言，到日本西部地区估计没人能听懂。但如果你身为一名喜剧演员，满嘴大阪方言，一开口必能招来嬉笑。而肢体语言表现出夸张的吃饭动作，是插科打诨逗笑观众的绝佳方法。

木久扇大师不相信什么拉面品鉴师，这与自称“拉面顾问”的大崎裕史的看法不谋而合。他们都认为拉面的美在于它允许每个人都满足于个人的口味喜好。饮食文化方面的人类学家将拉面称为"平台食物"，因为它能作为一个基础载体，放上各自喜欢的配料并食用，就像百吉饼或三明治一样。"它取决于你出生在哪里，以及你喜欢什么。"大师说。他同样说了已被重复千百遍的话："九州这类西日本地区一般更喜欢猪骨汤底，东京人更偏好淡淡的酱油风味，而北海道北部则更喜欢重口味一点的味噌味。"[1]

众多拉面爱好者建议吃面之前先喝一杯冰水，以唤醒并"激活"胃袋，做好迎接拉面的准备。大师也是这种吃法的支持者之一。然而，持反对意见者则认为不应该喝水，因为它抑制了味蕾，破坏了用餐体验。尽管如此，所有拉面行家都达成了一定共识——当拉面被端到桌上，食客首先取一双筷子，然后仔细端详这碗面，注意面汤的色泽和香味，观察食材是如何摆放的，分辨深碗或汤碗里面条的分量、形状和状态。仔细观察5秒，不放过每个细节。如果餐厅提供的是一次性筷子，则需要食客自己掰开，要掰得整齐不掉木屑，吃起面来才顺畅。在高品质的餐饮店里，食客可不愿意看到吃面时汤里混着细木屑。接下来就是吃了。一般来说，先喝一大口汤，动用舌头全部的味蕾仔细捕捉味道。与木久扇大师的强力推荐正相反，大多数拉面传统主义者不会立刻撒上胡椒粉、辛香料或其他调味品，比如大蒜、洋葱和姜末等应当在品尝过原味之后再适当地添加。

从这一刻起，食客开始攻略面条。不管此时撒了多少葱末来点缀面汤，又或者厨师切了多少片叉烧肉盖在面身上，作为新入行的

1　采访于2006年8月24日。

拉面爱好者，其注意力应坚定不移地放在面条上。如果能一口吸进嘴里，就不要把面条咬断。事实上，所有拉面食客，不论行家老手还是业余发烧友，都一致认为面条一断为二是非常糟糕的，足以毁掉大口吃面过程中的乐趣！回到蛮荒时代，取而代之的吃法是用筷子夹起一些面条吸进嘴里，同时发出声响——我的意思是真的大声地发出声音，因为吸面条的同时，嘴里也吸进了空气。这不是为了速度而吸，而是出于享受，确保有些肉汤与面条一起伴随着空气冷却后顺利入口。以这种方式速度飞快地吸面意味着汤汁四溅，可能散落在碗边或桌面上。所有风味、结构、面条和面汤都混合在了一起，这是很好的吃相，尽管有人认为可有可无。这一刻正是一位食客对于汤面极致口感的真实反映，并且这种用餐礼仪拥有舒适自在的氛围。有能力享受这一整套步骤的人，才称得上是名副其实的拉面专家。

吃光了面条之后来喝汤。我个人觉得在嘴巴里塞满面条之后很难不去喝几口汤。然而，不同的喜好在这里又出现了分歧。但不论你喜好如何，都不能忘记去注意一下面汤。如果汤不好，你可以弃之不管；如果汤能让你清晰感受到厨师的全心全意和料理之魂，就应当一饮而尽。专家建议碗底要剩下1到2毫米的汤，主要是为了防止吸入猪骨或者海鲜类贝壳的碎块，还有香辛料的沉淀。吃完之后，深吸一口气，叫唤服务员买单。如果你是在店门口售票机里提前买好餐券进行点单的话，直接起身离开便可。在一家拉面店里逗留时间太久被视为一种不好的行为。拉面本身能让人开开心心地享用，但能提供舒适或惬意环境的店家实属凤毛麟角，他们一般都不提倡用餐时间太长。在店家老板眼里，如果你坐了很长时间，那说明你没有趁热吃完拉面，也就意味着你不完全懂得享受厨师的劳动心血，或更糟的是你看轻了拉面，没有以足够端正的礼仪来吃。当你吃拉面的时候，便投入到一种与店家关联的关系中。对于优质餐饮店来说，经营者理所当然地对自家的菜品引以为傲。这听起来似乎无可厚非，但记住，甚至在日本也有“拉面纳粹”，近于“汤纳粹”。“汤纳粹”源于美国电视连续剧《宋飞正传》(*Seinfeld*)，这部电视剧中有这么一个情节——经营着一家面馆的厨师肆意妄为地把饥肠辘辘的客人从店里赶了出去，只因为他不喜欢这位客人的态度。在日本，一些拉面店对食客有着同样严厉的考量。甚至一些拉面店每天严格控制产量，只提供限量的餐食，而且如果你对这碗面没有表现出正确或合适的用餐行为，则会被要求离开并禁止再次入内。我个人从未碰到过这样的情况，但坊间流传的轶事足以证明在拉面的世界里实有发生。

拉面狂魔

拉面在当今日本已经变得如此普遍，深受人们喜爱，现代社会诞生了一类被称为“御宅族”或“狂热粉丝”的人。在过去60多年里，日本从一个营养不良、食不果腹问题普遍的国家脱胎换骨成了举国饮食文化兴旺发展的美食之国。对于美食，眼睛看的，耳朵听的，嘴巴讨论和赞美的，一切都达到了令人难以置信的地步。战后的日本没有饱尝饥饿，而是接受了《铁人料理》的洗礼，这档电视真人秀节目召集各方著名厨师展现厨艺绝活，用节目组规定的有限原材料做出令人喜爱的菜肴来击败对手。从烹饪学的早期历史来看，中国人以谈论美食而名扬天下，但进入21世纪后，人们对美食的强烈关注已经果断地转移到了日本人身上。日本现在正以最优秀最美味的菜肴为目标努力前进，拉面在“大众”食品产业激烈竞争游戏中已脱颖而出，站在了王者之巅。拉面狂魔一统大众食品的江山。

大崎裕史，这位“拉面顾问”，唯一能用来形容他的，就是对拉面的无私奉献。从1976年以来，他几乎以拉面为生，他说自己从1995年开始平均每年吃掉800多碗面。这意味着一年约有1095顿饭他选择吃拉面，74%的用餐时间与拉面相伴，基本上一碗拉面可以当作每天的早餐、午餐和晚餐（大崎向我解释说，早些年他有时一天能吃掉10碗面）。至于场地，大崎声称自己吃过6000余家面馆，店铺遍布日本各地。实际上，拉面行业如今蓬勃发展，足以让大崎这样的“拉面顾问”每天辗转于各个店铺，都不会两次踏进同一家店里。当然，其中有他的挚爱。但他也坦承，不断地发现和探索新店得到了无穷乐趣。大崎并未在拉面界“顺势而为”——有时资历深意味着容易变成势利之人。但事实恰恰相反，他很纯粹，是个简单的奉献者。他说，世上再没什么能与一碗完美的拉面相提并论了。大崎阐明，拉面真正伟大之处在于“这个味道适合每个人……这就是为什么它能成为如此有趣的食物。不管与人谈论它或是到处探访它都充满了乐趣”。[1]

大崎并不孤独。佐野实，一位拉面企业家，自诩为“拉面研究学家”，将提升拉面形象、质量，以及树立拉面业界威望视为自己的“使命”。佐野在一档竞技类电视真人秀节目《一决胜负！拉面之道》中担当关键主持，厨师们在节目中相互比拼厨艺。节目于2001

1　采访于2009年7月3日。

年首播，一举打破了当时电视台的收视纪录，全国30%的观众收看了这个节目。这个由激烈的拉面之王争夺战带来的成功初见希望，厨师们通过一场又一场的比拼才能摘得“最佳拉面料理人”的桂冠。佐野经常受到这类电视节目的邀请担任嘉宾主持或评论员。他很少在镜头前微笑，每天头发向后梳得整整齐齐，穿着一身干净的白色制服。佐野管理着自己的拉面连锁店，偶尔会收些徒弟亲自传授制作拉面的绝活。在电视节目上，佐野说话犀利，经常痛斥竞争对手，嘲笑那些与自己意见相左的人，如此咄咄逼人的性格似乎很受观众喜欢。他在自己的书里写过一段关于制作拉面的宣言：“……如果你不依照我以下文字的指示去操作，你就做不出好的面汤。”[1]

佐野实为欣赏高品质拉面奠定了三大步骤：“首先，闻其味。他们使用了什么原料？如果香味扑鼻，你会迫不及待地想吃到它。其次，品其汤。我吸一口汤含在舌面上，以此判断厨师的基本烹饪能力。温度太高……香料太多……或其他种种错误。最后，尝其面。面与汤是否有着明显的平衡感？制作面条的面粉是国产还是进口？什么工厂压出的面条？还是店里自己做的？”[2]佐野说自己能判断上述所有元素，当他遇到真正好吃的拉面时，心里“充满感动”。他是一个严厉的师傅，苦心教导自己的学徒时，总是带着精益求精的目光。这就是为什么他的拉面店人气经久不衰，带有同样专业知识的消费者纷至沓来的关键所在了。

1 佐野实：《佐野实，灵魂深处的拉面之道》（《佐野実、魂のラーメン道》），第27页。
2 同上，第15页。

拉面博物馆

在日本，人们有许多机会去向拉面致以敬意。位列拉面崇拜“神殿”之首的非横滨拉面博物馆莫属。馆内为所有与拉面有关的事物打造了庞大的建筑空间，它最大的吸引力在于馆内精心还原了20世纪50年代充满东京都市气息的“小吃街”。充满生机、熙熙攘攘的街道宛若时空机器，当摊贩从露天摊位里端出热腾腾美味拉面时，参观者马上被带回那个年代——孩童们追着卖糖果的手艺人，披着满身污垢的社会正蓬勃发展。从某种程度上讲，这座博物馆的目标是肩负起拉面所带有的民族情感，同时提醒人们，日本人的生活方式在过去，在日元升值带来挥金如土的“泡沫”经济时期之前，曾经历过一段艰苦朴素的岁月。博物馆的宣传手册里写着：“当你走下楼梯，会不经意地走入一条黄昏时分的街道，瞬间置身于1958年的一个街角。”在这座拉面博物馆里，一楼简单介绍了拉面的历史，并补充有水户黄门的传说（详见本书第4章）。这段故事纯属虚构，但比起研究拉面如何来到这个国家的真相，拉面博物馆更多的目的在于陈列20世纪50年代的日本老照片。下了楼便是还原1958年街头景象的模拟场馆，众多拉面店铺用丰富的料理争相揽客。每一款风味独特的拉面，都与日本的不同地区和摊贩在一定程度上的改良有着密切联系。

当我前去参观时，好几家店铺正展示着他们当地特色的口味，例如位于东海岸的和歌山，有独具特色的猪肉和酱油汤；札幌，这座北海道北部岛屿的重要城市，惯用味噌搭配酱油和盐做汤底；久慈市，地处岩手县东北部高地，代表产物是更为浓醇的鸡肉和酱油高汤；代表东京的摊位则提供传统的东京拉面，是口味较淡的酱油汤；而九州西部的熊本市，则选用香浓的猪骨汤头。

有些拉面博物馆和信息中心也同时纪念现代拉面的缩影——速食拉面。位于池田市的速食拉面发明纪念博物馆就是为了纪念安藤百福在1958年创造出了速食拉面，当时他不可逆转地彻底改变了东亚的美食名录。速食拉面或许已成为最受欢迎的亚洲食品之一，强力冲击着市场，对于全世界范围内方便食品消费的控制权有增无减。但这座速食拉面纪念馆并不只销售安藤的食品，馆内展厅还揭示了整个发明过程。该博物馆网站的文献中热情地介绍道："安藤百福家的花园后面有一座小棚子，在那里他完成了速食拉面研究。他所用的都是普普通通的厨房用具，缺少必要的优质设施。他研究和发明新产品所需要的一切，便是储存在他大脑里的知识。"

安藤通过拉面引领了某一部分的时代精神，他的新发明与日本20世纪50年代末期迅速发展的企业理念不谋而合。日本政府在1956年正式宣布"已经不再是战后"，经济实现高速增长。公众渴望新观念和新生活方式，他们的思想观念变得更为先进。日本人忙于重建国家，而重获新生的面食却依旧秉持着便宜又方便的优点，完全符合人们的需求。

拉面竞技场

为了拉面，大家都不甘示弱——不仅是店家互相争夺客源，日本各个城市也相互攀比，建起了拉面竞技场。竞技场一般选址于大型会堂，可同时容纳数量众多的拉面商户。自古以来都是商业中心的大阪，过去几代人相互之间打招呼张嘴便问"今天可做了什么好生意？"，那里建造着道顿堀拉面餐饮中心。它与位于九州北部博多市的拉面竞技场有点相似，后者人气更高一些。但道顿堀拉面餐饮中心有8家拉面店同场比拼，提供不同口味。道顿堀拉面餐饮中心自豪地宣称他们的商店范围更广、场地更宽敞，能让四面八方的食客“尽情花时间来欣赏和品尝拉面”。该中心的广告甚至以图文并茂的方式让食客们测试，并为自己的“拉面瘾”打出相应分数。问题有：你什么时候会去想今晚要吃什么？你会考虑要吃哪种拉面吗？你能列举出3家以上自己觉得好吃的拉面店吗？新品种的拉面上市时你会第一时间去买吗？当你吃拉面时，你会安静下来，在面变凉之前认真地吃完它吗？一连串的问题能把食客对拉面的感情从“喜欢”到“深爱”呈现出来，甚至把“拉面狂”论级排列出来。许多店铺努力确认食客的需求，并要求食客填写调查问卷，通过几个选项栏与一连串的问题事无巨细地询问，诸如“觉得面怎么样？”“请描述你更愿意吃到什么样的汤底”，以及“觉得服务怎么样？”一家

一处拉面竞技大厅的广告。6家拉面店铺同台比拼，争夺“最强”或最佳拉面厨师的称谓。我们注意到海报里的厨师们以相同的姿势向观众展示自己——双手交叉于胸前，身姿挺拔，充满硬汉气概

店铺将所有选择从“满意”到“不满意”，夹着3个中间项，共分为5个等级。

据统计，截至2006年，日本总共约有24座拉面“主题乐园”，遍布于日本47个都道府县中的至少16个地区。它们有着各种名字，如拉面工作室、拉面表演中心、拉面咖啡饮食王国、拉面哲学中心等。其中我最爱的一家是经过官方认证的——拉面学院。餐饮主题乐园在日本是个巨大的产业，隐藏在这一领域背后的龙头老大便是南梦宫。这家公司协助设计了冰激凌城市、东京奶油泡芙乐园、横滨咖喱博物馆、轻松森林、名古屋甜品森林、神户甜品临海乐园、九州拉面竞技场和大阪的饺子竞技场，设施之多不一而足。

为了理解日本人对于餐饮主题乐园无穷尽的热爱，我前往南梦宫设立在东京近郊的总部，拜访了该公司的两位高级主管，池泽守先生和高野裕治先生。他俩都对我解释说，像拉斯维加斯的赌场和酒店一样，设计出这些以食物为主题的乐园，是为了让消费者吃到不同于一家普通餐厅的东西，以此吸引更多的消费者。他们的目标在于创建一个密集的、设备完善的娱乐型综合场馆，类似于品牌直销购物中心，成为日本国内招揽客户的热门场所，打造出南梦宫的原创商业模型。南梦宫管理团队总结得出，在过去，日本的许多消费者到百货商店或大型商场里购物结束后，会去地下或顶楼的餐厅或哪一家小餐馆里解决晚餐。没有企业把注意力放在吃这件事上，这无疑是个市场空白。南梦宫团队把它当作主要的娱乐项目，让购物退而居其次。

南梦宫的管理者们谈论到了日本餐饮业的一个新时代，那时人们不只单纯地想吃掉再消化掉食物，同时还想要娱乐享受，正如他们在拉斯维加斯或迪斯尼乐园里感受到的一样。美食主题乐园也许是日本特有的现象。然而，他们的成功里蕴含着一个有趣的特点，那就是主流旅游网站上的相关团体把当地美食资源作为吸引顾客的一种方式。“搜索食客”，意为“聚集顾客的技术”，南梦宫的管理者们这么称呼自己的战略。

南梦宫不参与乐园的建设，他帮助设计乐园周边建造的配套设施。两位主管告诉我，越来越多的小型城市想要吸引更多游客，打好消费者基础，所以对这类项目的诉求正持续增长，这便带动了公司生意的发展。南梦宫的企业信条以3个字概述，即“安本乐”，意为“一个公道的价格，为在某个地方购买优质食品并享受一种愉快的氛围提供了良机”——这就是吸引顾客的必胜武器。“基本上，人们每顿午餐的平均消费约1000日元（折合人民币约60元），而乘坐一次出租车约需700日元。我们想创造出一个世界，在那里人们可以掏出几百日元，在许多高品质餐食选择中尽情挑选。”池泽先生和高野先生先后加以说明。他们说，食物在日本已经成为一种“品牌理念”，紧密联系起消费者心目中对于某些地方特色的记忆。

同时，越来越多的人开始追忆朴素年代，对过往情感的怀念与日俱增，也因此推动了餐饮主题乐园的普及。所有人，甚至连日本人自己都没能料想到20世纪80年代的泡沫经济噩梦，或者幻想有一天日本能成为一个“正常”的国家，在联合国安理会常任理事国中占据一席之位。对于许多当代的日本人来说，20世纪50年代令人难忘，当时美国和道格拉斯·麦克阿瑟将军所向披靡——“真酷”，南梦宫的设计师用这个词语来形容。许多主题乐园尝试利用这段传奇，把餐饮体验与怀旧情怀相互联系起来。这位南梦宫的员工说，二战之后的10年时间，就像江户和明治时代一样，是路边摊的时代，因为那时没人吃得起高档的餐馆。取而代之的是狭小公寓附近散发着神之光芒的便利店，那里能提供加工并包装好的食物。如今的餐饮主题乐园，让消费者再次对这些粗茶淡饭和路边摊提起兴趣。南梦宫的主管继续说明，这些乐园取的名字十分有趣（诸如“竞技场”“博物馆”“工作室”，写的都是片假名，日语中表示外来语的一贯方式），主要为了唤起日本人“对20世纪50年代的怀旧之情”。[1]

拉面漫画与音乐

在我办公室的一个书架上，塞满了整排整排的日本漫画书，有关于拉面的，还有一小部分是关于面汤的通俗文学作品。其中有一套书讲述了一位名叫满太郎的面条师傅经历的美食冒险故事，主人公这个奇怪的名字取自饱餐一顿之后的感觉——“满足”。

读者们急切地等待着这些厚实、价格相对便宜的连载漫画刊登满太郎的冒险故事。其中有一本描述了满太郎惊讶于对战厨师的精湛手艺，只见对手用一把厨师刀把一个大萝卜削成了长而不断的半透明薄片，刀工之精湛让它“看上去就像一卷胶带”。图文并茂的叙事方式，让这段故事情节更令人感到分外紧张。只见画中的厨师手起刀落穿过空气，萝卜薄片轻盈飘落在精心排放于台面上的碗中。这些漫画书不仅展示烹饪专家的大胆技艺，还有不少虚拟拉面世界里的两性描写。《削皮篇》中女掌柜遭到一位参赛厨师设计陷害时说：“你鉴别拉面的水平一流，但看女人的眼力根本就是下流。”以此揭穿他的不良企图，并极力拒绝成为他的人。女掌柜身上的和服

1　采访于2006年8月23日。

一部广受欢迎的漫画书封面，主人公满太郎正在享用一碗汤面[1]

1　BIG 锭：《厨神满太郎》(《一本包丁满太郎》)。这本书封面上描绘的是一碗冰镇素面。

顺势滑落，在下一帧画面中，身体已完全裸露。此刻，漫画作者的创作才从食物转移到年轻女人那充满诱惑的玉体。下一帧，女主角脱光衣服跳桥逃走，最终被满太郎救上了船。她轻轻地抽泣："满太郎……拜托你，请抱紧我。"拉面，在漫画世界的某些角落里，不仅有美味的食物，还可以很性感。

另一篇名为《拉面对决》的故事，讲述了一位拉面狂人，一位自诩对拉面有高度了解的食客，从面前一碗摆盘精美的特制"豪华"拉面里挑出一只小龙虾，甩到店主脸上，并愤怒大吼："我不吃这种垃圾!"显然是想在其他食客面前哗众取宠。

拉面题材的漫画中，连载时间最长久的要数《拉面食游记》这部作品了。在一个寒冷刺骨的冬日，我去采访了这部长篇漫画系列的编辑谷川诚先生。谷川先生告诉我，这部作品在2000年到2009年的10年时间里用过其他名字，后来才变成现在的样子。[1]

最新的版本也有所不同，故事里的关键人物是一位年轻女孩，由她来推动情节发展。但是，谷川先生补充道，这套漫画的受众群并不仅仅针对拉面爱好者，而是同其他非拉面主题的漫画一样，以有趣的故事和角色吸引广大读者。一连串故事刚好发生在汤面风靡的地方。也就是说，谷川承认了这部漫画出版于20世纪80年代，早在真正的漫画和拉面热潮席卷日本社会之前，这两者就已经完美结合牢牢抓住了一群忠实的观众。况且，所有优秀的漫画都有着一致的目标，谷川坚定地说，那就是饱满的故事及其创造出的情绪感染力。如今许多漫画都由创作团队合作而成，他说这是因为他们的

1　这系列漫画曾名为《拉面探索故事》(《ラーメン発見伝》)。

作品需要许多人付出大量心血（撰写故事和绘图）。许多漫画作者在创作时也会聘用一些拥有专业知识的相关顾问，他们的拉面漫画同样寻求了专家的帮助。每两周一次的漫画连载，一般有20多页，刊登在砖头般厚的短篇漫画杂志《大漫画》(*Big Comics*) 上，每个月刊出两篇。这些双周刊发表的拉面漫画故事，后来在作者自己的漫画书里重新结集出版发行。

此外，谷川先生还指出了有意思的一点，那就是在20世纪80年代，日本各地的拉面店大同小异，无论从种类还是选择上都与花样繁多的今天无法相提并论。拉面口味和品种的大爆发始于20世纪90年代早期，同时也激发了这类主题漫画的创作热潮，故事灵感日新月异且与时俱进。谷川先生提到，拉面热潮并不局限于日本，驻香港的一家日本拉面店荣获著名米其林指南一星餐厅的称号，这证明了拉面在海外也越来越有市场。《南华早报》发表了一篇文章介绍这家店："MIST（这家店的店名）是一个罕见的饮食文化出口案例，米其林星级餐厅的荣誉，让它取得了2009年开店头年傲人的经营业绩。它是日本拉面界顶级名厨森住康二在海外开设的首家特许经营分店，店里的每一碗面条都用心地完美搭配不同浓度的汤底。"[1]鉴于拉面的国际传播力和影响力，谷川先生认为在未来5年里，没有什么能阻挡拉面发展的脚步，它甚至可能出现在非洲大陆上。"谁也不知道它会出现在哪里，也许扎根落户的类似故事还会继续发生。大概在四五年之前，"他告诉我，"有一部由拉面漫画系列改编的真

1 http：//www.scmp.com/portal/site/SCMP/menuitem.2af62ecb329d3d7733492d9253aoaoao/?vgnextoidid=bf4bd8a41165d210VgnVCM10000036oaoaoaRCRD&ss=Food&s=Life，登录于 2011 年 6 月。

人电影，片长2小时，是电视台播出的特别影片。”[1]

在谷川先生担当编辑之前，这部老牌漫画杂志刊过一篇名叫《拉面之旗》的部分章节，故事讲述了一群伙伴全力争夺拉面风味大赛的冠军头衔。每一位参赛者面前都摆放着好几碗拉面，他们抿几口汤、吃一点面，然后判断出这些拉面分别产自哪里。回答完题目的参赛者还必须跑过障碍物。其中一位女性选手，显然是位拉面专家，却惨遭对手袭击，在奔向终点即将获胜之际被人松开了比基尼上衣的扣子。

在这类题材的漫画作品中，拉面可能只能充当主角的故事背景，不过相关的文学作品也在不断涌现。紧接着，以拉面为主题、内容丰富多彩的漫画书逐渐演变为成千上万部美食指南，来帮助拉面爱好者找到自己最爱的拉面店。它们描绘出国内以及当地的拉面“热点”，并以书的形式每年出版，或者在一些特别的杂志专栏中每月定期刊发。紧跟最新动态的拉面学家，其研究工作也可成为一种全职工作。

毋庸置疑，互联网已经为拉面文化的增值提供了一个崭新的平台，让那些拉面狂热爱好者彼此联系，相互交流，甚至分享自己与拉面相关的艺术创作。流行音乐家在拉面崇拜的世界里也给人留下了深刻印象。矢野显子1996年推出了一首民谣歌曲《我想吃拉面》（《ラーメンたべたい》），词曲简单重复，朗朗上口的歌词带点情色的感觉：

1 谷川诚为漫画作品《拉面食游记》的编辑，该作品连载于漫画周刊 *Big Comics*，由小学馆出版发行。采访于 2011 年 1 月 7 日。

参赛者被要求分辨出东京地区出产的面条，将其他盘子中来自其他地区的面条牢记在心。这就是专家或鉴赏家所拥有的绝对味觉，能帮助品尝者熟练、准确地判断出地区差异[1]

我想吃拉面

我想独自吃，我想趁热吃

我想吃拉面

我想美美地吃，我现在就想吃

我不要叉烧片，不要鱼糕片

不奢求任何花样

但是……能够吗，可以吗，放进洋葱和一些大蒜，让它更大些！

1 久部绿郎等：《拉面探索故事》，第9卷，第181页。

知更鸟姐妹[1]是20世纪60年代早期的流行歌手和电影演员，演唱过一首更为甜美，又有点忧郁的颂歌，名叫《拉面的辛酸泪》(《涙のラーメン》)，貌似是这么唱的：

温暖的拉面，令人难忘的拉面甚至当你贫穷时也不会心碎，一笑而过
拉面总能安慰身心
鸣门卷、中式竹笋片、猪肉片
啊啊啊，它带着拥抱的味道填满了一切
湿滑的咸味夺眶而出
这是我的眼泪还是一场梦?

关于拉面的歌曲甚至成为一些电视节目的主题歌，其中包括这首脍炙人口、取了个玩笑般歌名的《鸡肉与鸡蛋拉面》(《チキンとたまご麺》)：

浩瀚天空中，当群星入睡
某处传来了推着破烂货车人的长唤声
戴着中式帽子的老人总是边喊边笑
“拉面！拉面！鸡肉与鸡蛋拉面。”
老人总是说

1　知更鸟姐妹：20世纪60年代早期出道的日本双人女子组合，由并木栄子（本名：长内荣子）与并木叶子（本名：长内敏子）这对双胞胎组成。

“在中国有句古话，
吃面的都是好人。
这就是为什么洋人饭前祷告不说拉面，
但是……嗯，阿门。”

与拉面相关的歌曲不只限于日本小众音乐的边缘。日本老牌摇滚巨星组合“射乱 Q”的《最爱拉面的小池叔叔之歌》(《ラーメン大好き小池さんの唄》)，歌词里将性暗示和面条混杂在了一起，这首歌曲收录在他们1996年发行的精选专辑中。歌曲里的小池叔叔无人不知其大名，他是20世纪60年代一部流行漫画系列《怪物 Q 太郎》里的人气角色。该系列的作者是藤子· F. 不二雄，在他的另一部老少皆宜的国民动漫作品《哆啦 A 梦》中，也能看到小池叔叔的身影。《哆啦 A 梦》讲述的是一只从22世纪未来世界穿越回现在的蓝色猫型机器人，能从口袋里掏出各式各样的工具，来帮助小学四年级、性格懦弱的野比大雄等小伙伴们发现自我。而在《怪物 Q 太郎》系列中，小池君是当地一位中年男子，住在野比家隔壁，超爱吃拉面。几乎在每个场景中，我们都能看到他一手端着拉面碗，一手拿着筷子的样子。“射乱 Q”的歌从完全不同的角度，唱出了小池叔叔的爱恋：

清晨、中午和深夜，甚至傍晚时分
我别无所有唯有你在
你柔软、性感的身体占了我脑海的24/7
让你湿润、让你闪亮，轻碰我双唇
是的，小池爱着他的拉面
小池，小池深爱它，深爱它

在互联网信息时代，人们对拉面的痴迷催生了成千上万的博客主，他们奉献时间和精力为拉面绘图、排名，剖析和回顾拉面店，以及新上市的速食拉面食品。有一些博客登载了各种拉面的照片，并配有作者的评论；另一些则附带性格测试，让读者测测自己对拉面的爱有多深。在林林总总的在线问题中，我碰到了以下这些——#11，“我坚持写拉面日记”，跳到下一问，#19，“我做过有关拉面的梦”，然后#47，“我拥有‘射乱Q’的CD，专辑里有拉面那首歌”。许多博客作者都会特别发布一些拉面店门口展示食物的照片，一般都是手机拍下，上传后发布到博客供所有人阅读和评论。还有一个网站能通过读者选择的拉面汤底和配料来进行占卜。汤面是时下热门讨论话题，可以歌唱，可以撰文，可以写博客，可以制作电视节目和动漫作品。[1]

以热爱寿司之名

既然拉面文化在现代日本社会受到如此热捧，为什么它无法以同样的方式吸引西方人来消费它，比如像寿司那样？为了解答这个疑问，我询问了哈佛大学人类学家泰德·贝斯特。作为筑地市场（世界最大的鱼市）的历史研究者，他写过一本介绍寿司文化与商业的书。[2]落笔之前，贝斯特还写过一篇文章详细介绍了寿司如何走向世界——在20世纪70年代之前，寿司在西方世界被认为是“一种外

1 www.misyuramen.com。

2 泰德·贝斯特（Ted Bestor）：《筑地：位于世界中心的鱼市场》（*Tsukiji: The Fish Market at the Center of the World*）。

来物，几乎难以下咽的日本民族特色食品”。那么为什么寿司比拉面更受西方人欢迎？特别是一碗热乎乎、美味可口的汤面，比起生冷的鱼肉，应该更容易被欧洲或美国人的胃所接受才对。“在某种程度上，”贝斯特说，“这可能是寿司本身所具有的异国情调，有助于拉动消费。”外国人已经接触到了许多种类的面食——从意大利通心粉到中国面条，尽管拉面是日本最受欢迎的食品之一，但在20世纪80年代，当寿司开始走出日本时，拉面并没能像生鱼片一样在海外市场引人瞩目。贝斯特指出，食品行业和盈利动机也为寿司进军西方市场创造了机遇，他说：

> 出于直截了当的商业目的，你一碗汤面卖给客人多少钱？如果赋予商品适当的神秘感，你则能凭借生鱼片包米饭赚取更多的财富。这就是一方的市场吸引力战胜了另一方，利益起到关键性作用。如果我是一位日本寿司师傅，要在美国立足，为了吸引客人，我会把店里人均消费定在30美金……假设我有这样的厨艺。而另一方面，面食的物价相对低廉，因而缺乏足够的利益诱惑来激励人们发展其餐厅。[1]

换句话说，拉面与众不同的亲民价格，或许可以解释为什么外国人不太愿意出门去吃拉面。在美国，如果人们想出去吃些便宜的食物，他们习惯点份比萨或中餐。

1 来自手机采访，2005年8月4日。

就这一点来说，寿司成功的故事，为拉面在日本的流行现象提供的观察视点值得我们反思。日本的寿司印象早已深入人心，而且被视为传统，要求有一定层次的鉴赏能力，这是拉面时至近代也未能达到的高度。知道如何分辨拉面的好坏，知道怎么正确地吃拉面，这些或许都属于用餐礼仪的范畴，但规矩简单。相比之下，日本的传统用餐礼仪通常让日本年轻一代敬而远之，不像老一辈人那样完全把它们融入日常行为中。因为拉面的兴起伴随着二战战后日本社会的发展，关于这种食物的吃法没有约定俗成的统一标准，不同人群之间会为其吃法而争论不休。不过从根本上来说，人们若想好好吃拉面，也并不需要去学习什么专业知识。拉面是面向日本所有民众的，这也是其国内吸引力的一部分表现。在日本人眼里，寿司具有独特的民族性，它更多的是为懂行的美食专家所享用。寿司店的食客，通常随口就能说出一些专有词汇和业内行话来点菜，让整个用餐体验显得更具有仪式感。为了解日本普通百姓如何看待寿司，我赶往位于东京都西南方向的静冈县，乘坐新干线高速列车约2小时车程。目的地便是寿司博物馆，我在那里遇到了该博物馆的推广主管，相野满女士。

相野女士告诉我，在德川时代，静冈市曾是最重要的海鲜产区之一，也就是过去我们所熟知的清水市[1]，因其寿司店的数量占据全国榜首而引以为傲。到了20世纪90年代，该地区经济呈现螺旋式下滑，大多数本地店铺关门歇业。地方政府拟定开设一家饮食主题

1 清水市(旧名)，位于日本静冈县中部。自2003年4月1日起，该市与原静冈市合并，其辖区基本相当于现在的静冈市清水区（不含旧蒲原町地区）。

乐园，其目光落在了寿司上，有意发扬寿司在历史发展中的非凡意义，重现该地区往昔的繁华景象。这不失为一帖良方，相野女士说，对于担心消费金额和高档寿司店繁文缛节的消费者来说，博物馆提供了更为简单舒适的用餐环境。“你看，”她说，“在这里，我们可以轻松拉开任何一家店，以实惠的价格品尝到寿司。人们来到这里学习如何正确地点餐，完成他们的‘寿司吧台亮相’。”食客可以在此体验人生第一次坐在寿司店吧台座位上点菜的感觉。吃寿司时，食客要懂得吧台上方冰箱里冰鲜保存的鱼叫什么名字，大概知道这些鱼的时令价格、口感，以及寿司的品种。通常来讲，在更高级的店里，是根本不提供菜单的！如果碰巧那里有菜单，可能顾客看到的是一份手写的、充斥着日制汉语的清单，这可是会难倒不少日本年轻人。而在寿司博物馆，相野女士解释说：“人们来到这里便毫无这番顾虑，不会感到紧张。”[1]

寿司博物馆的存在，以及我与相野女士的交谈，都透露了拉面在战后得以发展、取得成功的一个重要因素。在过去的半个世纪，拉面的大众魅力很大程度归功于它的风味，还有面条伴着肉类汤底的美味组合带来令人满足的饱腹感，同时也反映出一个事实——拉面确实不强求食客进行什么专门的用餐培训或掌握特殊知识。在寿司店和其他传统餐厅里，独特的用餐言行和品鉴知识贯穿于整个用餐过程。较之而言，拉面是一种全新的食物，它平易近人。在拉面店里没有“吧台亮相”这一说——它是真正面向所有人的大众食品。二战后，日本社会阶层趋向均等化，而拉面店的兴起恰巧折射出了

1　采访于 2006 年 8 月 16 日。

这样的社会变化。

拉面——内心充满纽约精神

在过去20年的时间里，日本食物的全球影响力正在不断扩展。如今，即使在美国最小的城镇，都能找到一家日式餐馆。饥饿的国外食客早已吃得惯寿司、味噌和天妇罗等日本食物。拉面，当然也正逐渐名扬海外。随之而来的还有一段不合乎常理的故事——一位美国厨师最近在日本东京开了自己的“伊凡拉面店（关于“伊凡拉面”的介绍请见下一章内容）。为了亲眼见证拉面是如何在日本食物最受欢迎的几大海外市场中杀出重围，我动身前往纽约拜访镰田成人先生，他的Minca拉面工厂坐落在曼哈顿下东区。在这里，我开始探寻这座城市里几家独立经营的拉面店背后的故事。

Minca拉面工厂自2004年夏天起开业迎客。镰田先生原本是位爵士音乐家，1981年来到美国，从事过各种工作，1997年回到日本，主要参加夏季的一些巡回表演。长久以来，镰田先生一直深爱拉面。交谈中，他回忆起20岁从岛根县来到东京，在新宿区（位于东京市区偏西地带）一家小拉面店第一次吃面的情形。在东京吃到人生的第一口拉面，对镰田先生产生了不小的冲击，他至今仍然记得当时醇厚鲜美的汤底和筋道弹牙的面条。这家店专门经营熊本拉面，猪骨熬制而成的汤底香滑白浓，带有浓重的蒜味。这汤底做法来自九州岛西部地区。这家小店的店主为自家与众不同的汤底深感自豪，甚至张贴了醒目的标语，大胆地告诉所有来客这里不使用任何酱油。在此之前，镰田先生只吃过老家的本地拉面，那里用的汤底是很稀的、清汤寡水的鸡汤。“对我来说，”镰田先生解释道，“吃拉面是为了补充体力。”“体力”是一个几乎让人无法估量的词，被日本人用来形容大量摄入蔬菜和肉类等食物后转化而成的身体能量，尽管有时候吃到的食物并不那么可口。“体力”一词同样也道出了长崎市名菜什锦面创始人陈平顺的初衷，他所做的面食正是给人这样的第一印象。镰田先生的拉面初体验和我一样，内心受到了强烈冲击。这令人难忘的用餐经历，改变了他的职业生涯。

镰田先生搬去纽约之后，想吃到心心念念的汤面，或者其他美味、休闲的日式食物，于是在街上四处找寻。然而不论哪家店，吃完后都令他很扫兴。曾经一度回到日本的他说：“一点一点地，音乐巡回演出在不知不觉间变成了拉面之旅，我发现自己不由自主地探寻大街小巷知名的拉面店，想要一尝究竟。”从音乐到拉面，他的职业生涯迎来了一次巨大飞跃。他回忆道：“起初，我写信给熊本的拉面店表达我的赞美之情，并就美国开设分店的问题征询对方的意见。但是他们谢绝了这个邀请。”并未因此气馁的他到拉面店里去应聘实习生，这样的招聘在拉面业界并不少，但他遭到了店主的拒绝。“我十分烦恼，锲而不舍地联系他们……我也阅读了很多有关拉面的实用资料。”几番屡败屡战之后，他终于看到了一则招聘广告——纽约东村圣马克街区一家从中午12点营业到次日凌晨4点的拉面店正在找拉面师傅。在正式上岗前的2周时间里，他反复改良口味——不断熬汤、加减配料，直到做出自己梦寐以求的味道。

镰田先生最终赢得了外界投资者的认可，证明他在这城市经营好拉面店的创业目标切实可行。虽然他转行投身于拉面事业，但很多时候，他依旧觉得自己是个音乐家：“制作拉面，与作曲极为相似。在爵士乐里，每个人都具有自己的风格。而这拉面，”他指着自己的餐厅接着说，“就是我自己独特的风格。这并不容易，因为我们店里每天要卖出好几百碗。但我有信心坚持下去。”聊天接近尾声时，镰田先生递给我一碗满含心意的汤，他希望在未来，这碗汤能吸引更多的纽约食客，并一举成为最受欢迎的日本餐食。[1]

日本食物带来的全球影响

尽管日本食品业飞速发展，但如果回到20世纪80年代之前，恐怕日本食品踏出国门后并没有响当当的招牌，其身影也不是随处可见。而随着近30年日本经济的发展，以及电玩、动画、漫画、恐怖电影和流行音乐等日本文化的传播，日本食品业迎来了巨大机遇。日本流行文化跨出国门井喷发展的同时也表现出了难堪的一面，即日本经济不景气。20世纪90年代早期，日本的经济泡沫突然破灭，使猛涨的工资、土地价格和日经股市指数骤然跌停。所有预言了西方管理技术将垮台，以及日本商业头脑将称雄于世的书籍，都被证明是无稽之谈。到了90年代中后期，日本银行开始着手处理坏账，几大龙头企业做出了出人意料的大幅裁员决定。曾经如日中天的日本经济开始表现出第三世界的动荡和信用危机的特征。在经济萧条之中，步入中年却遭到裁员的办公族和管理层们发现，自己的职场本领无处施展。

战后时期，日本企业在用人制度上自成体系，求职者在20多岁时被企业录用，能一直在该企业供职直到退休，即“终身雇佣制”。众多企业为员工承担更多的企业责任，既包容能力欠佳的，又能留

1 采访于2005年7月4日。

住能干的，并避免解雇忠诚的员工——他们服从企业，一生尽职尽责，企业在其退休之后，会通过短期分红或赠予股东权益的方式来优先考虑他们的福利。但这一切都在90年代经济衰退开始之后发生了改变。

21世纪日本拉面市场强势爆发，其背后暗藏着一股主要力量——当时，成千上万的失业白领开始相信开一家简单的拉面店能帮他们维持生计。随之而来的便是拉面店在日本遍地开花，进一步推动了拉面产业的转型。从某方面来说，拉面的繁荣足以成为其他商业领域失败的象征。惊人爆发之下，顾客们不再确信自己所踏进的店里是否能提供优质拉面，或者确切地说这家店是不是一位落魄企业家为了再续职业生涯所努力的一种过渡。日本拉面店如今的蓬勃发展，恰好反映日本循环经济的软肋，并重点记录下了那曾令千千万万上班族度日如年的艰难岁月。

店铺数量的猛增不仅涉及经济结构的调整，也将日本的魅力与繁荣、电子工业和财富增长相互关联了起来。二战结束后，全国人民重建家园，在经济迅速复苏的新社会，不仅诞生了世界上最快的火车——新干线（或称子弹头列车），人们还追求更快速、更丰盛的食物。但讽刺的是，由于当时的经济基础不尽如人意，日本的饮食文化难以在国际美食舞台上崭露头角。正如同20世纪20年代日本人寻求一种快捷可口的餐食一样，现如今在更快节奏的社会环境下，人们依然孜孜不倦地需要既美味又营养的快餐，方便城镇居民在坐火车上下班，或加班晚回家的路上填饱肚子。日本社会从农村变为城市的经济转型服务，对日本人的饮食带来了影响，随后也同样改变了其他国家人民对日本及其饮食的看法。

拉面最初是一种味道寡淡的中国面食，逐渐进化变成了一道重

韩国首都首尔街头一家典型的日式风格拉面店。出现在照片右侧的红色广告旗摆放在店门入口处，上面写着“拉面”的日语片假名，而店头挂着的招牌则分别写着英语和韩语翻译的店名

要的日本美食，散发出巨大的国际吸引力。借助先进的科学技术和电子工业，日清食品与其他日本国内的食品加工行业巨头不断生产出面类食品，远销海内外。到了20世纪后期，随着日本经济的起飞，日本食品，特别是拉面，开始称霸新市场。

拉面的兴盛与日本流行文化

拉面是日本的！对许多日本人来说，拉面体现了自己国家在战后所经历的鼎盛时期。拉面在日本社会留下了不可磨灭的印记，并将自身紧密融合于当代文化，一个没有拉面存在的日本是令人难以想象的。不仅因为汤面是一道美味的小食，更重要的是，与我们热衷的这类题材的漫画、音乐和电视节目所呈现的一样，拉面本身已经成为一个主要的流行文化元素。更值得一提的是，它是日本展现给更为广阔的外界世界的一种风貌。就像索尼、丰田和松下等著名企业，拉面的兴盛，见证了日本从二战废墟上重新崛起成为经济强国的一路历程。不单是日本人会把拉面与流行文化相互联系起来，拉面被销往全世界，甚至在中国和韩国都很受欢迎，这证明了地道的日本美食拉面不愁没市场。在中国台湾，因当地有着自己独特的面食传统，拉面通常被冠以“日式”或者“日本风味”等字样，以区别于本地竞争对手。

现在我们可以在大部分的东亚国家或地区找到拉面店，拉面地图也正逐渐扩张到欧洲、美国，未来充满无限发展可能。但这正是拉面与寿司的全球化所不尽相同的地方。拉面已经催生出了大众流行文化

大大的招牌门匾赫然挂在门梁上，这家名为“福屋”的拉面店位于东京都，距离澳大利亚驻日大使馆不远

一个以此为主题的文化集合，但同时它又保持着普通百姓食物的亲民度。吃拉面用不着专业知识，食客遍布大街小巷各个拉面店。寿司或许在欧美地区越来越受到普及，而拉面正慢慢地后来居上，肯定能取得主导地位。作为社会新一代，看到拉面出现在自己喜欢的节目里，在网络上或CD唱片里听到它的名字，无疑能激起内心渴求美食的欲望，从而出门去吃上一碗拉面。下一波日本美食的汹涌浪潮已蓄势待发，准备席卷全球，一群拉面师傅就将登上世界的舞台。

原创拉面的激烈竞争

拉面在日本广受欢迎，对于拉面制作配方的合法所有权蕴含着重大利益。东京一家拉面店凭借其优越的地理位置，店门的一侧竖着醒目的红底白字广告旗，试图以声势胜过所有竞争对手。广告旗详细写出了顾客须知，篇幅之巨大，足有10英尺高6英尺宽，文中贴心地叮嘱食客，不要轻信他们在别处所听到的历史故事和拉面风味。该店须知声称，真真正正的拉面来自九州的久留米市，并且真实的拉面本味来自猪肉所炖出的高汤、猪骨风味，这家店创始于1937年。在它开业之前，不存在任何其他的拉面店，因此它才是真正意义上的拉面始祖，自然味道最为地道。广告旗上建议懂得欣赏拉面的食客应当在这里享用美餐。但这家店的广告里也夹杂一些鲜为人知的故事。不知为何，店主的脑海里似乎牢牢记着，1949年之前日本的汤面食品被蔑称为“支那汤面”。他们对此做出了解释：中华人民共和国政府要求日本政府停止使用这个带有侮辱意味的词语，于是这道菜在此后改名为“中华汤面”。暂且不谈这个历史故事捏造混杂了毫不相关的因素，很显然，这家店的经营者轻佻地触及了一段敏感的历史往事，并简单地认为日本与中国的关系成就了拉面的成功，以此创造他们行销概念的佳话。经营者捏造了一个看似无可辩驳的拉面起源地之说，这种宣传毫无疑问能吸引众多食客进店寻求真相；进入20世纪之后，他们还将自己的店名改为拉面店。如果这家店所说的一切都是真的，那本书的厚度想必会变薄许多。无论如何，我们抱着求知的心态，关于拉面的历史，我们力求明辨是非。

结 语

拉面以及东亚饮食、政治的历史让国民美食这么简单的概念混淆了视听。一个国家如何通过食物构建自身，所诉说的故事往往虚大于实，值得人们从不同角度探索以描绘出真相的轮廓。烹饪美学的信仰与实践随着时间的不停变化，反射出某些人群之间的相互影响，政治与意识形态的转变。食物不断提醒我们，民族观念的悠久历史对巩固一个国家的民族意识形态起着关键性的作用。借用本尼迪克特·安德森的论述，理想的社会基于国家所有的一种共同语言，舆论媒体加以巩固。同理可证，我们的国民饮食观念和共享的餐桌亦是如此。[1]

日本酿造酱油制造商龟甲万酱油的前首席执行官茂木友三郎，最

1 安妮·阿里森（Anne Allison）在她撰写的有关午餐盒饭，也就是便当文化的书里指出了同样的现象。见《日本的母亲与便当盒——成为意识形态国家机器的午餐盒》（"Japanese Mothers and Obentos : The Lunch Box as Ideological States Apparatus"），《人类学季刊》，第 64 卷，第 4 册，《性别与国籍》，10 月刊，1991 年，第 198 页。

不仅拉面激发了漫画作者们的创作灵感，荞麦面也同样活跃于书本中。这幅海报为新发行的“荞麦面大师”系列图书做宣传，故事主人公经历了不同寻常的“面条冒险”。这一系列丛书是数百年前江户时代人所写的寻遍拉面馆的回忆

近牵头东亚食品商业促进战略委员会撰写的一篇文章很有意思，表达了一些不寻常的观点，揭示了日本饮食文化中的神话传说是如此的根深蒂固，难以消除。他写道：

> 我国自古以来是一个积极吸收世界美食精华，将其融入我们自身独特的民族饮食文化中的国家。我国人民除了对美味的食物拥有敏锐的捕捉力，也非常关注食物的保质期、原材料的安全性并保证其口味和食品安全，同时不懈追求高标准的包装与外观。[1]

这一理念真实存在于日本社会，长久以来一直如此。人们基本上认为，日本的饮食与传统把日本与其他国家区分开来，并造就了日本特色。它就是“我吃过这个，因此我觉得自己成为这个国家的一分子”的一种感情代入。拉面专家坚决不同意诸如日本传统的过时观念，正如炸猪排和天妇罗的爱好者们所想的一样，因为他们知道历史上日本人吃到的食物范围比我们通常假设的要宽泛得多。

饮食文化是人们对于烹饪特色的一种共同意识，烧出一道菜，然后以此认定烹饪者是否属于他们的团体。[2]在人类学家的文字中，这样的关联创造出了一种虚拟的真实性。“和食”的概念作为日本饮食的整体象征，“含蓄地辩解了历史的连续性和稳定性”。[3]甚至餐具的缺乏都是其中的一部分。这听来也许很可笑，但即便是在铁证不

1 茂木友三郎：《饮食文化的国际交流》，《明天的食品产业》，6 月刊，2007 年，第 4 页。

2 西奥多 · 贝斯特 ：《筑地 ：位于世界中心的鱼市场》，第 126 页。

3 同上，第 141 页。

足的情况下，许多专家都认同这样的价值观。韩国曾有一位科学家以操控基因的出众能力而在国内外声名鹊起，他就是国立首尔大学的黄禹锡教授[1]。他当众谈及韩国人吃饭时有使用细长金属筷子的习俗，正是这个习俗帮助韩国科学家独创出关键性的“筷子技术”，能比其他国家的科研人员更快更精准地隔离细胞，使韩国成为世界上第一个成功培育出克隆狗的国家。[2]不久之后这项研究成果被证实系伪造，但黄禹锡教授本人并没有收回这段有关韩国饮食文化与科学进步相互联系的言论。

一位著名的民俗学家指出：“人类通过食物来定义事件。”我已经在本书中表达过看法，认为美食可以定义日本的现代化以及同中国的关系。[3]几个世纪以来，尽管中国与日本饮食发生了翻天覆地的变化，我仍想了解拉面是如何融入东亚食物的历史长河中去的。然而我跑遍日本列岛，进行了许多采访后仍一头雾水。

当我在日本前泽市的奥州市牛之博物馆里，与刚来的助理研究员川田启介聊天时，发现了一个奇怪的现象。就像我采访过的其他人一样，川田在表述到关键点时总是打断自己：“那么，你要了解日

1 黄禹锡，韩国著名生物科学家，曾任国立首尔大学兽医学院首席教授，2005 年 5 月在美国《科学》杂志上发表论文，宣布攻克了利用患者体细胞克隆胚胎干细胞的科学难题，其研究轰动全球，韩国民众期待这一成果有望摘得诺贝尔奖。随后其被媒体曝光学术造假，“黄禹锡神话”破灭，其本人也受到了法律的制裁。

2 《干细胞成功故事背后的科学家》（*The Scientist Behind Stem Cell Success Story*），《旧金山记事》，5 月 29 日，2005 年。

3 迈克尔 · 欧文（Michael Owen）：《食物的选择，象征与身份：民俗学与营养学中面包与黄油的问题》（“Food Choice，Symbolism and Identity：Bread-and-Butter Issues for Folkloristics and Nutrition Studies”），《美国民俗学杂志》120，2007 年，第 134 页。

本人是怎么吃的。”这句话几乎不分任何采访、任何地点，翻来覆去地已被说烂。牛肉研究专家、酱油厂的工人，还有喜剧演员等，所有人都表现出相同的态度，这似乎证明了一点——他们固执地认为日本饮食里有一些精髓和亘古的东西不容置疑。有时候，我希望自己知道他们是否每个人都了解我的下一次采访，于是事先通过电话告知：“嘿，我们要把论点讲透彻，别忘了告诉他。”所以，虽然我们此刻正坐在奥州市牛之博物馆里，川田是养牛方面的专家，但他坚持说，从历史事实来看，日本人并不真正喜欢吃肉。我发现这有点讽刺。当我指出我们现在所坐的地方（被包围在许多塑料制成的奶牛模型之中）和他所说的内容自相矛盾时，他结结巴巴地说：“确实不完全如此，我们日本人不喜欢大快朵颐地吃肉，也不喜欢烹饪出血淋淋的夹生肉。所以，自古以来我们喜欢烤肉，肉会被切成薄片。又或是涮火锅，挑选的肉肥瘦适宜，雪花纹路更明显，薄片放进滚烫的水里一汆就熟。”[1]我们的话题从无肉的生活一下跨越到稍微带点荤味的享受了。

另一个关于日本料理悠久历史的问题就是食品与卫生的观念。政治学家帕特里夏·麦克拉克伦发表主张声称，日本有一种“文化溢价在于安全性与清洁度，尤其对于食品而言”。[2]没有人会对此予以否定，但我们应当补充的是，这是二战后的一个主要现象，并非日本独有。生存环境经受了几十载风雨的肆虐，致使消费者维权团体如雨后春笋般出现。麦克拉克伦本人表示，日本开始致力卫生事业

1 采访于2006年8月9日。

2 帕特里夏·麦克拉克伦：《战后日本的消费政治策略》，第15页。

的发展，这是因为自1945年起，日本食品制造企业在遵守健康与安全监管条例方面缺乏自律，因此经常受到媒体与政府诟病。从20世纪50年代到60年代初，大量有缺陷的产品流入日本市场。1955年日本乳制品巨头森永公司生产的奶粉中混入了钾（俗称砒霜），毒奶粉事件的受害婴儿数高达12000人；1968年的米糠油事件，多氯联苯中毒确诊患者累计有1600多人；1970年，一种在日本已广泛使用达数十年之久的止泻药物喹碘方引起11000人患上亚急性脊髓视神经炎。[1]日本的食品曾经也并不令人放心。例如臭名昭著的假牛肉罐头事件引发了广大消费者联名投诉，经查发现罐头里所谓牛肉竟然是鲸鱼肉。[2]1957年到1969年，日本食品行业在食品生产过程中，增加了具有危险性的人工合成添加剂的使用量。[3]

饕餮美食背后的阴暗面

二战结束之后，随着经济复兴初见成效，百姓饮食日渐丰富，与此同时食品安全的丑闻也相继而来。20世纪50年代末期，日本陷入食物供应紧缺的困境，经济基础摇摇欲坠，这一问题同时带来了环境污染。

英国大文豪查尔斯 · 狄更斯以真实的笔触反映了19世纪中期伦敦社会环境和精神生活严重退化的现象，而冷战政策致使东京环境质量下降的现象，比起19世纪的伦敦有过之而无不及，却未引起人

1 帕特里夏 · 麦克拉克伦：《战后日本的消费政治策略》，第87页。

2 同上，第104－105页。

3 同上，第180页。

们关注。同样的破坏不断被复制，更具讽刺意味的是，一些相同的技术和食品产业趋势，让远东地区的许多新兴土地正在重蹈覆辙。

在中国，带来环境危机的有白色垃圾，或称为“白色污染”。根据中国政府最近的统计数据显示，铁道部门每年回收的一次性速食拉面碗超过2亿只。在过去，人们会在火车上收集好这些垃圾，然后沿路抛向窗外，但这种一次性餐具含有有害化学成分，不会自然降解。于是厂商们努力寻找不同的材料，以达到环保标准。[1]日清和其他食品制造商宣称，他们正在为生产出减少环境污染的可生物降解的食品容器而努力。然而，国际社会上所有大量购买一次性产品的消费者，是为了极大程度地简化生活，以便节省更多的钱去买更多的产品，这样的现实显然带着自我毁灭的意味。

不仅是拉面和速食拉面改头换面之后重回中国，日本料理在经历了几十年的进化后，作为一国的文明象征，也在中国市场找到了新的地位，其方式与西方食品在150年前登陆日本的情形如出一辙。成功转型的背后有一个软实力发挥了作用，那就是健康饮食观念的普及，人们一致认可日本料理的清淡与健康，众多女性相信它有助于保持身材苗条和美容养颜。[2]

现代日本料理的大规模出口和推广有其消极的一面，由此致使国内外许多地区环境恶化。这个问题，结合中国的大规模污染，如果放任不管，会严重破坏全球食物供应。

---

1 《人民日报》社论，3月11日，2005年（http：//env.people.com.cn/GB/1073/3235463.html）。

2 这本日文书在姐妹丛书热捧法国料理之后也取得了成功。参见森山奈绪美的《东京厨房：日本女人健康苗条的秘密》，以及米雷耶·吉利亚诺（Mireille Guiliano）的《法国女人不会胖》（*French Women Do not Get Fat*）。

日本料理和中国料理的知名度和推广度不断提高，对比于肥腻的西方饮食，经常被奉为健康饮食的不二选择，虽然这也许并不真正符合我们的利益。严重的水资源短缺和艰苦的农业活动正在夺走中国大好河山的美景，加之日益增长的人口，其粮食需求更为庞大，未来实在堪忧。[1]日本人的饮食习惯使东南亚地区为此付出了沉重的环境代价——东南亚诸国致力渔业生产，过度捕捞导致近海渔业资源枯竭。怎料日本人的胃竟是欲壑难填——1991年，日本的粮食进口总额约合340亿美元，远超全国的石油消费。日本人如今吃掉的金枪鱼占全球消费总量的1/3，虾也高达全球捕捞量的2/5。身为历史学家、政治学家的加文·麦考马克描绘出了一幅悲惨的未来景象，他预言日本人此刻"越来越不切实际"，并且"成功和美好生活的相似画面已超越日本国界，正被植入数百万世人的脑海中"。[2]日本正在排泄众多垃圾，以及侵蚀亚洲的众多资源，半数工厂都在为日本生产食品。[3]想当年，日本人曾视米如金。如今，有关食品保质期的法律出台，禁止便利店以及其他商家销售超过保质期的食品，即使它们品质不受影响仍可食用。一般家庭都免不了浪费粮食。根据1993年日本官方的统计数据来看，40%家庭的垃圾桶里倒满了残羹剩饭。[4]

---

1 易明（Elizabeth Economy）、李侃如（Kenneth Lieberthal）：《焦虑的地球：中国的环境危机会压垮机遇吗？》（"Scorched Earth：Will Environmental Risks in China Overwhelm Its Opportunities?"），《哈佛商业评论》，2007年6月，第88–97页。

2 加文·麦考马克（Gavan McCormack）：《日本富裕生活里的空虚》（*He Emptiness of Japanese Affluence*），第132页。

3 同上，第133页。

4 日本消费者联盟编撰：《饱食日本与亚洲》（《飽食日本とアジア》），第17页。

日本食品的未来

日本料理，总体而言还是相对比较清淡，对比其他国家（波兰与丹麦除外）的菜肴来说，香料用得较少。日本料理与平均每道菜使用4种香料的英国菜有得一拼（泰国和印度菜则用双倍）[1]。缺少香料并不影响日本料理的广泛传播，更多的味道和选择终结了中餐餐馆在西方市场的爆发热潮。管理学教授弗雷德·巴利策说过："亚洲食品传播极广，甚至在美国某个小城镇都能见到其身影，这可以证明美国人已经相当了解并坦然接受了亚洲的价值观和独特文化的多个方面。"[2]然而，日本食物的纯粹主义者却哀叹"日本料理"发生的变化和臆想中的退步。二战后的日本，人均寿命全球最长。英国却面临着一个截然相反的问题——越来越多的人每年都自顾自地吃，却越吃越差，并为此付出了健康的代价。[3]日本人的饮食和生活方式都在20世纪发生了脱胎换骨的改变，转变带来的是国民更为强壮的体格，而不是弱不禁风的身躯，同时肥胖的病发率也低于西方国家。

这种饮食方式上的转变，是否影响到了战后日本的社会阶级结构？在法国，美食意味着高级料理，散发着"米其林三星"的耀眼光芒。法国红酒、法国大餐、高级法国料理的所有精华——在许多情

1 保罗·W. 舍曼（Paul W. Sherman）、詹妮弗·比林（Jennifer Billing）：《达尔文美食论：为什么我们使用香料》（"Darwinian Gastronomy：Why We Use Spices"），《生物科学》，第49卷，第6册，1999年6月，第454页。

2 弗雷德·巴利策（Fred Balitzer）：《日本时报》，8月8日，1999年。

3 乔安娜·布莱斯曼（Joanna Blythman）：《英国的糟糕食物：一个国家如何令人倒了胃口》（*Bad Food Britain：How A Nation Ruined Its Appetite*）。

况下都带着权势的意味。光鲜亮丽的美食，旅游书上挂着的一颗颗星星，酱料说明用拉丁语词条标注的权威指南，令人过目难忘。20世纪末之前，日本料理一直远离着这些纸上的讨论与纷争，日本人的食物在漫画或者网络博客、新闻报刊上互争高下。直到最近，情况发生了转变——在全新出版的米其林系列指南中，与著名的法国餐厅一同成功摘星的还有日本餐厅。米其林首席执行官米歇尔·罗利耶（Michel Rollier）觉得西方人对于亚洲美食的观念转变十分有必要，他说："日本这个国家的精致饮食是国民文化中不可或缺的重要组成部分。"[1]这样的评价绝对不会出现在二战之前，日本饮食取得现在的成绩有一部分归功于寿司的普及。与此同时，日本的常见食物已经悄悄地融入世界各国人民的日常生活，这其中当然也包括拉面。

当代日本饮食的转变

与其国际形象截然相反，作为一个被世界公认为饮食健康的国家，日本自身却存在着很多问题。政府面临两大主要难关——食品安全与营养。对于粮食自给率较低的众多国家而言，食品安全成为迫在眉睫的重要课题。日本自有产品目前只能满足人均家庭食物热量需求的40%，这一数字仅达到工业化国家的最低比率，成为涉及面极广的民生问题。食品安全是政府履行管理职能的基本职责之

---

1 美联社：《知名法国餐厅指南进军日本》（*Famed French Restaurant Guide Extends Reach to Japan*），3月17日，2007年。

一。[1]对能源及食品安全引发的政治和社会焦虑，以及饮食方式改变带来的恐慌，日本政府做出了反应，在2005年6月制定并通过了《食育（饮食教育）基本法》。“食育”被定义为“掌握食物相关知识并拥有选择适当食物的能力”。根据日本政府调查，各个年龄段显示，约有30%的男性和50%的女性认为，自身缺乏做出合理选择、挑选优质膳食的必要知识和技能。[2]

1993年，日本遭遇了战后以来历史上最差的收成，大米产量骤减，促使食品法律做出了重大修正。1994年12月，国会审议通过了《新粮食法》，它取代了1942年颁布的《粮食管理法》，促使政府机构对食品市场的监管更为严格。日本食品管理所主张的理念，在于国家应当对主要粮食施行计划管理，并合理分配，这种做法从本质上来说，属于二战时期计划分配的产物。1942年，政府立法规定在限定机构范围外出售大米和其他谷物粮食是违法行为。小麦在20世纪50年代从政府的粮食流通管控中解放了出来，但大米仍是特别保护对象。60年代迎来了一大转折点，因为政府被迫从农民手里收购大米，而当时人人都想卖出更高的价格，最终促使消费者支

1 《东亚食品行业的一些关键课题》（“Some Key Issues for the East Asian Food Sector”），《太平洋经济报》，第305卷，7月刊，2007年7月。澳大利亚—日本研究中心是位于堪培拉的澳大利亚国立大学亚太经济管理学院旗下的一个分支机构，第1、10页。食品及其安全问题在众多日本书籍中同样引发热议。参考柴田明夫著作《培育粮食》（《食糧育つ》），第208－214页。

2 http：//www.maff.go.jp/e/topics/pdf/shokuiku.pdf。

在日本大部分地区的普通便利店里，依次排列的货架上摆满了琳琅满目的食品，其中有许多面食

付高昂的费用。[1]

日本政府为此焦虑不安。管理食品和农业的有关部门，在日本食物问题上不得不摆明政府立场。“日本食品之所以有今天的样子，充满新鲜度和一年四季的季节感，是基于日本人对于季节交替的感性认识和审美感觉，以及对于外来食物与文化的吸收。”一份政府报告里如是说。[2]其目标不仅是为了提高日本的国际形象，更要通过日

1 佩内洛普·弗兰克斯（Penelope Francks）：《工业化东亚国家的农业及其现状——日本食品控制体系的兴衰》（“Agriculture and the State in Industrial East Asia：The Rise and Fall of the Food Control System in Japan”），《日本论坛》，第 10 卷，第 1 期，1998 年，第 1－16 页。

2 日本政府网站：海外推广日本饮食餐厅学术会议。（www.maff.go.jp/j/shokusan/sanki/easia/e_sesaku/japanese_food/index.html）。

本料理“致力提高世界饮食生活方式和食品文化的丰富性”。[1]

显然，执政者现在充满了自信，相信日本料理在国际社会上广受好评。在外交晚宴的重要场合，它不再被其他国家的美食凌驾其上。因为日本料理现在越来越受到全世界的欢迎，对于日本文化来说，国际市场是个潜力十足的“展示舞台”，为介绍日本产品提供了可贵的机会。日本政要甚至制定了一份“在海外推广日本餐厅”的计划。回想一个半世纪之前，日本曾讨论过是否要废除本国饮食，而今它已经远离了那条效仿西方国家之路。

日本食物是否铸就了日本个性？

出于比较的目的，我们提出这么一个问题——法国人烹饪的食物什么时候成了法国美食？一位历史学家回复说：“最终分析表明，法国菜来自巴黎，并不是因为食材或菜肴本身，而是因为巴黎在最大意义上创造了法国烹饪文化的典范。换句话说，它呈现了法国烹饪文化每一个清晰可辨的分界点。”[2]日本的历史模式近似于此。我们还记得，江户时代对于浓重酱油口味的喜爱主导了饮食市场，但也推出了更精致、更清淡的京都风味。与此同时，日本本土市场正尝试找出定位，树立高识别度的本土品牌，避免消费者对千篇一律的饮食产生疲惫感，从而在激烈竞争的行业中站稳脚步。讽刺的是，

1　日本政府网站：海外推广日本饮食餐厅学术会议。(www.maff.go.jp/j/shokusan/sanki/easia/e_sesaku/japanese_food/index.html)。

2　普利西亚·帕克赫斯特·弗格森（Priscilla Parkhurst Ferguson）：《巴黎是法国的吗？》（“Is Paris France?”），《法国评论》，第73卷，第6册，2000年5月，第1059页。

现代日本饮食被烙上了强烈的资本主义印记，从大众饮食生活里脱离开来，本土特色意味着某种高级感。在法国，美食提供了“一种使国家整体有力团结统一的模型，美食以某种方式存在于所有法国特色的各个角落，超越政治、超越物质”。[1]日本美食也许受到了日本特色的升华，随着时间流逝，人们在所谓大米是主食的普遍认识上达成了共识。

而现在，或许拉面能帮助人们摆脱长期以来认为只有日本人才做日本食物的刻板思路，就像我从伊凡·奥尔金身上所学到的，他是胆敢在东京经营一家拉面店并获得成功的第一位外国人。作为一位聪慧又精明的美国商人，伊凡意识到优质的食物不论出自谁手，只要用心去做，都能端出一碗极其美味的拉面。尽管他扬言要成为“全日本最负盛名的拉面店老板”，但这条路并不那么好走，因为他是白色人种，打破了日本制造的常规。“有位客人只喝了三口汤就走了，”伊凡告诉我，“而另一位很喜欢，碗里吃得干干净净。”伊凡觉得自家餐馆能脱颖而出，自己外国人的身份是一个因素，更重要的是拉面在日本社会普及度之高，“它现在几乎是种国民食物”。他所建立的“伊凡”品牌，坚持做到让客户能够以合理的价格享受相应的品质与服务。[2]在我眼里，伊凡和他的拉面店象征着日本拉面正在发生翻天覆地的变化。汤面兜兜转转各地，作为中国饮食的杂交结合，终于在19世纪晚期修成正果。如今，拉面的发展之路再度启程，外国人在日本探索，推出全新的口味和品种，为本地百姓打开了新

1 普利西亚·帕克赫斯特·弗格森:《巴黎是法国的吗?》第1061页。

2 采访于2009年10月13日。另参考有关他店铺历史的短篇小说《伊凡的拉面》(*Aiban no rāmen*)。

拉面在当代日本的受欢迎程度如此之高，让它在大型展览中心里举办的新口味及新店铺展览会上，一举成为关注热点。上图为2009年的一张宣传海报

美食世界的大门。

在日本，人们可能不会像法国人那样用情色的口吻去讨论食物，而是体会其所包含的某种记忆。妈妈的料理，妈妈的味道，是重点。对于日本来说，饮食是民族身份的核心，并且，你能在政府颁布的新计划中看到这一点——有关部门鼓励民众多吃日本食物或所谓“日本料理”，来获得更多的健康。政府正在推广一种日本食物的概念——没有太多甜品，不是快餐食品，营养均衡，避免过量摄入。这是个很好的例子，著名历史学家埃里克·霍布斯鲍姆（Eric Hobsbawm）称其为“传统的创造”，每个民族都沉浸于语言复杂的

日本读者如今可以从数不胜数的周刊和月刊杂志中饱览各种餐厅、食谱、美食旅行和指南信息。

相互作用之中——语言能使每个民族为自己创造出一个充满神话色彩或未曾切实存在的过去，为现实做出辩解。

美食从历史角度上成就了日本，引起了西方世界的关注。在21世纪，日本人的饮食习惯，已经成为一种健康的生活方式和长寿秘诀的代名词。饮食上的改变，说明另一场主要的食品革命，正在过剩的食品供给和传统的饮食模式相应弱化之中揭竿而起。[1]

1　乔恩·D. 霍尔茨曼：《食物与记忆》，《人类学趣味年鉴》，2006年，第361－378页。

拉面与历史

日本已经从一个食物紧缺的旧社会转变成为美食甘寝，甚至是浪费食物的现代社会。过去，几乎每个人都营养不良，只有少数富人才能拥有良好的营养状况。作为日本与中国、朝鲜部分地区以及西方国家之间饮食文化相互影响的结晶，拉面的漫长历史证明了日本料理既不亘古古流传也绝非一成不变。日本料理有其独一无二的传统，日本料理的神话就此真相大白。通过与东亚友好邻邦的积极互动，日本人的伙食得到了极大改善。现代日本饮食获得成功，与这些外交联系息息相关。因为受到中国的影响，也因为在东亚诸国对美食、健康和卫生的争论中，拉面并未令人大失所望，所以它发展成了世界范围内广为传播的美食文化现象。许多历史学家和食品行业专家曾经详细描述过，日本有能力进一步把自己的元素补充到这些食品发明中去，并把它们转变成消费者津津乐道的东西，比如速食拉面和其他相关食品，把握创新的灵感突破产品自身的界限，进一步开拓它们的延展性和流行度。事实上，这些料理如今正在被重新引入那些提供了原材料的国家或地区，如同很久以前它们被带到日本所经历的变化一样。国民美食是民族自豪感和身份的象征，但历史的复杂脉络掩盖了如今我们所看到的料理的真相。博学的法国学者阿兰·科尔班反驳我们没能把握早期现代社会的历史变迁，因为我们不再把从古至今的气味纳入研究范围。[1]同样的话，我想说的

1 阿兰·科尔班（Alain Corbin）：《污秽与芳香：气味与法国的社会想像》（*The Foul and the Fragrant*：*Odor and the French Social Imagination*）。

还有味觉，不仅是审美视觉，还有生理上的味觉改变。我们需要从带有高度政治立场的狭隘成见中抽出身来，把视线放低一点，看看不同时期社会各个阶层所发生的故事，去欣赏更为充分的社会变化和人们经历的沉浮。我希望通过这次研究，能在拉面文化上提供这么一个视角。

快去品尝历史的滋味！

当我旅行的足迹遍及日本、中国和韩国，我发现大家的国民美食不只是历史和经济需要交集产生的结果。它能被塑造成一个旅游亮点，代言地方特色，与现代都市生活的单一性常常形成鲜明对比。饮食习惯的改变归结于众多因素，包括移民、对美食的探索、工业环境、劳动力、地理环境、利益需求、城市人口增长、战争，以及其他一系列原因。拉面得以发展至今，要理解它真正的起源与持续不断的生命力，意味着需要在更大范围内深度挖掘日本历史。

最后，无关乎国际关系上的种种言论，也不谈经历数百年风雨的中日饮食文化交流，有一点我们可以确定，那就是吃上一碗拉面你就能吃到历史，这种体验既营养又令人胃口大开。所以，别犹豫，去试试，看看你能学到什么。动起筷子，端起面碗，看看你能品尝到什么样的历史滋味。

参考文献

英语书目

Alcock Rutherford, *The capital of the tycoon: a narrative of a three years' residence in Japan*, Vol.1, London: Longman, Green, Longman, Roberts & Green, 1863.

Allinson, Gary. *Japan's Postwar History*, 2nd, Ithaca: Cornell University Press, 2014.

Allison, Anne. *Japanese Mothers and Obentos: The Lunch Box as Ideological States Apparatus*, Vol.64, No.4, Genderand the State, Oct. 1991, pp.195-208.

Anderson, Benedict. *Imagined Communities: Reflection on the origin and spread of nationalism*, London: Verso, 1983.

Anderson, E. N. *The Food of China*, New Haven: Yale University Press, 1988.

Anderson, Warwick. *Excremental Colonialism: Public Health*

and the Poetics of Pollution, Vol.21, No.3, Spring, pp.640-669.

Aoyama, Tomoko. "Romancing Food: The Gastronomic Quest in Early Twentieth-Century Japanese Literature," *Japanese Studies* December, 2003, pp.251-264.

——*Reading Food in Modern Japanese Literature*, Honolulu: University of Hawaii Press, 2008.

Appadurai, Aijun. "How to Make a National Cuisine: Cookbooks in Contemporary India", Vol. 30, No. 1, 1988, pp.3-24.

Aston W.G. (translation), *Nihongi*: *Chronicles of Japan from the Earliest Times to AD 697*, Vermont, Charles E. Tulle and Company, 1972.

Baskett, Michael. *The Attractive Empire*: *Transnational Film Culture in Imperialjapan*, Honolulu: University of Hawaii Press, 2008.

Batten, Bruce. *Gateway to Japan*: *Hakata in War and Peace, 500-1300*, University of Hawaii Press, 2006.

Belasco, Warren and Philip Scranton, eds. *Food Nations*: *Selling Taste in Consumer Societies*, London: Routledge, 2002.

Ted Bestor. Tsukiji: *The Fish Market at the Center of The World*, Berkeley: University of California Press, 2004.

Bisson, T. A. "Reparation and Reform in Japan", *FarEastern Survey*, Vol.16, No.21, December, 1947, pp.214-247.

Black, John. *Young Japan*: *Yokohama and Yedo*, Vol.1, 1858-1879, London: Oxford in Aisa, OxfordinAsia, reprinted 1968, (originally published in 1883.

Blythman, Joanna. *Bad Food Britain*: *How A Nation Ruined Its Appetite*, London: Fourth state, 2006.

Bodart-Bailey, Beatrice M. edited and translated. *Kaempfer's Japan: Tokugawa Culture Observed*, Honolulu: University of Hawaii Press, 1999.

——*The dog shogun: the personality and policies of Tokugawa Tsunayoshi*, Honolulu: University of Hawaii Press, 2006.

Bodart-Bailey, Beatrice M. *The dog shogun: the personality and policies of Tokugawa Tsunayoshi*, Honolulu: University of Hawaii Press, 2006.

Bowring, Richard. *Mori Ogai and the modernization of Japanese culture*, Cambridge: University of Cambridge Press, 1979.

Braisted, William R. *Meiroku Zasshi: Journal of the Japanese Enlightenment*, Cambridge: Harvard University Press, 1976.

Breen, John and Mark Teeuwen. *Shinto in History: Ways of the Kami*, Honolulu, University of Hawaii Press, 2000.

Buell, Paul D. and Eugene N. Anderson. *A Soup for the Qan: Chinese Dietary Medicine of the Mongol Era as Seen in Hu Szu-Hui's Yin-shan Cheng-Yao*, London: Kegan aul nternational, 2000.

Burnett, John. "The rise and decline of school meals in Britain, 1860-1990," in *The Origins and Development of Food Policies in Europe*, London: Leicester University Press, 1994, pp.55-59.

Burnett, John and Derek J. Oddy, *The Origins and Development of Food Policies in Europe*, London: Leicester University Press, 1994.

Cadwallader, Gary Soka and Joseph R. Justice. "Stones for the Belly: Kaiseki Cuisine for tea during the Early Edo Period," in Eric Rath and Stephanie Assmann, eds, *Past and Present in Japanese Foodways*, Chicago: University of Illinois Press, 2010, pp.68-91.

Carpenter, Kenneth. *Beriberi, White Rice, and Vitamin B: A Disease, a Cause, and a Cure*, Berkeley: University of California Press, 2000.

Chang, K. C. *Food in Chinese Culture: Anthropological and Historical Perspectives*, New Haven: Yale University Press, 1977.

Chang, Richard T. "General Grant' s 1879 Visitto Japan," *Monumenta Nipponica*, Vol.24, No.4, 1969, pp.373-392.

Chehabi, H. E. "The Westernization of Iranian Culinary Culture," *IranianStudies*, Vol.36, No.1, March, 2003, pp. 43-61.

Ching, Julia. "Chu Shun-Shui, 1600-82: A Chinese Confucian Scholar in Tokugawa Japan," MonumentaNipponica, Vol.30, No.2, Summer, 1975, pp.177-191.

Cohen, Jerome. "Japan' s Economy on the Road Back," *Pacific Affairs*, Vol.21, No.3, September, 1948, pp.264-279.

Collingham, Lizzie. *The Taste of War-World War Two and the Battle for Food*, London: Allen Lane, 2011.

Collins, Sandra. *The 1940 Tokyo Games: The Missing Olympics: Japan, the Asian Olympics and the Olympic Movement*, London: Routledge, 2008.

Corbin, Alain. *The Foul and the Fragrant: Odor and the French Social Imagination*, New York: Berg, 1986.

Cwiertka, Katarzyna J. *Modem Japanese Cuisine-Food, Power and Nation Identity*, London: Reaktion books, 2006.

—— "The Making of Modern Culinary Tradition in Japan," PhD Thesisat Leiden University, Holland, 1999.

Diamond, Jared. *Collapse: How Societies Choose to Fail or Succeed*, NY: Viking Press, 2005.

Dore, R.P. *Land reform in Japan*, London: Oxford University Press, 1959.

Dower, John. *Embracing Defeat: Japan in the Wake of World War II*, New York: W.W. Norton & Co., 2000.

Drea, Edward. *In the service of the Emperor: essays on the imperial Japanese Army*, Lincoln: University of Nebraska Press, 1998.

Driver, Christopher. *The British at Table, 1940-1980*, London: Chatto and Windus, 1983.

Dung, BùiMinh. "Japan' s Role in the Vietnamese Starvation of 1944-45," *Modern Asian Studies*, Vol.23, No.3, July 1995, pp.573-618.

Dunlop, Fuchsia. "Gastronomically Chinese: Culinary identities and Chinese modernity," MA Area Studies (China) of the University of London, September 1997.

——*Revolutionary Chinese Cookbook: Recipes from Hunan Province*, London: Ebury Press, 2006.

Duus, Peter. *The Abacus and the Sword: The Japanese Penetration of Korea, 1895-1912*, Berkeley: University of California Press, 1995.

Earhart, David. *Certain Victory: Images of World War II in the Japanese Media*, NY: ME Sharpe, 2008.

Economy, Elizabeth and Kenneth Lieberthal. "Scorched Earth: Will Environmental Risks in China Overwhelm Its Opportunities?" Harvard Business Review, June2007, pp.88-97.

Farquhar, Judith. *Appetites, food and sex in post-socialist China*, Durham: Duke University Press, 2002.

Farris, William Wayne, *Sacred Texts and Buried Treasures*, Honolulu: University of Hawaii Press, 1998.

——*Japan's Medieval Population: Famine, Fertility, and Warfare in a Transformative Age*, Honolulu: University of Hawaii Press, 2006.

——*Japan to 1600: A Social and Economic History*, Honolulu: University of Hawaii Press, 2009.

Ferguson, Priscilla Parkhurst. "Is Paris France?" *The French Review*, Vol.73, No.6, May2000, pp.1052-1064.

Fogel, JoshuaA. "A Decisive Turning Point in Sino-Japanese Relations: The Senzaimaru Voyage to Shanghai of 1862," *Late Imperial China*, Volume29, Number 1 Supplement, June 2008, pp.104-124.

——ed. *Late Qing China and Meiji Japan: political & culture aspects*, Norwalk, CT: East Bridge, 2003.

——Review of Lydia Liu, ed. *Tokens of Exchange: The Problem of Translation in Global Circulations*, Durham: Duke University Press, 1999, in "'Like Kissing through a Handkerchief:' *Traduttore Traditore*," *ChinaReviewInternational* 8.1, Spring 2001, pp.1-15.

——*The literature of travel in the Japanese rediscovery of China, 1862-1945*, Stanford, Calif: Stanford University Press, 1996.

——Review of Stefan Tanaka, *Japan's Orient: Rendering Pasts into History*, *Monumenta Nipponica*, Vol.49, No.1, Spring, 1994, pp.108-112.

——*The Culture dimension of Sino-Japanese relations: essays on the nineteenth and twentieth centuries*, Oxfordshire, UK: Carfax Pub. Co., 1993.

Formanek, Susanne and Sepp Linhart, eds. *Written Texts-Visual Texts: Woodblock-printed Media in Early Modern Japan*, Amsterdam: Hotei Publishers, 2005.

Forster, Robert and Orest Ranom, eds. *Food and Drink in the History*, Selections from the Annales, Vol.5, Baltimore: Johns Hopkins Press, 1979.

Francks, Penelope. *Japanese Consumers: An Alternative Economic History of Modern Japan*, Cambridge University Press, 2009.

—— "griculture and the state in Industrial East Asia: the rise and fall of the Food Control System in Japan," *JapanForum*, Vol.10, number1, 1998, pp.1-16.

Friedmann, Harriet. "The Political Economy of Food: The Rise and Fall of the Postwar International Food Order," *The American Journal of Sociology*, Vol.88, Supplement: Marxist Inquiries: Studies of Labor, Class and States, 1982, pp.248-286.

Fritsch, Ingrid. "Chindonya Today-Japanese Street Performers in Commercial Advertising," *Asian Folklore Studies*, Vol.60, No.1, 2001, pp.49-78.

Fruin, W. Mark, Kikkoman: *Company, Clan, and Community*, Cambridge: Harvard University Press, 1983.

Fuchs, Steven Joseph, "Feeding the Japanese: MacArthur, Washington and the Rebuilding of Japan through Food Policy," PhD Dissertation at University of New York at Stony Brook, 2002.

Fujitani, Takashi. *Splendid monarchy: power and pageantry in modem Japan*, Berkeley, California: University of California Press, 1996.

Fukutomi, Satomi. "Connoisseurship of B-grade culture: Consuming Japanese national food Ramen," PhD dissertation in the Department of Anthropology at the University of Hawai' i Manoa, 2010.

Garnsey, Peter. *Food and Society in Classical Antiquity*, Cambridge: Cambridge University Press, 1999.

Gatten, Alieen. *A wisp of smoke*：*Scent and Character in The Tale of Genji*, Monumenta Nipponica, Vol.32, No.1, Spring 1977, pp.153-185.

Gerth, Karl. *China Made*：*Consumer culture and the creation of the nation*, Cambridge：Harvard University Press, 2003.

——*As China goes, So Goes the World*：*How Chinese Consumers Are Transforming Everything*, NY：Farrar, Straus and Giroux, 2010

Goody, Jack. *Cooking Cuisine and Class*：*A Study in Comparative Sociology*, Cambridge：Cambridge University Press, 1992.

Gowery, Herbert H. "Living Condition in Japan," *Annals of the American Academy of Political and Social Science*, Vol.122, The Far East, November1925, pp.160-166.

Grappard, Allan. "The economics of ritual power, " in *Shinto in History*：*Ways of the Kami*, edited by John Breen and Mark Teeuwen Honolulu, University of Hawaii Press, 2000, pp.68-94.

Grew, Raymond. ed. *Food in Global History*, Boulder：Westview Press, 1999.

Guiliano, Mireille. *French Women Do Not Get Fat*, New York：Vintage（Reprint edition）, 2007.

Hall, Ivan. *Mori Arinori*, Cambridge：Harvard University Press, 1999.

Hall, John ed. *The Cambridge History of Japan*, volume4, Early modern Japan, Cambridge：University Press, 1991.

Hall, John . "Rule by Status in Tokugawa Japan, " *Journal of Japanese Studies*, Vol.1, No.1, Autumn, 1974, pp.39-49.

Hanley, Susan. *Everyday Things in Premodem Japan*, Berkeley：University of California. 1997.

Harrel, Paula. *Sowing the seals of change：Chinese students, Japanese teachers, 1895-1905*, Stanford：Stanford University Press, 1992.

Harrison, Henrietta. *The Man Awakenedfrom Dreams*, Palo Alto：Stanford University Press, 2005.

Hayashi, Reiko. "Provisioning Edo in the Early Eighteenth Century, " in James McClain et al., eds. *Edo and Paris：Urban Life and the State in the Early Modem Era*, Ithaca：Cornell University Press, 1994, pp.211-233.

Hesselink, Reinier H. "A Dutch New Year at the Shirando Academy, " *Monumenta Nipponica*, Vol.50, No.2, Summer1995, pp.189-234.

Hoare, J.E. "The Chinese in the Japanese Treaty Ports, 1858-1859：The Unknown Majority, " *Proceedings of the British Association for Japanese Studies*, Vol.2, 1977, pp.18-33.

Holmes, Colin and A.H. Ion. "Bushido and the Samurai：Images in British Public Opinion, 1894-1914, " *Modern Asian Studies*, Vol.14, No.2, 1980, pp.309-329.

Holtzman, Jon D. "Food and Memory, " *Annual Revue of*

Anthropology, 35, 2006, pp.361-378.

Howell, David. *Geographies of Identity in Nineteenth Century Japan*, Berkeley：University of California Press, 2005.

—— "Fecal Matters：Prolegomenon to a History of Shit in Japan", in Ian J. Miller, Julia AdneyThomasAdney Brett L.Walker, eds., *Japan at Nature's Edge：The Environment of a Global Power* (forthcoming from University of Hawaii Press).

Huang , H.T. Science and *Civilisationin China Series*, Vol.6, Biology and Biological Technology, part5, Fermentations and Food Science, Cambridge：Cambridge University Press, 2000.

Yoshikuni, Igarashi. *Bodies of Memory：narratives of war in postwar Japanese culture*, 1945-1970, Princeton：Princeton University Press, 2000.

Iwaya, Saori, "Work and Lifeasa Coal Miner：the life history of a woman miner," inWakita Haruko, Anne Bouchy and Ueno Chizuko, eds., Gender and Japanese History, Vol.2：*The Subject and Expression/Work and Life*, Osaka University press, 1999, pp.413-448.

Jannetta, Ann Bowman. *Epidemics and Mortality in Early Modem Japan*), Princeton：Princeton University Press, 1987.

Jansen, Marius B. *The Cambridge History of Japan*, volume 5, The nineteenth century, Cambridge：University of Cambridge, 1989.

Bruce Johnston, *Japanese Food Management in World War Two*, Palo Alto：Stanford University Press, 1953.

—— "Japan：Problem of Deferred Peace," *Far Eastern Survey*, Vol.18, No.19, September 1949, pp.221-225.

—— "Japan：The Race between Food and Population,"

Journal of FarmEconomics, Vol.31, No.2, May 1949, pp.276-292.

Johnston, William. *The Modem Epidemic: A History of Tuberculosis in Japan*, Cambridge: Harvard University Press, 1996.

Owen Jones, Michael. "Food Choice, symbolism and Identity: Bread-and-Butter Issues for Folkloristics and Nutrition Studies," *Journal of American Folklore* 120, 2007, pp.129-177.

Keun-Sik. "Colonial Modernity and the Social History of Chemical Seasoning in Korea," *Korean Journal*, Vol.45, No.2, Summer 2005, pp.9-36.

Keene, Donald. *The Battles of Coxinga: Chikamatsu's Puppet Play, Its Background and Importance*, Cambridge: University of Cambridge Press, 1951.

——*Modern Japanese Literature, an Anthology*, NY: Grove Press, 1956.

Kerr, Alex. *Lost Japan*, 2ndedition, NY: Lonely Planet, 2009.

——*Dogs and Demons: Tales from the Dark Side of Japan*, London: Hill and Wang, 2002.

Kidder, J.Edward.*Himiko and Japan's Elusive Chiefdom of Yamatai: Archaeology, History and Mythology*, Honolulu: University of Hawaii Press, 2007.

Kikunae Ikeda. "New Seasonings," (translated by Yoko Ogiwara and Yuzo Ninomiya) *Journal of the Chemical Society of Tokyo*, No.30, pp.820–836, 1909, in Chemical Senses 27, 2002, pp.847-849.

Knechtges, David R. "Gradually Entering the Realm of Delight: Food and Drink in Early MedievalChina," *Journal of the American Oriental Society*, Vol.117, No.2, April–June 1997, pp.229-

239.

Kohl, Stephen W. “Shiga Naoya and the Literature of Experience, ” *Monumenta Nipponica*, Vol.32, No.2, Summer1977, pp.211-224.

Kojiki, (translated and notes by Donald Philippi) , Princeton: Princeton University Press, 1969.

Kume, Kunitake. T*he Iwakura Embassy, 1871-1873: A True Account of the Ambassador Extraordinary and Plenipotentiary's Journey of Observation Through the United States of America and Europe*, (Graham Healey and Chushichi Tsuzuki, editors) , London: Routledge, 2002.

Kushner, Barak. “Sweetness and Empire; Sugar Consumption in Imperial Japan, ” inJanet Janet Hunter and Penelope Francks, *The Historical Consumer: Consumption and Everyday Life in Japan, 1850-2000*, London: Palgrave Macmillan, 2011, pp.127-150.

—— “Imperial Cuisines in Taishō Foodways, ” in Eric Rath and Stephanie Assmann, eds. *Past and Present in Japan Foodways*, Chicago: University of Illinois Press, 2010, pp.145-165.

—— “Going for the Gold – Health and Sports in Japan’s Quest for Modernity, ” in William Tsutsui and Michael Baskett, eds. *The East Asian Olympiads, 1934-2008: BuildingBodies and Nations in Japan, Korea, and China*, Folkestone: Global Oriental, 2011, pp.34-48.

Laudan, Rachel. “A Plea for Culinary Modernism: Why We Should Love New, Fast, Processed Food, ” *Gastronomica I*, February 2001, pp.36-44.

Ledyard, Gari. “Galloping along with the Horseriders: Looking for the Founders of Japan, " *Journal of Japanese Studies*, Vol.1, No.2, Spring 1975, pp.217-254.

Levenstein, Harvey. *Revolution at the Table*: *The Transformation of the American Diet*, Berkeley: University of California Press, 2003.

——*Paradox of Plenty*: *A Social History of Eating in Modern America* (revised edition), Berkeley: University of California Press, 2003.

Liu, Lydia. *Translingual Practice*: *Literature, National Culture and Translated Modernity - China, 1900-1937*, Palo Alto: Stanford University Press, 1995.

——*Ed Tokens of Exchange*: *The Problem of Translation in Global Circulations*, Durham: Duke University Press, 1999.

Lu, David. *Japan*: *A documentary history*, New York: M.E.Sharpe, 1997.

Lu, Hanchao. *Beyond the Neon Lights*: *Everyday Shanghai Inthe Early Twentieth Century*, Berkeley: University of California Press, 1999.

Lynn, Richard John. "This Culture of ours' and Huang Zunxian's Literary Experience in Japan (1877-82)," *ChineseLiterature*: *Essays, Articles, Reviews*, Vol.19, December 1997, p.113-138.

Maclachlan, Patricia. *Consumer Politics in Postwar Japan*, New York: Columbia University Press, 2002.

Masini, Frederico. *The Formation of Modem Chinese Lexicon and Its Evolution Toward a National Language*: *The Period from 1840 to 1898*, Special Issue of the Journal of Chinese Linguistics, Monograph Series Number 6. 1993.

McClain, James etal., eds. *Edo and Paris*: *Urban Life and the*

State in the Early Modem Era, Ithaca：Cornell University Press, 1994.

McCormack, Gavan. *The Emptiness of Japanese Affluence*, London：Allen & Unwin, 1996.

McGlothlen, Ronald L. *Controlling the Waves：Dean Acheson and U.S. Foreign Policy in Asia*, New York：Norton, 1993.

McOmie, William ed. *Foreign Images and Experiences of Japan*, Vol.1, First Centuryad to 1841, Folkstone：Global Oriental, 2005.

Melnick, Daniel. *Monosodium Glutamate-Improver of Natural Food Flavors, The Scientific Monthly*, Vol.70, No.3, March 1950, pp.199-204.

Mennel, Stephen . *All Manners of Food：Eating and Taste in England and France from the Middle Ages to the Present*, Chicago：University of Illinois Press, 1996.

Moen, Darrell Gene. "The Postwar Japanese Agricultural Debacle," *Hitotsubashi Journal of Social Studies* 31, 1999, pp.29-52.

Montanari, Massimo.*Food is culture* (translated by Aine O' Healy) , NY：Columbia University Press, 2006.

Naomi, Moriyama. *Japanese Women Do not Get Old or Fat：Secret of My Mother's Tokyo Kitchen*, New York：Delta, 2006.

Morris, Ivan. *The World of the Shining Prince*, New York：Alfred Knopf, 1964.

Morse, Edward.*Japan Day by Day*, Tokyo：Kobunsha, 1936.

Hiroshi, Nakamura. *The Japanese Portolanos of Portuguese Origin of the XVIth and XVIIth Narushima Ryūhoku*，*Imago Mundi*, Vol.18，1964，pp.24-44.

Narushima Ryūhoku. (translated by Matthew Fraleigh)，*New Chronicles of Yanagibashi and Diary of a Journey to the West：*

Narushima Ryūhoku Reportsfrom Home and Abroad, Ithaca: Cornell University Press, 2010.

Neary, Ian. *Political Protest wd Social Control in Prewar Japan: The Origins ofBurakumin Liberation*, NJ: Atlantic Highland, 1989.

Neitzel, Laura. "Living Modern: Danchi housing and postwar Japan," PhD dissertation at Columbia University, 2003.

Nestle, Marion. *Food Politics: How the Food Industry Influences Nutrition and Health* (revised and expanded edition), University of California Press, 2007.

Matsunosuke, Nishiyama. *Edo Culture: daily life and diversions in urban Japan, 1600-1868* (translated by Gerald Groemer) University of Hawaii Press, 1997.

Nivison, David S. *The Life and Thought of Chang Hsueh-ch'eng (1738-1801)*, Palo Alto: Stanford University Press, 1966.

Notehelfer, Fred. "On Idealism and Realism in the Thought of Okakura Tenshin," *Journal of Japanese Studies*, Vol.16, No.2, Summer 1990, pp.309-355.

Offer, Avner. *The First World War: An Agrarian Interpretation*, Oxford: Clarendon, 1989.

Ooms, Herman. *Imperial Politics and Symbolics in Ancient Japan: The Tenmu Dynasty, 650-800*, Honolulu: University of Hawaii Press, 2000.

Partner, Simon. *Assembled in Japan-Electrical goods and the Making of Japanese Consumer*, Berkeley: University of California Press, 1999.

——*Toshié: A story of village life in Twentieth-Century Japan*, Berkeley: University of California Press, 2004.

Pastreich, Emanuel. “The Pleasure Quarters of Edo and Nanjing as Metaphor,” *Monumenta Nipponica*, Vol. 55, No. 2, Summer 2000, pp. 199-224.

Patrick, Hugh. ed *Japanese Industrialization and its Social Consequences*, Berkeley: University of California Press, 1976.

Peters, Erica. “National Preferences and Colonial Cuisine: Seeking the Familiar in French Vietnam, *Proceedings of the Western Society for French History*, Vol. 27, 1999, pp.150-159.

Philippi, Donald (translated and with notes) . *Kojiki*, University of Tokyo Press 1969.

Platt, Steve. *Provincial patriots: the Hunanese and modern China*, Cambridge, Mass: Harvard University Press, 2007.

Plutschow, Herbert. *A Reader in Edo Period Travel*, Folkstone: Global Oriental, 2006.

——*Rediscovering Rikyu and the Beginnings of the Japanese Tea Ceremony*, *Folkstone: Global Oriental*, 2003.

Pollack, David. *The Fracture of Meaning: Japan's Synthesis of China from the Eighth through the Eighteenth Centuries*, Princeton University Press, 1986.

Rath, Eric. “Banquets Against Boredom: Towards Understanding (Samurai) Cuisine in Early Modem Japan,” *Early Modern Japan*, Vol.16, 2008, pp.43-55.

——*Food and Fantasy in Early Modem Japanese Foodways*, Berkeley: the University of California Press, 2010.

Eric Rath and Stephanie Assmann, *eds. Past and Present in Japanese Foodways*, Chicago: University of Illinois Press, 2010.

Reader, John. *The Untold History of the Potato*, London: Vintage, 2009.

Reardon-Anderson, James. "Chemical Industry in China, 1860-1949," *Osiris*, 2nd Series, Vol.2, 1986, pp.1-16.

Rimer, J. Thomas, ed. *Culture and Identity: Japanese Intellectuals during the Interwar Years*, Princeton: Princeton University Press, 1990.

Rogers, Ben. *Beef and Liberty. Roast Beef, John Bull and the English Nation*, London: Chatto and Windus, 2003.

Saaler, Sven and J. Victor Koschmannn, eds. *Pan-Asianism in modern Japanese history: colonialism, regionalism and borders*, London: Routledge, 2007.

Salzman, Catherine. "Continuity and Change in the Culinary History of the Netherlands, 1945-75," *ournal of Contemporary History*, Vol.21, No.4, October 1986, pp.605-628.

Sand, Jordan. *House and home in modern Japan: architecture、domestic space and bourgeois culture, 1880-1930*, Cambridge, MA: Harvard University Press, 2003.

—— "A short history of MSG: Good science, bad science; and taste culture," *Gastronomica* 5, No.4, 2005, pp.38-49.

Sato, Barbara. *The New Japanese Women: Modernity, Media, and Women in Interwar Japan*, Durham: Duke University Press, 2003.

Scalapino, Robert. *The Japanese communist movement, 1920-1966*, Berkeley: University of California Press, 1967.

Screech, Timon, annotated and introduced. *Japan Extolled and Decried: Carl Peter Thunburg and the Shogun's Realm, 1775-1796*, London: Routlege, 2005.

——Annotated and introduced. *Secret Memoirs of the Shoguns: Isaac Titsingh and Japan, 1779-1822*, London: Routledge, 2006.

Serventi, Silvano and Françoise Sabban. *Pasta: The Story of a Universal Food*, New York: Columbia University Press, 2002 (anslated by Anthony Shuugar) .

Sheng, Annie. "Ramen Rage: Instant noodles in global capitalism and the production, reproduction and transformation of social meanings and taste," Undergraduate Thesis, International Studies Program, Spring 2006, Anthropology, University of Chicago.

Sherman, Paul W. and Jennifer Billing, "Darwinian Gastronomy: Why We Use Spices," *BioScience*, Vol.49, No.6, June 1999, p.453-463.

Silverberg, Miriam. *Erotic, Grotesque Nonsense: The Mass Culture of Japanese Modem Times*, Berkeley: University of California Press, 2006.

—— "The Café Waitress Serving Modern Japan," in Stephen Vlastos, ed. *Mirror of modernity: invented traditions of modem Japan*, Berkeley: University of California Press, 1998, pp.208-225.

Smythe, Hugh and Yoshimasa Naitoh. "The Eta Caste in Japan," *Phylon*, Vol.14, No.1, 1953, pp.19-27.

Solt, George. *Taking ramen seriously: food, labor, and everyday life in modern Japan*, PhD dissertation in the History Department, University of California, San Diego, 2009.

Cohen, Jerome B. "The Effects of Public Law 480 on Canadian Wheat Exports," *Journal of Farm Economics*, Vol.46, No.4, November 1964, pp.805-819.

Steele, William. *Alternative Narratives in Modern Japanese History*, London: Routledge, Curzon, 2000.

Sterckx, Roel. *Food, Sacrifice, and Sagehood in Early China*, Cambridge: University of Cambridge Press, 2011.

Swislocki, Mark. *Culinary nostalgia: regional food culture and the urban experience in Shanghai*, Stanford, Calif: Stanford University Press, 2009.

Tannahill, Reay. *Food in History*, NY: Crown Publishers, 1988.

Tao, De-min. "Negotiating Language in the Opening of Japan: Luo Sen' s Journal of Perry' s 1854 Expedition," *Japan Review*, Vol.17, 2005, pp.91-119.

Toby, Ronald. *State and Diplomacy in Early Modern Japan: Asia in the Development of the Tokugawa Bakufu*, Stanford, Calif: Stanford University Press, 1991.

Tomasik, Timothy J. "Certeau a la Carte: Translating Discursive Terroir in the Practice of Everyday Life: Living and Cooking," *TheAtlanticQuarterly*, 100: 2, Spring 2001, pp.519-542.

Totman, Conrad *Early . Modern Japan*, Berkeley: University of California Press, 1995.

Tsurumi, Shunsuke. *A Culture History of Postwar Japan*, NY: Columbia University Press, 1987.

——*An intellectual history of wartime Japan*, 1931-1945, London: Pual Kegan International, 1986.

Vaporis, Constantine. *Tour of duty: samurai, military service in Edo and the culture of early modem Japan*, Honolulu: University of Hawaii Press, 2008.

Vasishth, Andrea. "A model Minority-Chinese community in Japan," in Michael Weiner, ed. *Japan's Minorities- The illusion of homogeneity*, London: Routledge, 1997, pp.108-139.

Vlastos, Stephen, ed. Mirror of modernity: *invented traditions of modem Japan*, Berkeley, University of California Press, 1998.

Walker, Brett. "Commercial Growth and Environmental Change in Early Modern Japan: Hachinohe' s Wild Boar Famine of 1749," *Journal of AsianStudies*, Vol.60, No.2, May 2001, pp.329-351.

Watt, Lori. *When Empire Comes Home: Repatriation and Reintegration in Postwar Japan*, Cambridge: Harvard University Press, 2009.

Weiner, Michael, ed. *Japan's Minorities- The illusion of Homogeneity*, London: Routledge, 2009.

Wellington, A.R.. *Hygiene and Public Health in Japan*, *Chosen and Manchuria*, Report on Conditions met during the tour of the League of Nations Interchange of Health Officers, Kuala Lumpur: Federated Malay States Government Printing Office, 1927.

Whitelaw, Gavin Hamilton. *At your konbini in contemporary Japan: modern service, local familiarity and the global transformation of the convenience store*, PhD dissertation, Yale University, 2007.

Whiting, Robert. *Tokyo Underworld: The Fast Times and Hard Life of an American Gangster in Japan*, New York: Vintage, 2000.

Wilkinson, Endymion. *Chinese History: A Manual*, *Revised and Enlarged*, Cambridge: Harvard University Aisa Center, 2000.

Wu, David Y.H. and Sidney C.H.Cheung eds. *The Globalization of Chinese Food*, Honolulu: University of Hawaii Press, 2002.

Xu, Guoqi. Olympic Dreams: *China and Sports, 1895-2008*, Cambridge: Harvard University Press, 2008.

Young, John Russell. *Around the world with General Grant: a narrative of the visit of General U. S. Grant, ex-President of the United States, to various countries in Europe, Asia and Africa, in 1877, 1878, 1879; to which are added certain conversations with General Grant on questions connected with American politics and history*, New York: American News Co., Vol.2, 1879.

Yue, Gang. *The Mouth that Begs*, Durham: Duke University Press, 1999.

Zweiniger-Bargielowska, Ina. *Austerity in Britain, Rationing, Controls and Consumption, 1939-1955*, Oxford University Press, 2000.

日语书目

※(如非特殊备注，所有日语书籍皆出版于日本东京都)

爱爱寮 (Aiai Ryō)，施乾，《乞食社会的生活》(《乞食社会の生》)(原本出版于1925年)，Taipei，Taiwan：Taiwan minami shinpōsha，部分摘自再版丛集，《戦前·戦中期アジア研究資料2-植民地社会事業関係資料集-台湾編》，近現代資料刊行会，2001。

天野诚斋，《改善厨房》(《台所改良》)，博文馆出版社，1907。

安东不二雄 (Andō Fujio)，《支那漫游实记》(《志那漫遊実記》)，博文馆出版社，1892。

安藤百福 (Andō Momofuku)，《魔法拉面的发明传奇》(《魔

法のラーメン：発明物語》)，日本经济新闻社，2002。

青木直美（Aoki Naomi)，《水户黄门的手打乌冬面》(《水戸黄門の手打ちうどん》)，《历史好奇心》，NHK出版局，2007，pp. 48-62。

青木说三（Aoki Setsuzō)，《遥远时空里的台湾——生活在原住民社会里的日本警察官记录》(《遙かなるとき 台湾一先住民社会に生きたある日本人警察官の記録》)，Osaka：Kansai tosho shuppan，2002。

青木敏三郎 (Aoki Toshisaburō)，《江户时代的食粮问题》(《江戸時代の食糧問題》)，Keimeikai jimusho，1942。

荒川五郎（Arakawa Gorō)，《最近朝鲜事情》(《最近朝鮮事情》)，Yamagata：Shimizu shoten，1906。

BIG锭（Biggu Jō)，《厨神满太郎》(《一本包丁満太郎》)，集英社，2004。

武安隆（Bu Anryū）与熊达云（Yū Tatsuun）编著，《中国人的日本研究史》(《日本人の研究史》)，Rokk ō sha，1989 。

《家政记事》编辑，《商量大正时代的身边事》(《大正時代の身の上相談》)，Chikuma shobō，2002。

近森高明 (Chikamori Takaaki)，《街角的夜宵史》(《路地裏の夜食史》)，收录于西村大志（Nishimura Hiroshi）编著，《夜宵的文化志》(《夜食の文化誌》)，Seikyūsha，2010，pp.75-108。

千叶俊二（Chinba Junji）编著，《谷崎润一郎上海交遊记》(《谷崎潤一郎上海交遊記》)，Mimizu shobō，2004。

出口竞（Deguchi Kisō)，《全国高等学校评价记录》(《全国高等学校評判記》)，Keibunkan，1912。

江后迪子（Ego Michiko)，《西洋诸国传来的饮食文化》(《南蛮から来た食文化》)，Fukuoka：Genshobō，2004。

江马务（Ema Tsutomu)，《古今食物》(《たべものの今昔》)，

Tōkyō shobōsha，1985。

藤原彰（Fujiwara Akira），《饿死的英灵们》(《餓死した英霊たち》)，Aoki shoten，2001。

福地源一郎（Fukuchi Genichirō），《谈往事》(《懷往事談》)，由《幕府维新史料丛书》再版发行，shinshiryō sōsho，Vol. 8，Jinbutsu ōraisha，1968。

福泽谕吉（Fukuzawa Yukichi），《应吃肉》(《肉食せざるべからず》)，收录于《福泽谕吉全书》，Vol. 8，Iwanami shoten，1970。

——《西洋衣食住》，收录于《福泽谕吉全书》，Vol. 2，Jiji Shinpōsha，1898。

原田信男（Harada Nobuo），《和食与日本文化论》(《和食と日本文化》)，Shōgakukan，2005。

林玲子（Hayashi Reiko）与天野雅敏（Amamo Masatoshi），《日本的味道——酱油的历史》(《日本の味 醤油の歴史》)，Yoshikawa，2005。

东方筹（Higashikata Hakaru），《非常时期粮食研究》(《非常食糧の研究》)，Tōyōshokan，1942。

樋口清之（Higuchi Kiyoyuki），《吃的日本史》(《食べる日本史》)，Asahi shinbunsha，1996。

平出铿二郎（Hiraide Kōjirō），《东京风俗志》(《東京風俗志』)，再版于1983年，Nihon tosho sentā。

平出铿二郎（Hiraide Kōjirō），《东京风俗志》(《東京風俗志》)，Vol.2，Fuzanbō，1902。

今井佐惠子（Imai Saeko），《森欧外与福泽谕吉的饮食生活论》(《森鴎外と福澤諭吉の食生活論》)，Kyoto tandaigaku ronshū，30，1，2002，pp.17-24。

石毛直道（Ishige Naomichi）等人著，《面食文化的发端》

(《文化麺類学ことはじめ》), Fūdiamu komyunikēshon, 1991。

——《昭和食物》(《昭和の食》), Domesu shuppan, 1989。

——《面谈食物志》(《面談たべもの誌》), Bungei shunjū, 1989。

伊藤汎 (Itō Hiroshi),《滑溜溜的故事——日本面食诞生记》(《つるつる物語》), Tsukiji shokan, 1987。

伊藤纪念财团编著,《日本肉食文化史》(《日本食肉文化史》), Itō kinen zaidan soritsu jū shū kinen publisher, 1991。

伊藤泉美 (Itō Izumi),《横滨华侨社会的形成》(《横浜華僑社会の形成》), 横滨开港史料馆纪要, No.9, 1991, pp.1-28。

《岩波讲座能·狂言》,《狂言的世界》(《狂言の世界》), Vol.5, Iwanami shoten, 1987。

垣贯一右卫门 (Kakinuki Ichiemon) 与小岛虎次郎 (Kojima Torajirō),《函馆商业工会的先驱——北海道的独家介绍》(《商工函館の魁 / 北海道独案内》), Osaka: Seikendō, 1885。

上马茂一 (Kamiuma Shigekazu),《宇都宫饺子的黎明到来之前》(《宇都宮餃子の夜明け前》), Kyodo kumiai Utsunomiya gyōza, 出版时间不详。

神奈川大学人文学会, 孙安石等人编,《中国人的日本留学史现阶段研究》(《中国人日本留学史研究の現段階》), Ochanomizu shobō, 2002。

鹿野政直 (Kano Masanao),《身为一名军人——动员与从军的精神史》(《兵士であること—動員と従軍の精神史》), Asahi shimbunsha, 2005。

鹿野政直 (Kano Masanao) 等人合编,《岩波讲座: 日本通史》, Vol.21, Iwanami shoten, 1995。

加藤 Eshō (Kato Eshō),《念仏醍醐秘要蔵》, Wakei shikai, 1885。

川上行藏（Kawakami Kōzō），《日本料理事物起源》(Vol.2，合集)(《日本料理事物起源》)，Iwanami，2006。

川本三郎（Kawamoto Saburō），《大正元年》，(《大正元年》)，Iwanami shoten，2008。

河村洋二郎（Kawamura Yōjirō），《鲜味与饮食行为》(《うま味：味覚と食行動》)，Kyōritsu shuppansha，1993。

川岛四郎（Kawamura Shirō），《决战下的日本粮食》(《決戦下の日本糧食》)，Asahi shimbunnsha，1943。

亀甲万食品系列杂志，《食物文化》，Vol.1，渡边善次郎（Watanabe Zenjirō），《与世界共存 日式饮食生活的变迁》(《世界を駆ける日本型食生活の変遷》)，Kokusai shokubunka kenkyū liburarī，2006。

亀甲万酱油株式会社，《亀甲万酱油史》(Kikkoman shō yushi)，Kikkoman company，1968。

木村吾郎（Kimura Gorō），《日本的酒店行业史》(《日本のホテル産業史》)，Kindai bungeisha，1994。

木村卓滋（Kimura Takuji），《复原——战后社会对军人的包容》(《復員——軍人の戦後社会への包摂》)，收录于吉田裕（Yoshida Yutaka）主编的《日本的现代历史》，Vol.26，《戦後改革と逆コース》，Yoshikawa bōkunkan，2004，p.86-107。

小林和夫（Kobayashi Kazuo），《回忆录》(《回顧録》)，Kyoto：Kawai bunkōdō，1900。

儿玉花外（Kodama Kagai），《东京印象记》(《東京印象記》)，Kanao bunendō，1911。

儿玉定子（KodamaSadako），《日本的饮食方式：重新认识传统》(《日本の食事様式：その伝統を見直す》)，Chūōkōronsha，1980。

砾川全次（Koishikawa Zenji）编辑，《厕所与如厕的民俗学》

(《厕と排泄の民俗学》)，Hihyōsha，2003。

近藤芳树（Kondō Yoshiki），《牛奶考察·屠宰考察》(《牛乳考屠畜考》)，Nisshindō，1872。

小菅桂子（Kosuge Keiko），《咖喱饭的诞生》(《カレーライスの誕生》)，Kōdansha，2002。

小山宏志（Koyama Hiroshi）等人编著，《岩波讲座能·狂言》，Vol.7，《狂言观赏指南》，Iwanami Shoten，1990。

小柳辉一（Koyanagi Kiichi），《日本人的饮食生活——从饥饿到富饶的变迁史》(《日本人の食生活：飢餓と豊饒の変遷史》)，Shibata shoten，1971。

久部绿郎（Kube Rokurō）等人编，《拉面探索故事》(《ラーメン発見伝》)，Vol.9，Shogakukanp，2003。

熊田忠熊（Kumada Tadao），《鄙人不食！武士吃西洋食品始末》(《拙者は食えん！—サムライ洋食事始》)，Shinchōsha，2011。

熊仓功夫（Kumakura Isao），《食物的文化讲座》(《講座食の文化》)，Vol.2，《日本的饮食文化》，Aji no moto no bunka sentā，1999。

仓野宪司（Kurano Kenji）与武田祐吉（Takeda Yūkichi）著，《古事记》(《古事記》)，《日本古典文化体验》(《日本古典文学体験》)，Vol.1，Iwanami，1971。

草野心平（Kusano Shinpei），《草野心平全集》(《草野心平全集》)，Vol.10，1982年。

李妍淑（Lee Yeounsuk），《所谓“国语”思想》(《〈国語〉という思想》)，Iwanami shoten，1996。

丸冈秀子（Maruoka Hideko）与山口美代子（Yamaguchi Mieko）编，《日本妇女问题资料合集》(《日本婦人問題資料集成》)，Vol.7，《生活篇》，Domesu，1980。

益田丰（Masuda Yutaka），《从军与战中、战后》（《従軍と戦中·戦後》），Bungeisha，2004。

松田诚（Matsuda Makoto），《高木兼宽传》（《高木兼寛伝》），Kōdansha，1990。

松原岩五郎（Matsuhara Iwagorō），《最黑暗的东京》（《最暗黒の東京》），Minyūsha，1893。

松本健道（Matsumoto Kendō）编，《日本历史考试问题答案》（《日本歴史試験問題答案》），Sekizenkan，1892。

明治新闻事典编辑委员会，《明治新闻事典》（《明治ニュース事典》），Vol. 8，Mainichi komyunikēshonzu，1986。

右田裕规（Migita Hiroki），《ラーメン史を〈夜〉から読む：盛り場·出前·チャルメラと戦前の東京人》，收录于西村大志编著《夜宵的文化志》（《夜食の文化史》），Seikyūsha，2010，pp.109-160。

南博（Minami Hiroshi）编著，《近代平民生活志》（《近代庶民の生活史》），Vol. 6，Sanichi Shobō，1987。

冲田锦城（Orita Kinjō），《不为人知的韩国》（《裏面の韓国》），Kō bunkan，1905。

大塚滋（Otsuka Shigeru），《打开料理的国门》（《料理の開国》），《语言》，Vol. 23，No. 1，1994，pp. 72-89。

大塚力（Otsuka Tsutomu）编辑，《食生活近代史》（《食生活近代史》），Yūzanka shuppan，1969。

尾崎行雄（Ozaki Yukio），《衣食住的改善》（《衣食住の改善》），《尾崎咢堂全集》，Vol.10，Kōronsha，1955。

佐伯矩（Saeki Tasasu），《营养》（《栄養》），Eiyōsha，1926。

蔡毅（Sai Ki）主编，《日本的中国传统文化》（《日本における中国伝統文化》），Bensei shuppan，2002。

齐藤美奈子（Saitō Minako），《战火中的食谱——了解太平

洋战争时期的饮食》(《戦下のレシピ——太平洋戦争下の食を知る》)，Iwanami Shoten，2002。

坂本一敏（Sakamoto Kazutoshi)，《不为人知的中国拉面之路——找寻日本拉面的源头》(《誰も知らない中国拉麺之路一日本ラーメンの源流を探る》)，Shōgakukan，2008。

实藤惠秀（Saneto Keishū)，《中国人的日本留学史》(《中国人の日本留学史》)，Kuroshio shuppan，1960。

佐野实(Sano Minoru)，《佐野实，灵魂深处的拉面之道》(《佐野実、魂のラーメン道》)，Takeshobō，2001。

佐藤虎次郎（Satō Torajirō)，《支那启发论》(《支那啓発論》)，Yokohama：Yokohama shinpōsha，1903。

濑川清子（Segawa Kiyoko)，《日本的饮食文化大系》(《日本の食文化大系》)，Vol.1，《饮食生活史》(《食生活史》)，Tokyo shobō，1983。

生活情报中心编辑出版，《饮食生活数据综合统计 2004年年报》(《食生活データ総合統計年報，2004》)。

关根真隆（Sekine Shinryū)，《奈良朝代饮食生活的研究》(《奈良朝食生活の研究》)，Yoshikawa kōbunkan，1969。

川流堂小林编辑部，《返乡复员军人就业指导》(《帰郷軍人就職案内》)，Senryū dō，1906。

柴田明夫（Shibata Akio)，《培育粮食》(《食糧育つ》)，Nihon keizai shinbun shuppansha，2007。

岛贯兵太夫（Shimanuki Hyōdayū)，《辛苦学报》(《辛苦学報》)，Keiseisha，1911。

筱田统（Shinoda Osamu)，《食物的风俗民俗名著合集》(《食の風俗民俗名著集》)，Vol.2，《大米与日本人》(《米と日本人》)，Tokyo shobō，1985。

昭和女子大学食物研究室，《近代日本食物史》(《近代日本食物史》），Daibundō，1971。

孙安石（Son Ansoku），《经费是游学之本》（《経費は遊学の母なり》），神奈川大学人文学会主编，《中国人赴日留学历史研究的现阶段》，Ocha no mizu shobō，2002，pp.169-206。

旅行文化研究所，《从落语里看江户的饮食文化》（《落語にみる江戸の食文化》），Kawade shobō，2002。

田村真八郎（Tamura Shinpachirō），《战后——平成时代的饮食》（《戦後·平成の食》），《语言》（月刊），Vol.23，No.1，1994，pp.80-85。

泰门·斯克里奇（Taimon Sukurichi），《江户的大规模建设德川时代城市建设计划的诗学》（《江戸の大普徳川都市計画の詩学》），Kō dansha，2007。

铃木猛夫（Suzuki Takeo），《"美国小麦粉战略"与日本人的饮食生活》（《〈アメリカ小麦戦略〉と日本人の食生活》），Fujiwara shoten，2003。

高桥义雄（Takahashi Yoshio），《日本人种改良论》（《日本人種改良論》），初版发行于1884年，后由明治文化资料丛书再版，Vol.6，《社会问题篇》，Kazamashobō，1961。

田中静一（Tanaka Seiichi），《一衣带水——中国菜的传来史》（《一衣带水－中国料理伝来史》），Shibata shoten，1987。

谷崎润一郎（Tanizaki Junichirō），《谷崎润一郎全集》（《谷崎潤一郎全集》），Vol.22，Chūō kōronsha，1968。

龙野酱油合作社，《龙野酱油京都合作社摇篮》（《龍野醤油京都組合揺籃》），国内出版发行，2001。

寺田勇吉（Terada Yūkichi），《深刻的留学生问题》（《深刻留学生問題》），《中央公论》，1905年1月，pp.17-21。

唐健（Tō Ken），《致友好城市长崎》（《友好都市長崎へ》），《日本研究》，23，《国际日本文化中心概要》，Kadokawa shoten，

2001年3月，pp.77-102。

鹤见良行（Tsurumi Yoshiyuki），《香蕉与日本人——菲律宾农场与餐桌之间》（《バナナと日本人—フィリピン農園と食卓のあいだ》），Iwanami shoten，1982。

牛岛英俊（Ujima Eishun），《糖与卖糖的文化史》（《飴と飴売りの文化史》），Genshobō，2009。

山方香峰（Yamagata Kōhō），《衣食住》，Jitsugyō no Nihon shamei，1907。

山本纪纲（Yamamoto Noritsuna），《长崎唐人屋敷》（《長崎唐人屋敷》），Kenkōsha，1983。

山下民城（Yamashita Tamiki），《川岛四郎——90岁高龄的“快活青年”》（《川島四郎·九十歳の快青年》），Bunka shuppankyoku，1983。

山胁和泉（Yamazaki Izumi），《和泉流狂言大成》（《和泉流狂言大成》），Vol.4，Wanya ejima iheibei，1919。

柳田国男（Yanagita Kunio），《明治大正史》（《明治大正史世相史》），Kodansha，1976。

矢野诚一（Yano Seiichi），《落语杂院的四季之味》（《落語長屋の四季の味》），pp.84。

米泽面业组合九十年历史刊物发行委员会，《米泽面业史》（《米沢麺業史》），Yonezawa mengyō kumiai，1989。

吉田裕（Yoshida Yutaka），《日本的军队——战士们的近代史》（《日本の軍隊——兵士たちの近代史》），Iwanami shoten，2002。

吉田裕（Yoshida Yutaka）编著，《日本的现代历史》（《日本の現代歴史》），Vol.26，《战后改革与经济民主化政策》，Yoshikawa kōbunkan，2004。

宫地正人（Miyachi Masato）等人编，《大视角·明治时代馆》

(《ビジュアル·ワイド 明治時代館》), Shōgakukan，2005。

宫川政运 (Miyagawa Masayasu)，《日本随笔全集》(《日本随筆全集》)，Vol.10，Kokumin tosho，1927。

三好行雄 (Miyoshi Yukio) 等著，《解读夏目漱石》(《講座 夏目漱石》)，Vol.1，Yūhikaku，1981。

茂木友三郎 (Mogi Yūzaburō)，《饮食文化的国际交流》(《食文化の国際交流》)，《明日の食品産業》，2007年6月刊，pp.3-12。

森林太郎 (号欧外) (Mori Rintarō， 号 ōgai)，《日本兵食论大意》(《日本兵食論大意》)，收录于《森欧外全集》，Vol.28，Iwanami shoten，1974。

——森林太郎，《非日本食论将失其根据》(《非日本食論将失其根拠》)，最初发表于1888年，收录于《森欧外全集》，Vol.28。

森末义彰编著，《体系日本史丛书》(《体系日本史叢書》)，Vol.16，Seikatsushi II，Yamwaka shuppan，1965。

村井弦斋 (Murai Gensai)，《食道乐》(《食道楽》)，Hō washa，1913。

村上唯吉 (Murakami Tadakichi)，《朝鲜人的衣食住》(《朝鮮人の衣食住》)，Seoul，Korea：Tosho shuppanbu，1916。

长崎教育委员会，《中国文化与长崎县》(《中国文化と長崎県》)，Nagasaki：Nagasaki kyōkuīnkai，1989。

《长崎名胜图绘》(《長崎名称図絵》)，Nagasaki：Nagasaki dankai，1931。

中野嘉子 (Nakano Yoshiko) 与王向华 (Ō Kōka) 合著，《同一口锅同一口饭——国民电饭煲如何在680万人口的香港狂销800万台》(《同じ釜の飯 ナショナル炊飯器は人口680万の香港で なぜ 800万台売れたか》)，Heibonsha，2005。

中尾知代 (Nakao Tomoyo)，《以文化角度考察文化战争俘虏问题的比较问题（下篇）》(《戦争捕虜問題の比較文化的考察（下)》)，《战争责任研究季刊》，第23号，冬季刊，1999年，pp.77-83。(中尾知代就此论题发表过三篇文章）。另参考中尾知代所撰写的《以文化角度考察文化战争俘虏问题的比较问题（中篇)》，《战争责任研究季刊》，第23号，春季刊，1999年，pp.27-39。

生川浩了（Narukawa Hiroko)，《从报纸的家庭栏目中观察战后家庭生活变化》(《新聞の家庭欄からみた戦後の家庭生活の変化》)，《关城学院大学论文集》，No.8，1968年，pp.27-33。

日本面食业团体联合会，《荞麦面、乌冬面百趣百味》(《そば·うどん 百味百題》)，Shikita shoten，1991。

日本消费者联盟编撰，《饱食日本与亚洲》(《飽食日本とアジア》)，Ie no hikari kyōkai，1993。

日本食粮新闻社，《昭和与日本人的胃袋》(《昭和と日本人の胃袋》)，Nihon shokuryō shinbunsha，1990。

新岛繁（Niijima Shigeru）与萨摩卯一（Satsuma Uichi）著，《荞麦的世界》(《蕎麦の世界》)，Shibata shoten，1985。

西川武臣（Nishikawa Takeomi）与伊藤泉美（Itō Izumi)，《日本开国和横滨中华街》(《開国日本と横浜中華街》)，Taishūkan shoten，2002。

西村大志编著，《夜宵的文化志》(《夜食の文化史》)，Seikyūsha，2010。

西村兼文（Nishimura Kanebumi)，《京都府治安处罚条例图解》(《京都府違式詿違條例図解》)，无出版社信息，1876。

日清食品株式会社，《创食为世——日清食品创立40周年纪念本》(《食創為世：日清食品·創立40周年記念誌》)，Osaka：Nissin shokuhin kabushiki gaisha，1998。

大庭脩（Ōba Osamu)，《近代新时代的中日文化交流》(《近世新時代の日中文化交流》)，收录于大庭脩编著《大凝集》，Nitchū bunka kōryūshi sōsho，Vol.1，《历史》，Taishūkan shoten，1995，pp.254-312。

大庭脩（Ōba Osamu）等人编，《长崎唐馆图合集》(《長崎唐館図集成》)，Suita：Kansai daigaku tōzai gakujutsu kenkyūjo，2003。

横超慧日（Ōchō Enichi)，《涅槃经与净土教——佛年意力与成佛的信念》(《涅槃経と浄土教ー仏の願力と成仏の信》)，Heirakuji shoten，1981。

大串润儿（Ogushi Junji)，《战后的大众文化》(《戦後の大衆文化》)，收录于吉田裕主编的《日本的现代历史》(《日本の現代歴史》)，Vol.26，《战后改革与经济民主化政策》，2004，pp.185-226。

冈田哲（Okada Testu)，《拉面的诞生》(《ラーメンの誕生》)，Chikuma shinsho，2002。

奥村彪生（Okamura Ayao)，《日本面食文化的1300年》(《日本麺食文化の 1300年》)，Nō sangyo sonbunkakyō kai，2009。

奥山忠政（Okuyama Tadamasa)，《文化面类学 拉面篇》(《文化麺類学　ラーメン編》)，Akashi shoten，2003。

——《ラーメンの文化経済学》，Fuyōshobō shuppan，2000。

小西四郎（Onishi Shirō）等人编，《生活史 II》(《生活史 II》)，《体系日本史丛书》(《体系日本史叢書》)，Yamakawa shuppansha，1969。

大野和兴（Ono Kazuoki)，《农业与饮食的政治经济学》(《農と食の政治経済学》)，Ryokufū shuppan，1994。

唯是康彦（Yuize Yasuhiko）与齐藤优（Saitō Masaru）合著，《世界的粮食问题与日本农业》(《世界の食糧問題と日本農業》)，Yūkaisha，1981。

柚木学（Yunoki Manabu）编著，《日本水上交通史》(《日本水上交通史》)，Vol. 2，Bunken shuppan，1987。

和田常子（Wada Tsuneko），《长崎料理史》(《長崎料理史》)，Noa shobō，1970。

渡边实（Watanabe Minoru），《日本饮食生活史》(《日本食生活史》)，Yoshikawa kōkunkan，1964。

渡边斩（Watanabe Shōyō），《名流百话》(《名流百話》)，Bunkindō，1909。

中文资料参考书目

贾蕙萱：《中日饮食文化比较研究》，北京大学出版社，1999。

李士靖主编：《中华食苑》，第6卷，中国社会科学出版社，1996。

邱仲麟：《皇帝的餐桌：明代的宫膳制度及其相关问题》，《台大历史学报》，第34期，2004年12月，第1-42页。

钟叔河主编：《周作人文类编》，第7卷，湖南文艺出版社，1998。

日本期刊

《朝日新闻》

《文艺春秋》

《料理科学会》

《中央公论》

《大连新闻》

《营养与料理》

《饮食文化》(龟甲万食品系列杂志)

《语言》

《关城学院大学论文集》

《战争责任研究季刊》

《国际交流》

《京都短期大学论文集》

《明天的食品产业》

《日本研究》

《对历史充满好奇心》

《SAPIO》

《东洋经济周刊》

《SPA!》

《读卖新闻》

其他期刊

《美国政治与社会科学学院年鉴》*Annals of the American Academy of Political and Social Science*

《人类学趣味年鉴》*Annual Revue of Anthropology*

《人类学季刊》*Anthropological Quarterly*

《生物科学》*BioScience*

《化学感觉》*Chemical Senses*

《中国国际评论》*China Review International*

《中国文学：随笔，报道，评论》*Chinese Literature: Essays: Articles: Reviews*

《社会与历史的比较研究》*Comparative Studies in Society and*

History

《批判探索》*Critical Inquiry*

《早期近代日本》*Early Modern Japan*

《远东观察》*Far Eastern survey*

《美食志》*Gastronomica*

《哈佛商业评论》*Harvard Business Review*

《一桥社会研究期刊》*Hitotsubashi Journal of Social Studies*

《国际地图史杂志》*Imago Mundi*

《伊朗研究》*Iranian Studies*

《日本论坛》*Japan Forum*

《日本评论》*Japan Review*

《日本时报》*Japan Times*

《日本研究》*Japanese Studies*

《美国民俗学杂志》*Journal of American Folkore*

《美国东方学会会刊》*Journal of the American Oriental Society*

《亚洲研究》*Journal of Asian Studies*

《当代史杂志》*Journal of Contemporary History*

《农业经济杂志》*Journal of Farm Economics*

《日本研究期刊》*Journal of Japanese Studies*

《韩国期刊》*Korean Journal*

《中华帝国晚期》*Late Imperial China*

《现代亚洲研究》*Modern Asian Studies*

《日本记录》*Monumenta Nipponica*

《纽约时报》*New York Times*

《丰收》*Osiris*

《太平洋事务》*Pacific Affairs*

《太平洋经济报》(澳大利亚) *PACIFIC ECONOMIC PAPER* (Australia)

《人民日报》(中国大陆) *People's Daily* (PRC newpaper)

《民族》*Phylon*

《英国协会对日研究期刊》*Proceedings of the British Association for Japanese Studies*

《西方社会对法国史研究期刊》*Proceedings of the Western Society for French History*

《旧金山记事》*San Francisco Chronicle*

《南华早报》*South China Morning Post*

《台大历史学报》(台湾) *Taida lishi xuebao* (Taiwan)

《美国社会学杂志》*The American Journal of Sociology*

《读卖日报》*The Daily Yomiuri*

《法国评论》*The French Review*

《科学月刊》*The Scientific Monthly*

《南大西洋季刊》*The South Atlantic Quarterly*

《跨太平洋》*The Trans-Pacific*

档案

日本国会会议记录

外务省档案馆，东京

国家档案馆，东京

国立国会图书馆，东京

东京都公文书馆

博物馆

奥州市牛之博物馆，前泽市，日本

速食拉面发明纪念馆，池田市，日本

泡菜博物馆，首尔，韩国

长崎历史文化博物馆，长崎市，日本

拉面博物馆，新横滨，日本

烟草与盐博物馆，东京都，日本

寿司博物馆，静冈市，日本

龙野酱油博物馆，龙野市，日本